# 阪大の文系数学

## 20ヵ年［第3版］

石田充学 編著

教学社

# は じ め に

　本書を手にしている諸君は，大阪大学合格を目指して，これから数学の学習をがんばっていこうと意欲に燃えていることと思います。数学の入試は，突然目の前に現れた問題を限られた時間で考え，一から答案を作っていかなければなりません。「問題が全然わからなかったらどうしよう？」「自分は大阪大学に入る力がないんじゃないだろうか？」など，必要以上に不安に駆られたり，コンプレックスを感じたりすることと思います。私が今まで指導してきた数多くの生徒達もそうでした。これはかなり数学の実力をもっている生徒でも同じです。

　戦いの基本は「相手を知り，己を知る」ことだといわれています。

　まず，相手をよく知ること。つまり大阪大学の過去問を徹底的に研究し出題傾向をつかむ。このことで不安やコンプレックスが大幅に軽減され，自信をもちリラックスして入試に臨むことができるでしょう。

　そして，己をよく知ること。過去問を学習していくと自分の弱点分野や，自分の得点と合格点とのギャップが明らかになってきます。自分の現況を把握したら，合格するためには今後どの分野をどの程度学習すればよいか戦略を立て，明確な目標をもって勉強に取り組んでいくことです。

　さて，大阪大学に合格するために，本書を活用し，数学を学習していく上で心がけるべきことについて述べたいと思います。

## ①　基本的・標準的な問題を確実に得点できる力を身につける

　教科書や教科書傍用問題集を徹底的に学習し，公式や定理をはじめ，基本的なテクニックや常套手段を正確に身につけ，問題を解く実力をつけることが何よりも大切です。阪大の問題は，本書の分類のAレベルやBレベルが全体の8割以上を占めています。このレベルの問題を確実にものにすれば，十分合格点が獲得できるのです。

## ②　苦手分野を作らない

　様々な分野の問題が出題されますから，苦手分野が足を引っ張るようなことがあっては困ります。苦手な分野の学習はどうしても後回しになりがちですが，苦手な分野こそ優先して学習し，苦手意識を克服することが重要です。

## ③　融合問題に慣れる

　融合問題が数多く出題されていますが，基礎知識がしっかりしていれば，何ら恐れることはありません。本書を活用し，融合問題の形式に習熟しておきましょう。

④ 正確で迅速な計算力を身につける

　実際の入試では，最後は時間との戦いになることがほとんどです。正確で迅速な計算力を身につけなければなりません。計算ミスをしてしまったときは，その原因を分析し，二度と同じようなミスをしないよう心を配り，また，計算の方法についても本書を十分研究し，そのテクニックを身につけるという，普段からの姿勢が大切です。

⑤ 難しい問題にもチャレンジする

　基本・標準レベルの力が身についたら，文系向きの入試問題集に取り組むとよいでしょう。解けない問題があってもすぐにあきらめず，じっくり時間をかけて考えることが重要です。そうすることで，あなたの数学の思考回路はさらに磨きがかかるでしょう。

　この問題集を使って学習し，数学に自信をもち，問題を解くことの喜びを少しでも感じていただくとともに，見事合格を勝ち取られることを心からお祈りいたします。

石田　充学

# 本書の構成と活用法

## 問題編

　過去20年間の大阪大学（前期日程）の文系学部および医学部保健学科看護学専攻の数学の全問題（60問）を収録しました。学習しやすいように，おおむね教科書の配列順に§1から§9までテーマによって問題を分類しました。ただし，大阪大学の問題はいくつかの分野を融合した問題がほとんどなので，最も主要なテーマと考えられる分野に分類しました。

　また，AレベルからCレベルまで，問題の難易度を3つのランクに分けました。大阪大学に合格できる水準の平均的な生徒が問題を解いたと想定して判断しています。これはあくまで目安ですが，各レベルの問題数と難易度は次のとおりです。

　Aレベル：19問。20分以内に解ける，方針の立てやすい基本的な内容の問題。

　Bレベル：30問。20～30分程度で解ける，標準的な考え方によって解くことができる問題。

　Cレベル：11問。解答に30分以上かかる，発展的な思考を要する問題。

　まず問題編の問題を自力で解いてみることが基本になります。

## 解答編

◇**ポイント**　問題を解くための方針や発想，基本的な考え方をできるだけ丁寧に述べました。問題を見てどうしても解き方が思い浮かばないときや解答に行き詰まったときは参考にしてください。ただし，最初から「ポイント」に頼らず，まず自力で十分考えるようにしてください。

◇**解法**　問題編の全問題の解答例を次の点に重点を置いて作成しました。

　1．可能な限りわかりやすく丁寧な解説に努めました。

　2．理解を助けるために必要と思われる参考図は，できるだけ多く掲載しました。

　3．いくつかの解法が考えられるときは，複数の視点から解法を作成しました。

　問題が解けたと思ってもそれで終わりにせず，「解法」をよく研究し，そこで用いられている技法や計算方法等を身につけるようにしてください。

◆**注**　簡単な別解や，解答を作成する際に注意すべき点をまとめています。

◆**参考**　問題の背景や問題に関連する内容で，問題の本質を理解するために必要な事柄を掲げています。やや程度の高い内容もありますが，今後入試問題を解く上で大いに参考になりますので，是非活用してほしいと思います。

（編集部注）本書に掲載されている入試問題の解答・解説は，出題校が公表したものではありません。

# 目 次

§ 1　2次関数　　　　　　　　　問題編　8　　解答編　50

§ 2　場合の数と確率　　　　　　問題編　11　　解答編　62

§ 3　整数の性質　　　　　　　　問題編　16　　解答編　81

§ 4　方程式と不等式　　　　　　問題編　19　　解答編　92

§ 5　図形と方程式　　　　　　　問題編　22　　解答編　104

§ 6　三角関数と指数・対数関数　問題編　27　　解答編　133

§ 7　微分法と積分法　　　　　　問題編　30　　解答編　147

§ 8　ベクトル　　　　　　　　　問題編　37　　解答編　186

§ 9　数　列　　　　　　　　　　問題編　45　　解答編　231

年度別出題リスト……………………………………………………………… 239

# §1 2次関数

| 番号 | 内　　　　　容 | 年度 | 大問 | 配点率 | レベル |
|---|---|---|---|---|---|
| 1 | 2次方程式の整数解 | 2016 | 〔1〕 | 30% | C |
| 2 | 絶対値を含む関数のグラフと直線の共有点と面積 | 2016 | 〔2〕 | 35% | B |
| 3 | 放物線と直線で囲まれる部分の面積 | 2007 | 〔1〕 | 35% | A |

　「数学Ⅰ」で学習する「2次関数」に関する問題を3問集めました。1は整数，2と3は積分法（面積）との融合問題で，2はベクトルにも関わる問題です。内容は，1は2次方程式，2と3は放物線と直線に関する面積がテーマで，いずれも2次関数のグラフ（放物線）を考える必要がある問題です。また，このセクション以外の分野でも，「図形と方程式」や「微分法と積分法」の分野を中心に，2次関数のグラフ（放物線）を扱う問題が数多く出題されています。

　この分野で学ぶ2次関数をはじめ，2次方程式・2次不等式等は，高校で学ぶ数学の土台の部分であり，すべての分野で必須の事項であることはいうまでもありません。1は，整数問題に関わる取っつきにくい感のある問題ですが，それ以外は基本・標準レベルの確実に得点したい問題です。まず，この分野の問題を解いて理解することが，合格のための第一歩といえるでしょう。

# 1

次の問いに答えよ。

(1) $a$ を正の実数とし，$k$ を1以上の実数とする。$x$ についての2次方程式
$$x^2 - kax + a - k = 0$$
は，不等式
$$-\frac{1}{a} < s \leqq 1$$
をみたすような実数解 $s$ をもつことを示せ。

(2) $a$ を3以上の整数とする。$n^2 + a$ が $an + 1$ で割り切れるような2以上のすべての整数 $n$ を $a$ を用いて表せ。

# 2

曲線 $C : y = \left| \dfrac{1}{2}x^2 - 6 \right| - 2x$ を考える。

(1) $C$ と直線 $L : y = -x + t$ が異なる4点で交わるような $t$ の値の範囲を求めよ。

(2) $C$ と $L$ が異なる4点で交わるとし，その交点を $x$ 座標が小さいものから順に $\mathrm{P}_1$, $\mathrm{P}_2$, $\mathrm{P}_3$, $\mathrm{P}_4$ とするとき，
$$\frac{|\overrightarrow{\mathrm{P}_1\mathrm{P}_2}| + |\overrightarrow{\mathrm{P}_3\mathrm{P}_4}|}{|\overrightarrow{\mathrm{P}_2\mathrm{P}_3}|} = 4$$
となるような $t$ の値を求めよ。

(3) $t$ が(2)の値をとるとき，$C$ と線分 $\mathrm{P}_2\mathrm{P}_3$ で囲まれる図形の面積を求めよ。

# 3　2007 年度 〔1〕　　　　　　　　　　　　　　　　　Level A

$xy$ 平面において，放物線 $y=x^2$ を $C$ とする。また，実数 $k$ を与えたとき，$y=x+k$ で定まる直線を $l$ とする。

⑴　$-2<x<2$ の範囲で $C$ と $l$ が 2 点で交わるとき，$k$ の満たす条件を求めよ。

⑵　$k$ が⑴の条件を満たすとき，$C$ と $l$ および 2 直線 $x=-2$，$x=2$ で囲まれた 3 つの部分の面積の和 $S$ を $k$ の式で表せ。

# §2 場合の数と確率

| 番号 | 内　容 | 年度 | 大問 | 配点率 | レベル |
|---|---|---|---|---|---|
| 4 | さいころの目の最小公倍数と最大公約数に関する確率 | 2022 | 〔2〕 | 35% | B |
| 5 | 円周上の点の移動についての確率漸化式 | 2020 | 〔2〕 | 35% | B |
| 6 | 定積分・対数方程式に関する条件を満たす確率 | 2018 | 〔2〕 | 35% | B |
| 7 | 対数不等式・倍数に関する条件を満たす確率 | 2013 | 〔2〕 | 35% | B |
| 8 | さいころの目の数を係数にもつ3次式に関する確率 | 2012 | 〔1〕 | 30% | A |
| 9 | 平面上の点の移動に関する確率とその最大値 | 2009 | 〔3〕 | 30% | A |
| 10 | さいころの目の最大公約数に関する確率と期待値 | 2007 | 〔2〕 | 30% | B |
| 11 | 反復試行の確率とその値が満たす不等式 | 2004 | 〔3〕 | 35% | A |

（注）　10(2)の「期待値」は，2015～2024年度入試においては出題範囲外となっています。

　「数学A」で学習する「場合の数と確率」に関する問題を8問集めました。大部分が他の分野の内容を用いる融合問題で，整数，指数・対数，微分法，積分法，数列等の知識が必要です。このセクション以外の分野でも，「整数の性質」の分野の14，「図形と方程式」の分野の26，「数列」の分野の59は，融合問題として確率を求める必要がある問題です。場合の数を直接求める問題はなく，すべて確率を求める問題で，さらに，このセクションに掲げた問題は，全問さいころの目に関する反復試行の確率を題材としたものです。

　大部分が基本・標準レベルの内容の問題で，確率として発展的な思考を要するものはほとんどなく，確実に得点したい分野です。ただし，大部分が融合問題として，他の分野の基本的な知識を必要とする問題で，広く様々な数学の知識を使いこなす必要があるでしょう。反復試行の確率を重点的に学習するとともに，他の分野の基本事項を確実に身につけ，融合問題としての確率に習熟しておきましょう。

## 4 2022 年度 〔2〕 Level B

$n$ を 2 以上の自然数とし，1 個のさいころを $n$ 回投げて出る目の数を順に $X_1$, $X_2$, $\cdots$, $X_n$ とする。$X_1$, $X_2$, $\cdots$, $X_n$ の最小公倍数を $L_n$，最大公約数を $G_n$ とするとき，以下の問いに答えよ。

(1) $L_2 = 5$ となる確率および $G_2 = 5$ となる確率を求めよ。

(2) $L_n$ が素数でない確率を求めよ。

(3) $G_n$ が素数でない確率を求めよ。

## 5 2020 年度 〔2〕 Level B

円周を 3 等分する点を時計回りに A，B，C とおく。点 Q は A から出発し，A，B，C を以下のように移動する。1 個のさいころを投げて，1 の目が出た場合は時計回りに隣の点に移動し，2 の目が出た場合は反時計回りに隣の点に移動し，その他の目が出た場合は移動しない。さいころを $n$ 回投げたあとに Q が A に位置する確率を $p_n$ とする。以下の問いに答えよ。

(1) $p_2$ を求めよ。

(2) $p_{n+1}$ を $p_n$ を用いて表せ。

(3) $p_n$ を求めよ。

# 6 2018 年度 〔2〕 Level B

1個のさいころを3回投げる試行において，1回目に出る目を $a$，2回目に出る目を $b$，3回目に出る目を $c$ とする。

(1) $\displaystyle\int_a^c (x-a)(x-b)\,dx=0$ である確率を求めよ。

(2) $a,\ b$ が2以上かつ $2\log_a b - 2\log_a c + \log_b c = 1$ である確率を求めよ。

# 7 2013 年度 〔2〕 Level B

1個のさいころを3回投げる試行において，1回目に出る目を $a$，2回目に出る目を $b$，3回目に出る目を $c$ とする。

(1) $\log_{\frac14}(a+b) > \log_{\frac12} c$ となる確率を求めよ。

(2) $2^a + 2^b + 2^c$ が3の倍数となる確率を求めよ。

# 8 2012 年度 〔1〕 Level A

1個のさいころを3回続けて投げるとき，1回目に出る目を $l$，2回目に出る目を $m$，3回目に出る目を $n$ で表し，3次式
$$f(x)=x^3+lx^2+mx+n$$
を考える。このとき，以下の問いに答えよ。

(1) $f(x)$ が $(x+1)^2$ で割り切れる確率を求めよ。

(2) 関数 $y=f(x)$ が極大値も極小値もとる確率を求めよ。

# 9 2009年度 〔3〕 Level A

次のような，いびつなさいころを考える。1，2，3の目が出る確率はそれぞれ $\frac{1}{6}$，4の目が出る確率は $a$，5，6の目が出る確率はそれぞれ $\frac{1}{4}-\frac{a}{2}$ である。ただし，$0 \leqq a \leqq \frac{1}{2}$ とする。

このさいころを振ったとき，平面上の $(x, y)$ にある点Pは，1，2，3のいずれかの目が出ると $(x+1, y)$ に，4の目が出ると $(x, y+1)$ に，5，6のいずれかの目が出ると $(x-1, y-1)$ に移動する。

原点 $(0, 0)$ にあった点Pが，$k$ 回さいころを振ったときに $(2, 1)$ にある確率を $p_k$ とする。

(1) $p_1$, $p_2$, $p_3$ を求めよ。

(2) $p_6$ を求めよ。

(3) $p_6$ が最大になるときの $a$ の値を求めよ。

# 10 2007年度 〔2〕 Level B

$n$ を2以上の自然数とする。1つのさいころを $n$ 回投げ，第1回目から第 $n$ 回目までに出た目の最大公約数を $G$ とする。

(1) $G=3$ となる確率を $n$ の式で表せ。

(2) $G$ の期待値を $n$ の式で表せ。

# 11 2004 年度 〔3〕 Level A

$n$ を自然数とする。プレイヤーA，Bがサイコロを交互に投げるゲームをする。最初はAが投げ，先に1の目を出した方を勝ちとして終わる。ただし，Aが $n$ 回投げても勝負がつかない場合はBの勝ちとする。

(1) Aの $k$ 投目（$1 \leqq k \leqq n$）でAが勝つ確率を求めよ。

(2) このゲームにおいてAが勝つ確率 $P_n$ を求めよ。

(3) $P_n > \dfrac{1}{2}$ となるような最小の $n$ の値を求めよ。ただし，$\log_{10} 2 = 0.3010$，$\log_{10} 3 = 0.4771$ として計算してよい。

# §3　整数の性質

| 番号 | 内　　　　容 | 年度 | 大問 | 配点率 | レベル |
|---|---|---|---|---|---|
| 12 | 不定方程式の整数解と倍数の証明 | 2021 | 〔3〕 | 35% | B |
| 13 | 約数に関する条件を満たす自然数 | 2012 | 〔2〕 | 35% | C |
| 14 | 相異なる素因数の積に関する確率 | 2003 | 〔2〕 | 35% | C |

　「整数の性質」に関する問題を3問集めました。内容は，倍数，約数，素因数に関するもので，14 は確率との融合問題です。また，このセクション以外の分野でも，「2次関数」の分野の 1，「場合の数と確率」の分野の 4，7，10，「三角関数と指数・対数関数」の分野の 31 は，融合問題として整数に関する考察を要する問題です。13 と 14 は，倍数，約数や素数に関する知識とともに，論理を正確に組み立てる力が要求される発展的な内容の問題です。また，12 は理系数学との類似問題，13 は共通問題です。

　なお，2025 年度入試からは「整数の性質」は「数学A」の単元から外れます。しかし，この分野の問題は今後も同じ傾向で出題されると考えられます。

　整数の問題は，単に公式に当てはめたり，計算を行えば解ける問題は少なく，自分で問題解決のための道筋を考え，それを正確に組み立てて答案を作成していかなければなりません。深い思考を要する問題がほとんどで，取っつきにくく，敬遠する受験生が多いと思われますが，論理を構成し，問題を解く力をつけることは，数学では何より大切なことですから，この分野の問題をしっかり学習して，実力を養成していきましょう。

# 12 2021年度 〔3〕（理系数学と類似） Level B

整数 $a$, $b$, $c$ に関する次の条件（＊）を考える。

$$\int_a^c (x^2 + bx)\,dx = \int_b^c (x^2 + ax)\,dx \quad \cdots\cdots(\ast)$$

(1) 整数 $a$, $b$, $c$ が（＊）および $a \neq b$ をみたすとき，$c^2$ を $a$, $b$ を用いて表せ。

(2) $c = 3$ のとき，（＊）および $a < b$ をみたす整数の組 $(a, b)$ をすべて求めよ。

(3) 整数 $a$, $b$, $c$ が（＊）および $a \neq b$ をみたすとき，$c$ は 3 の倍数であることを示せ。

# 13 2012年度 〔2〕（理系数学と共通） Level C

次の 2 つの条件(i), (ii)をみたす自然数 $n$ について考える。

(i) $n$ は素数ではない。

(ii) $l$, $m$ を 1 でも $n$ でもない $n$ の正の約数とすると，必ず
$$|l - m| \leq 2$$
である。

このとき，以下の問いに答えよ。

(1) $n$ が偶数のとき，(i), (ii)をみたす $n$ をすべて求めよ。

(2) $n$ が 7 の倍数のとき，(i), (ii)をみたす $n$ をすべて求めよ。

(3) $2 \leq n \leq 1000$ の範囲で，(i), (ii)をみたす $n$ をすべて求めよ。

# 14 2003年度〔2〕 Level C

自然数 $m$ に対して，$m$ の相異なる素因数をすべてかけあわせたものを $f(m)$ で表すことにする。たとえば $f(72) = 6$ である。ただし $f(1) = 1$ とする。

(1) $m$, $n$ を自然数，$d$ を $m$, $n$ の最大公約数とするとき
$$f(d)f(mn) = f(m)f(n)$$
となることを示せ。

(2) 2つの箱A，Bのそれぞれに1番から10番までの番号札が1枚ずつ10枚入っている。箱A，Bから1枚ずつ札を取り出す。箱Aから取り出した札の番号を $m$，箱Bから取り出した札の番号を $n$ とするとき
$$f(mn) = f(m)f(n)$$
となる確率 $p_1$ と
$$2f(mn) = f(m)f(n)$$
となる確率 $p_2$ を求めよ。

# §4 方程式と不等式

| 番号 | 内　　容 | 年度 | 大問 | 配点率 | レベル |
|---|---|---|---|---|---|
| 15 | 係数に絶対値を含む2次方程式の実数解 | 2019 | 〔2〕 | 35% | B |
| 16 | 3変数で表された関数の最大値・最小値 | 2017 | 〔2〕 | 35% | B |
| 17 | 不等式の証明 | 2015 | 〔1〕 | 30% | C |
| 18 | 恒等式となる条件から導かれる指数方程式 | 2011 | 〔1〕 | 30% | B |
| 19 | 3次方程式の解の実数条件と3次関数のグラフ | 2008 | 〔2〕 | 35% | A |

§4
方程式と不等式

　「数学Ⅱ」で学習する「方程式と不等式」に関する問題を5問集めました。2次方程式，3次方程式の解に関するものが2問，最大値・最小値，不等式の証明，恒等式に関するものが各1問出題されています。16と19は微分法，18は指数・対数関数との融合問題です。このセクション以外の分野でも，融合問題として，「三角関数と指数・対数関数」の分野の28は不等式の証明，30は等式の証明，「図形と方程式」の分野の21は複素数に関する知識を要する問題です。また，17は，理系数学との共通問題です。

　17は，思考力や計算力を要するやや難しい問題ですが，それ以外は基本・標準レベルで，確実に得点したい問題といえます。この分野に限定した出題は少ないですが，この分野のテーマである式に関する理論はきわめて重要で，どの分野の問題に取り組むときでも，自然にこれらの理論を使いこなせるようにしておかなければなりません。数学の最も根幹をなす分野であるといえるでしょう。数学を学ぶ上で必須の内容の分野として，しっかりと理解を深めてほしいと思います。

# 15 　2019 年度　〔2〕　　　　　　　　　　　Level　B

$p$ を実数の定数とする。$x$ の 2 次方程式

$$x^2 - (2p + |p| - |p+1| + 1)\, x + \frac{1}{2}(2p + 3|p| - |p+1| - 1) = 0$$

について以下の問いに答えよ。

(1)　この 2 次方程式は実数解をもつことを示せ。

(2)　この 2 次方程式が異なる 2 つの実数解 $\alpha$, $\beta$ をもち，かつ $\alpha^2 + \beta^2 \leq 1$ となるような定数 $p$ の値の範囲を求めよ。

# 16 　2017 年度　〔2〕　　　　　　　　　　　Level　B

実数 $x$, $y$, $z$ が

$$x + y + z = 1, \quad x + 2y + 3z = 5$$

を満たすとする。

(1)　$x^3 + y^3 + z^3 - 3xyz$ の最小値を求めよ。

(2)　$z \geq 0$ のとき，$xyz$ が最大となる $z$ の値を求めよ。

# 17 　2015 年度　〔1〕　（理系数学と共通）　　　Level　C

実数 $x$, $y$ が $|x| \leq 1$ と $|y| \leq 1$ を満たすとき，不等式

$$0 \leq x^2 + y^2 - 2x^2y^2 + 2xy\sqrt{1-x^2}\sqrt{1-y^2} \leq 1$$

が成り立つことを示せ。

# 18 2011 年度 〔1〕 Level B

実数の組 $(x, y, z)$ で，どのような整数 $l, m, n$ に対しても，等式
$$l \cdot 10^{x-y} - nx + l \cdot 10^{y-z} + m \cdot 10^{x-z} = 13l + 36m + ny$$
が成り立つようなものをすべて求めよ。

# 19 2008 年度 〔2〕 Level A

実数 $a, b$ を係数に含む 3 次式 $P(x) = x^3 + 3ax^2 + 3ax + b$ を考える。$P(x)$ の複素数の範囲における因数分解を
$$P(x) = (x - \alpha)(x - \beta)(x - \gamma)$$
とする。$\alpha, \beta, \gamma$ の間に $\alpha + \gamma = 2\beta$ という関係があるとき，以下の問いに答えよ。

(1) $b$ を $a$ の式で表せ。

(2) $\alpha, \beta, \gamma$ がすべて実数であるとする。このとき $a$ のとりうる値の範囲を求めよ。

(3) (1)で求めた $a$ の式を $f(a)$ とする。$a$ が(2)の範囲を動くとき，関数 $b = f(a)$ のグラフをかけ。

# §5 図形と方程式

| 番号 | 内　　　容 | 年度 | 大問 | 配点率 | レベル |
|---|---|---|---|---|---|
| 20 | 三角関数を含む不等式が表す領域と最大・最小 | 2019 | 〔1〕 | 30% | A |
| 21 | 複素数の実部と虚部から得られる2直線の関係 | 2014 | 〔1〕 | 30% | A |
| 22 | 点と直線の距離の公式の証明 | 2013 | 〔1〕 | 30% | B |
| 23 | 不等式が表す領域に関する面積とその最大値 | 2012 | 〔3〕 | 35% | B |
| 24 | 放物線が通過する領域とその面積 | 2011 | 〔2〕 | 35% | C |
| 25 | 放物線が通過する領域に関する接線と面積 | 2010 | 〔1〕 | 35% | B |
| 26 | 不等式が表す領域に点が含まれる確率 | 2010 | 〔3〕 | 35% | B |
| 27 | 放物線に接する円の列についての漸化式 | 2004 | 〔2〕 | 35% | C |

　「数学Ⅱ」で学習する「図形と方程式」に関する問題を8問集めました。不等式と領域に関するものが3問，曲線の通過領域に関するものが2問，他には複素数に関する直線の問題，放物線と円の問題，点と直線の距離の公式の証明が出題されています。20は三角関数，21は複素数，23，24，25は微分・積分，26は確率，27は数列との融合問題です。このセクション以外の分野でも，図形に関わる問題では，図形の方程式や領域をはじめ，このセクションの知識を前提としているものは多いですが，特に，「ベクトル」の分野の55と56は軌跡に関する知識を必要とする問題です。また，24は，理系数学との共通問題です。

　24と27は，思考力や計算力を要するやや難しい問題ですが，それ以外は基本・標準レベルの確実に得点したい問題といえます。ただ，22の証明は，戸惑った受験生が多いと思われます。単に問題を解くだけでなく，教科書に記載されている公式や定理の証明については，決しておろそかにせず，少なくとも証明の概略は押さえておく必要があるでしょう。不等式と領域や曲線の通過領域の問題がよく出題されていることを念頭に置いて，図形を考察するための柔軟な発想とともに，数多くの公式を使いこなすテクニックを身につけてほしいと思います。

# 20 2019 年度 〔1〕 Level A

$xy$ 平面において，連立不等式
$$0 \leq x \leq \pi, \quad 0 \leq y \leq \pi, \quad 2\sin(x+y) - 2\cos(x+y) \geq \sqrt{2}$$
の表す領域を $D$ とする。このとき以下の問いに答えよ。

(1) $D$ を図示せよ。

(2) 点 $(x, y)$ が領域 $D$ を動くとき，$2x + y$ の最大値と最小値を求めよ。

# 21 2014 年度 〔1〕 Level A

$i$ は虚数単位とし，実数 $a, b$ は $a^2 + b^2 > 0$ を満たす定数とする。複素数 $(a+bi)(x+yi)$ の実部が $2$ に等しいような座標平面上の点 $(x, y)$ 全体の集合を $L_1$ とし，また $(a+bi)(x+yi)$ の虚部が $-3$ に等しいような座標平面上の点 $(x, y)$ 全体の集合を $L_2$ とする。

(1) $L_1$ と $L_2$ はともに直線であることを示せ。

(2) $L_1$ と $L_2$ は互いに垂直であることを示せ。

(3) $L_1$ と $L_2$ の交点を求めよ。

# 22 2013 年度 〔1〕 Level B

$xy$ 平面において，点 $(x_0, y_0)$ と直線 $ax + by + c = 0$ の距離は
$$\frac{|ax_0 + by_0 + c|}{\sqrt{a^2 + b^2}}$$
である。これを証明せよ。

# 23

**2012 年度 〔3〕**　　　　　　　　　　　　　　　　**Level　B**

$xy$ 平面上で考える。不等式 $y < -x^2 + 16$ の表す領域を $D$ とし，
不等式 $|x-1| + |y| \leq 1$ の表す領域を $E$ とする。このとき，以下の問いに答えよ。

⑴　領域 $D$ と領域 $E$ をそれぞれ図示せよ。

⑵　$\mathrm{A}(a, b)$ を領域 $D$ に属する点とする。点 $\mathrm{A}(a, b)$ を通り傾きが $-2a$ の直線と
　放物線 $y = -x^2 + 16$ で囲まれた部分の面積を $S(a, b)$ とする。$S(a, b)$ を $a, b$ を
　用いて表せ。

⑶　点 $\mathrm{A}(a, b)$ が領域 $E$ を動くとき，$S(a, b)$ の最大値を求めよ。


# 24

**2011 年度 〔2〕（理系数学と共通）**　　　　　　　　　**Level　C**

実数の組 $(p, q)$ に対し，$f(x) = (x-p)^2 + q$ とおく。

⑴　放物線 $y = f(x)$ が点 $(0, 1)$ を通り，しかも直線 $y = x$ の $x > 0$ の部分と接する
　ような実数の組 $(p, q)$ と接点の座標を求めよ。

⑵　実数の組 $(p_1, q_1)$，$(p_2, q_2)$ に対して，$f_1(x) = (x-p_1)^2 + q_1$ および
　$f_2(x) = (x-p_2)^2 + q_2$ とおく。実数 $\alpha, \beta$（ただし $\alpha < \beta$）に対して
　　　$f_1(\alpha) < f_2(\alpha)$　　かつ　　$f_1(\beta) < f_2(\beta)$
　であるならば，区間 $\alpha \leq x \leq \beta$ において不等式 $f_1(x) < f_2(x)$ がつねに成り立つこと
　を示せ。

⑶　長方形 $R : 0 \leq x \leq 1, \ 0 \leq y \leq 2$ を考える。また，4 点 $\mathrm{P_0}(0, 1)$，$\mathrm{P_1}(0, 0)$，
　$\mathrm{P_2}(1, 1)$，$\mathrm{P_3}(1, 0)$ をこの順に線分で結んで得られる折れ線を $L$ とする。実数の
　組 $(p, q)$ を，放物線 $y = f(x)$ と折れ線 $L$ に共有点がないようなすべての組にわ
　たって動かすとき，$R$ の点のうちで放物線 $y = f(x)$ が通過する点全体の集合を $T$
　とする。$R$ から $T$ を除いた領域 $S$ を座標平面上に図示し，その面積を求めよ。

# 25 2010 年度 〔1〕 Level B

曲線 $C : y = -x^2 - 1$ を考える。

(1) $t$ が実数全体を動くとき，曲線 $C$ 上の点 $(t, \ -t^2-1)$ を頂点とする放物線

$$y = \frac{3}{4}(x-t)^2 - t^2 - 1$$

が通過する領域を $xy$ 平面上に図示せよ。

(2) $D$ を(1)で求めた領域の境界とする。$D$ が $x$ 軸の正の部分と交わる点を $(a, \ 0)$ とし，$x = a$ での $C$ の接線を $l$ とする。$D$ と $l$ で囲まれた部分の面積を求めよ。

# 26 2010 年度 〔3〕 Level B

(1) 不等式

$$(|x|-2)^2 + (|y|-2)^2 \leq 1$$

の表す領域を $xy$ 平面上に図示せよ。

(2) 1個のさいころを4回投げ，$n$ 回目 $(n = 1, \ 2, \ 3, \ 4)$ に出た目の数を $a_n$ とする。このとき

$$(x, \ y) = (a_1 - a_2, \ a_3 - a_4)$$

が(1)の領域に含まれる確率を求めよ。

# 27 2004年度〔2〕 Level C

　座標平面上で不等式 $y \geqq x^2$ の表す領域を $D$ とする。$D$ 内にあり $y$ 軸上に中心をもち原点を通る円のうち，最も半径の大きい円を $C_1$ とする。自然数 $n$ について，円 $C_n$ が定まったとき，$C_n$ の上部で $C_n$ に外接する円で，$D$ 内にあり $y$ 軸上に中心をもつもののうち，最も半径の大きい円を $C_{n+1}$ とする。$C_n$ の半径を $a_n$ とし，$b_n = a_1 + a_2 + \cdots + a_n$ とする。

(1)　$a_1$ を求めよ。

(2)　$n \geqq 2$ のとき $a_n$ を $b_{n-1}$ で表せ。

(3)　$a_n$ を $n$ の式で表せ。

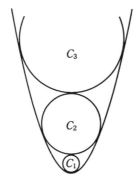

# §6 三角関数と指数・対数関数

| 番号 | 内　　　　　容 | 年度 | 大問 | 配点率 | レベル |
|---|---|---|---|---|---|
| 28 | 三角形の辺の長さに関する不等式の証明 | 2020 | 〔3〕 | 30% | A |
| 29 | 三角関数の最大値・最小値 | 2018 | 〔1〕 | 30% | A |
| 30 | 三角関数に関する等式の証明と真偽 | 2014 | 〔2〕 | 35% | B |
| 31 | 指数・対数方程式の自然数解 | 2010 | 〔2〕 | 30% | C |
| 32 | 対数の値の評価 | 2006 | 〔2〕 | 30% | B |
| 33 | 指数不等式 | 2005 | 〔1〕 | 30% | A |

　「数学Ⅱ」で学習する「三角関数と指数・対数関数」に関する問題を6問集めました。内訳は，三角関数に関するもの，指数・対数関数に関するものがそれぞれ3問出題されています。問題の内容としては，方程式・不等式に関するものが2問，等式・不等式の証明に関するものが2問，その他には最大値・最小値，対数の値がテーマとなっています。28は理系数学との類似問題です。

　28，30，32は式と証明，29は微分法，31は整数との融合問題です。このセクション以外の分野でも，三角関数や指数・対数の計算法則を用いる問題は数多くありますが，特に，「場合の数と確率」の分野の6，7，11，「方程式と不等式」の分野の18，「数列」の分野の58は，指数・対数の方程式・不等式の知識を要し，「微分法と積分法」の分野の36，「数列」の分野の59は，三角関数の知識を要する問題です。

　31の指数・対数方程式の自然数解に関する問題を除くと，基本・標準レベルの確実に得点したい問題といえるでしょう。三角関数や指数・対数の計算法則や公式を正確に身につけ，その考え方に熟達することは，数学の学習を進めていく上での必須条件ですから，この分野の内容をしっかり学習し，理解を深めてほしいと思います。

# 28

2020 年度 〔3〕（理系数学と類似）　　　　　　Level　A

三角形 ABC において，辺 AB の長さを $c$，辺 CA の長さを $b$ で表す。
$\angle ACB = 3\angle ABC$ であるとき，$c < 3b$ を示せ。

# 29

2018 年度 〔1〕　　　　　　Level　A

関数 $f(t) = (\sin t - \cos t)\sin 2t$ を考える。

(1)　$x = \sin t - \cos t$ とおくとき，$f(t)$ を $x$ を用いて表せ。

(2)　$t$ が $0 \leq t \leq \pi$ の範囲を動くとき，$f(t)$ の最大値と最小値を求めよ。

# 30

2014 年度 〔2〕　　　　　　Level　B

次の問いに答えよ。

(1)　$\cos x + \cos y \neq 0$ を満たすすべての実数 $x$, $y$ に対して等式
$$\tan\frac{x+y}{2} = \frac{\sin x + \sin y}{\cos x + \cos y}$$
が成り立つことを証明せよ。

(2)　$\cos x + \cos y + \cos z \neq 0$ を満たすすべての実数 $x$, $y$, $z$ に対して等式
$$\tan\frac{x+y+z}{3} = \frac{\sin x + \sin y + \sin z}{\cos x + \cos y + \cos z}$$
は成り立つか。成り立つときは証明し，成り立たないときは反例を挙げよ。

# 31 2010年度〔2〕 Level C

連立方程式
$$\begin{cases} 2^x + 3^y = 43 \\ \log_2 x - \log_3 y = 1 \end{cases}$$
を考える。

(1) この連立方程式を満たす自然数 $x$, $y$ の組を求めよ。

(2) この連立方程式を満たす正の実数 $x$, $y$ は，(1)で求めた自然数の組以外に存在しないことを示せ。

# 32 2006年度〔2〕 Level B

自然数 $m$, $n$ と $0 < a < 1$ を満たす実数 $a$ を，等式
$$\log_2 6 = m + \frac{1}{n+a}$$
が成り立つようにとる。以下の問いに答えよ。

(1) 自然数 $m$, $n$ を求めよ。

(2) 不等式 $a > \dfrac{2}{3}$ が成り立つことを示せ。

# 33 2005年度〔1〕 Level A

次の問いに答えよ。

(1) 不等式 $10^{2x} \leqq 10^{6-x}$ をみたす実数 $x$ の範囲を求めよ。

(2) $10^{2x} \leqq y \leqq 10^{5x}$ と $y \leqq 10^{6-x}$ を同時にみたす整数の組 $(x, y)$ の個数を求めよ。

# §7 微分法と積分法

| 番号 | 内　　　容 | 年度 | 大問 | 配点率 | レベル |
|---|---|---|---|---|---|
| 34 | 直線と放物線で囲まれた部分の面積の最小値 | 2022 | 〔3〕 | 35% | B |
| 35 | 放物線の曲線外の点から引いた接線，接点を結ぶ直線 | 2021 | 〔1〕 | 30% | B |
| 36 | 三角関数を含む3次関数の極大値 | 2020 | 〔1〕 | 35% | A |
| 37 | 放物線と $x$ 軸で囲まれる部分の面積 | 2017 | 〔1〕 | 30% | A |
| 38 | 円と放物線の共通接線と面積 | 2015 | 〔2〕 | 35% | B |
| 39 | 極大・極小に関する条件を満たす3次関数の決定 | 2014 | 〔3〕 | 35% | B |
| 40 | 放物線と直線で囲まれる部分の面積の最小 | 2013 | 〔3〕 | 35% | B |
| 41 | 3次関数のグラフの2本の接線が直交する条件 | 2009 | 〔1〕 | 35% | A |
| 42 | 絶対値を含む関数のグラフと放物線で囲まれる部分の面積 | 2008 | 〔3〕 | 35% | B |
| 43 | 3次関数の値域に関する係数の条件 | 2006 | 〔1〕 | 35% | A |
| 44 | 3次関数のグラフと直線の共有点の個数 | 2005 | 〔2〕 | 35% | B |
| 45 | 3次関数が極値をもつ条件と平行移動 | 2004 | 〔1〕 | 30% | B |
| 46 | 直線と放物線で囲まれる部分の面積 | 2003 | 〔3〕 | 35% | B |

　「数学II」で学習する「微分法」と「積分法」に関する問題を13問集めました。内訳は，微分法に関するものが7問，積分法に関するものが5問，どちらも含むものが1問出題されています。問題の内容としては，接線に関するものが3問，面積を求めるものが6問，関数の増減・極値に関するものが5問，放物線に関するものが7問，3次関数に関するものが6問，絶対値を含むものが2問，三角関数を含むものと円に関するものが各1問出題されています。また，37と44は理系数学との類似問題です。このセクション以外の分野でも，融合問題として，最大値・最小値や面積を求める際に微分法や積分法を用いるものが7問出題されていて，ほぼ毎年この分野が出題されているといっても過言ではありません。大阪大学では最も出題頻度が高い分野で，特に重点的に学習し，この分野の問題に十分習熟しておくことが，合格のための必須の条件であるといえるでしょう。

　微分法では接線や関数の増減・極値，積分法では面積が頻出ですから，特に力を注いで学習する必要があり，面積では公式 $\int_{\alpha}^{\beta} (x-\alpha)(x-\beta)\,dx = -\dfrac{1}{6}(\beta-\alpha)^3$ を使用する問題が全体を通して8問と頻度が高く，十分熟練して正確に使いこなす必要があります。実際，34はこの公式を証明する問題です。また，計算力が問われる問題が多

く，計算ミスで失点をすることがないよう，迅速で正確な計算力を身につけなければなりません。大部分が基本・標準レベルの問題で，問題の内容自体は，典型的なパターンに沿って方針を立て，計算すれば正解に至るものがほとんどですから，この分野を得点源とすることができるように，重点的に学習を深めてほしいと思います。

# 34　2022年度　〔3〕　　　　　　　　　　Level　B

以下の問いに答えよ。

(1)　実数 $\alpha$, $\beta$ に対し，
$$\int_{\alpha}^{\beta} (x-\alpha)(x-\beta)\,dx = \frac{(\alpha-\beta)^3}{6}$$
が成り立つことを示せ。

(2)　$a$, $b$ を $b > a^2$ を満たす定数とし，座標平面上に点 A$(a,\ b)$ をとる。さらに，点 A を通り，傾きが $k$ の直線を $l$ とし，直線 $l$ と放物線 $y = x^2$ で囲まれた部分の面積を $S(k)$ とする。$k$ が実数全体を動くとき，$S(k)$ の最小値を求めよ。

# 35　2021年度　〔1〕　　　　　　　　　　Level　B

$a$ を実数とする。$C$ を放物線 $y = x^2$ とする。

(1)　点 A$(a,\ -1)$ を通るような $C$ の接線は，ちょうど 2 本存在することを示せ。

(2)　点 A$(a,\ -1)$ から $C$ に 2 本の接線を引き，その接点を P，Q とする。直線 PQ の方程式は $y = 2ax + 1$ であることを示せ。

(3)　点 A$(a,\ -1)$ と直線 $y = 2ax + 1$ の距離を $L$ とする。$a$ が実数全体を動くとき，$L$ の最小値とそのときの $a$ の値を求めよ。

# 36 2020 年度 〔1〕 Level A

$a$ を $0 \leq a < 2\pi$ を満たす実数とする。関数

$$f(x) = 2x^3 - (6 + 3\sin a) x^2 + (12 \sin a) x + \sin^3 a + 6 \sin a + 5$$

について，以下の問いに答えよ。

(1) $f(x)$ はただ 1 つの極大値をもつことを示し，その極大値 $M(a)$ を求めよ。

(2) $0 \leq a < 2\pi$ における $M(a)$ の最大値とそのときの $a$ の値，最小値とそのときの $a$ の値をそれぞれ求めよ。

# 37 2017 年度 〔1〕（理系数学と類似） Level A

$b$, $c$ を実数，$q$ を正の実数とする。放物線 $P : y = -x^2 + bx + c$ の頂点の $y$ 座標が $q$ のとき，放物線 $P$ と $x$ 軸で囲まれた部分の面積 $S$ を $q$ を用いてあらわせ。

# 38 2015 年度 〔2〕 Level B

直線 $l : y = kx + m$ $(k > 0)$ が円 $C_1 : x^2 + (y - 1)^2 = 1$ と放物線 $C_2 : y = -\dfrac{1}{2}x^2$ の両方に接している。このとき，以下の問いに答えよ。

(1) $k$ と $m$ を求めよ。

(2) 直線 $l$ と放物線 $C_2$ および $y$ 軸とで囲まれた図形の面積を求めよ。

# 39 2014 年度 〔3〕 Level B

関数 $f(x) = px^3 + qx^2 + rx + s$ は，$x = 0$ のとき極大値 $M$ をとり，$x = \alpha$ のとき極小値 $m$ をとるという。ただし $\alpha \neq 0$ とする。このとき，$p$, $q$, $r$, $s$ を $\alpha$, $M$, $m$ で表せ。

# 40 2013 年度 〔3〕 Level B

曲線 $y = x^2 + x + 4 - |3x|$ と直線 $y = mx + 4$ で囲まれる部分の面積が最小となるように定数 $m$ の値を定めよ。

# 41 2009 年度 〔1〕 Level A

曲線 $C : y = x^3 - kx$ （$k$ は実数）を考える。$C$ 上に点 A $(a,\ a^3 - ka)$ （$a \neq 0$）をとる。次の問いに答えよ。

(1) 点 A における $C$ の接線を $l_1$ とする。$l_1$ と $C$ の A 以外の交点を B とする。B の $x$ 座標を求めよ。

(2) 点 B における $C$ の接線を $l_2$ とする。$l_1$ と $l_2$ が直交するとき，$a$ と $k$ がみたす条件を求めよ。

(3) $l_1$ と $l_2$ が直交する $a$ が存在するような $k$ の値の範囲を求めよ。

# 42 2008 年度 〔3〕 Level B

$a$ を正の定数とし，
$$f(x) = \left| |x - 3a| - a \right|, \quad g(x) = -x^2 + 6ax - 5a^2 + a$$
を考える。

(1) 方程式 $f(x) = a$ の解を求めよ。

(2) $y = f(x)$ のグラフと $y = g(x)$ のグラフで囲まれた部分の面積 $S$ を求めよ。

# 43 2006 年度 〔1〕 Level A

$a$ を実数とし，関数
$$f(x) = x^3 - 3ax + a$$
を考える。$0 \leqq x \leqq 1$ において
$$f(x) \geqq 0$$
となるような $a$ の範囲を求めよ。

# 44 2005 年度 〔2〕 （理系数学と類似） Level B

$f(x) = 2x^3 + x^2 - 3$ とおく。

(1) 関数 $f(x)$ の増減表を作り，$y = f(x)$ のグラフの概形を描け。

(2) 直線 $y = mx$ が曲線 $y = f(x)$ と相異なる 3 点で交わるような実数 $m$ の範囲を求めよ。

# 45 2004 年度 〔1〕 Level B

3 次関数 $f(x) = x^3 + 3ax^2 + bx + c$ に関して以下の問いに答えよ。

(1) $f(x)$ が極値をもつための条件を，$f(x)$ の係数を用いて表せ。

(2) $f(x)$ が $x = \alpha$ で極大，$x = \beta$ で極小になるとき，点 $(\alpha, f(\alpha))$ と点 $(\beta, f(\beta))$ を結ぶ直線の傾き $m$ を $f(x)$ の係数を用いて表せ。また，$y = f(x)$ のグラフは平行移動によって $y = x^3 + \dfrac{3}{2}mx$ のグラフに移ることを示せ。

# 46 2003 年度 〔3〕 Level B

　放物線 $C : y = -x^2 + 2x + 1$ と $x$ 軸の共有点を A $(a,\ 0)$, B $(b,\ 0)$ とし, $C$ と直線 $y = mx$ の共有点を P $(\alpha,\ m\alpha)$, Q $(\beta,\ m\beta)$, 原点を O とする。ただし $a < b$, $m \neq 0$, $\alpha < \beta$ とする。線分 OP, OA と $C$ で囲まれた図形の面積と線分 OQ, OB と $C$ で囲まれた図形の面積が等しいとき $m$ の値を求めよ。

# §8 ベクトル

| 番号 | 内　　　　　容 | 年度 | 大問 | 配点率 | レベル |
|---|---|---|---|---|---|
| 47 | 線分の交点の位置ベクトル | 2022 | 〔1〕 | 30% | A |
| 48 | 4点が同一平面上にある条件 | 2021 | 〔2〕 | 35% | A |
| 49 | 2つの球面の共通部分を含む球面 | 2019 | 〔3〕 | 35% | C |
| 50 | 正八面体を平面で切ったときの断面 | 2018 | 〔3〕 | 35% | C |
| 51 | 三角形の面積を最大にする点のベクトルによる表現 | 2015 | 〔3〕 | 35% | B |
| 52 | ベクトルの分解と1次独立 | 2011 | 〔3〕 | 35% | C |
| 53 | 垂心の位置ベクトル | 2009 | 〔2〕 | 35% | B |
| 54 | 線分の長さの最大値 | 2008 | 〔1〕 | 30% | A |
| 55 | ベクトルで表された条件を満たす点の軌跡（反転） | 2007 | 〔3〕 | 35% | B |
| 56 | ベクトルの終点の軌跡 | 2006 | 〔3〕 | 35% | A |
| 57 | ベクトルの演算 | 2003 | 〔1〕 | 30% | C |

　「数学B」（2025年度入試からは「数学C」）で学ぶ「ベクトル」（空間図形を含む）に関する問題を11問集めました。2011年度までは，ほぼ毎年平面ベクトルを中心にこの分野の出題が見られましたが，2012年度以降この分野の出題はあまり見られませんでした。しかし近年，2018年度以降は，頻繁に空間ベクトル（空間図形）を中心にこの分野の問題が出題されています。実際，48，49，50は空間ベクトルに関する問題ですが，それ以外はすべて平面ベクトルに関する問題です。また，48，49，50，54，55，56は，理系数学との共通または類似問題で，この分野から数多く出題されています。さらに，「2次関数」の分野の2には平面ベクトルに関する記述が見られます。

　48は共面条件，49は球面，50は正八面体の問題，52と57は数学的な思考を要する問題，その他は軌跡やベクトル方程式を含む平面図形の問題です。いずれも図形に関する考察が必要で，思考力を要するよく練られた問題であるといえるでしょう。その中でも，49，50，52，57は，Cレベルの発展的な内容の問題です。また，1次独立性に関わる問題が6問（47，48，51，52，53，57）出題されていますから，この考え方に十分習熟しておく必要があります。ベクトルは図形問題を考える際のきわめて強力な武器になりますから，ベクトルを手足の如く使いこなすことが図形問題に強くなるための近道といえます。是非，ベクトルに対する深い理解を目指してほしいと思います。

# 47

2022 年度 〔1〕          Level A

　三角形 ABC において，辺 AB を 2：1 に内分する点を M，辺 AC を 1：2 に内分する点を N とする。また，線分 BN と線分 CM の交点を P とする。

(1) $\overrightarrow{\mathrm{AP}}$ を，$\overrightarrow{\mathrm{AB}}$ と $\overrightarrow{\mathrm{AC}}$ を用いて表せ。

(2) 辺 BC，CA，AB の長さをそれぞれ $a$，$b$，$c$ とするとき，線分 AP の長さを，$a$，$b$，$c$ を用いて表せ。

# 48

2021 年度 〔2〕（理系数学と共通）      Level A

　空間内に，同一平面上にない 4 点 O，A，B，C がある。$s$，$t$ を $0<s<1$，$0<t<1$ をみたす実数とする。線分 OA を 1：1 に内分する点を $A_0$，線分 OB を 1：2 に内分する点を $B_0$，線分 AC を $s:(1-s)$ に内分する点を P，線分 BC を $t:(1-t)$ に内分する点を Q とする。さらに 4 点 $A_0$，$B_0$，P，Q が同一平面上にあるとする。

(1) $t$ を $s$ を用いて表せ。

(2) $|\overrightarrow{\mathrm{OA}}|=1$，$|\overrightarrow{\mathrm{OB}}|=|\overrightarrow{\mathrm{OC}}|=2$，$\angle\mathrm{AOB}=120°$，$\angle\mathrm{BOC}=90°$，$\angle\mathrm{COA}=60°$，$\angle\mathrm{POQ}=90°$ であるとき，$s$ の値を求めよ。

# 49

座標空間内の 2 つの球面

$$S_1 : (x-1)^2 + (y-1)^2 + (z-1)^2 = 7$$

と

$$S_2 : (x-2)^2 + (y-3)^2 + (z-3)^2 = 1$$

を考える。$S_1$ と $S_2$ の共通部分を $C$ とする。このとき以下の問いに答えよ。

⑴　$S_1$ との共通部分が $C$ となるような球面のうち，半径が最小となる球面の方程式を求めよ。

⑵　$S_1$ との共通部分が $C$ となるような球面のうち，半径が $\sqrt{3}$ となる球面の方程式を求めよ。

# 50 2018年度 〔3〕（理系数学と共通） Level C

座標空間に 6 点

A (0, 0, 1), B (1, 0, 0), C (0, 1, 0),

D (−1, 0, 0), E (0, −1, 0), F (0, 0, −1)

を頂点とする正八面体 ABCDEF がある。$s$, $t$ を $0<s<1$, $0<t<1$ を満たす実数とする。線分 AB，AC をそれぞれ $1-s:s$ に内分する点を P，Q とし，線分 FD，FE をそれぞれ $1-t:t$ に内分する点を R，S とする。

⑴ 4 点 P，Q，R，S が同一平面上にあることを示せ。

⑵ 線分 PQ の中点を L とし，線分 RS の中点を M とする。$s$, $t$ が $0<s<1$, $0<t<1$ の範囲を動くとき，線分 LM の長さの最小値 $m$ を求めよ。

⑶ 正八面体 ABCDEF の 4 点 P，Q，R，S を通る平面による切り口の面積を $X$ とする。線分 LM の長さが⑵の値 $m$ をとるとき，$X$ を最大とするような $s$, $t$ の値と，そのときの $X$ の値を求めよ。

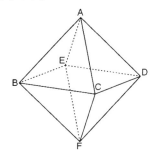

# 51 2015 年度 〔3〕 Level B

平面上に長さ 2 の線分 AB を直径とする円 $C$ がある。2 点 A，B を除く $C$ 上の点 P に対し，AP＝AQ となるように線分 AB 上の点 Q をとる。また，直線 PQ と円 $C$ の交点のうち，P でない方を R とする。このとき，以下の問いに答えよ。

⑴ △AQR の面積を $\theta = \angle\mathrm{PAB}$ を用いて表せ。

⑵ 点 P を動かして△AQR の面積が最大になるとき，$\overrightarrow{\mathrm{AR}}$ を $\overrightarrow{\mathrm{AB}}$ と $\overrightarrow{\mathrm{AP}}$ を用いて表せ。

# 52 2011 年度 〔3〕 Level C

$a$, $b$, $c$ を実数とする。ベクトル $\overrightarrow{v_1} = (3,\ 0)$，$\overrightarrow{v_2} = (1,\ 2\sqrt{2})$ をとり，$\overrightarrow{v_3} = a\overrightarrow{v_1} + b\overrightarrow{v_2}$ とおく。座標平面上のベクトル $\overrightarrow{p}$ に対する条件

（＊） $(\overrightarrow{v_1}\cdot\overrightarrow{p})\,\overrightarrow{v_1} + (\overrightarrow{v_2}\cdot\overrightarrow{p})\,\overrightarrow{v_2} + (\overrightarrow{v_3}\cdot\overrightarrow{p})\,\overrightarrow{v_3} = c\overrightarrow{p}$

を考える。ここで $\overrightarrow{v_i}\cdot\overrightarrow{p}$ ($i=1,\ 2,\ 3$) はベクトル $\overrightarrow{v_i}$ とベクトル $\overrightarrow{p}$ の内積を表す。このとき以下の問いに答えよ。

⑴ 座標平面上の任意のベクトル $\overrightarrow{v} = (x,\ y)$ が，実数 $s$, $t$ を用いて $\overrightarrow{v} = s\overrightarrow{v_1} + t\overrightarrow{v_2}$ と表されることを，$s$ および $t$ の各々を $x$, $y$ の式で表すことによって示せ。

⑵ $\overrightarrow{p} = \overrightarrow{v_1}$ と $\overrightarrow{p} = \overrightarrow{v_2}$ の両方が条件（＊）をみたすならば，座標平面上のすべてのベクトル $\overrightarrow{v}$ に対して，$\overrightarrow{p} = \overrightarrow{v}$ が条件（＊）をみたすことを示せ。

⑶ 座標平面上のすべてのベクトル $\overrightarrow{v}$ に対して，$\overrightarrow{p} = \overrightarrow{v}$ が条件（＊）をみたす。このような実数の組 $(a,\ b,\ c)$ をすべて求めよ。

# 53　2009 年度〔2〕　　　　　　　　　　　　　　　Level B

平面上の三角形 OAB を考え,

$$\vec{a} = \overrightarrow{OA}, \quad \vec{b} = \overrightarrow{OB}, \quad t = \frac{|\vec{a}|}{2|\vec{b}|}$$

とおく。辺 OA を 1:2 に内分する点を C とし, $\overrightarrow{OD} = t\vec{b}$ となる点を D とする。$\overrightarrow{AD}$ と $\overrightarrow{OB}$ が直交し, $\overrightarrow{BC}$ と $\overrightarrow{OA}$ が直交するとき, 次の問いに答えよ。

⑴　∠AOB を求めよ。

⑵　$t$ の値を求めよ。

⑶　AD と BC の交点を P とするとき, $\overrightarrow{OP}$ を $\vec{a}$, $\vec{b}$ を用いて表せ。


# 54　2008 年度〔1〕（理系数学と共通）　　　　　　　Level A

点 O で交わる 2 つの半直線 OX, OY があって∠XOY = 60°とする。2 点 A, B が OX 上に O, A, B の順に, また, 2 点 C, D が OY 上に O, C, D の順に並んでいるとして, 線分 AC の中点を M, 線分 BD の中点を N とする。線分 AB の長さを $s$, 線分 CD の長さを $t$ とするとき, 以下の問いに答えよ。

⑴　線分 MN の長さを $s$ と $t$ を用いて表せ。

⑵　点 A, B と C, D が, $s^2 + t^2 = 1$ を満たしながら動くとき, 線分 MN の長さの最大値を求めよ。

## 55 2007年度 〔3〕（理系数学と共通） Level B

$xy$ 平面において，原点Oを通る半径 $r$ $(r>0)$ の円を $C$ とし，その中心をAとする。Oを除く $C$ 上の点Pに対し，次の2つの条件(a)，(b)で定まる点Qを考える。

(a) $\overrightarrow{OP}$ と $\overrightarrow{OQ}$ の向きが同じ

(b) $|\overrightarrow{OP}||\overrightarrow{OQ}|=1$

以下の問いに答えよ。

(1) 点PがOを除く $C$ 上を動くとき，点Qは $\overrightarrow{OA}$ に直交する直線上を動くことを示せ。

(2) (1)の直線を $l$ とする。$l$ が $C$ と2点で交わるとき，$r$ のとりうる値の範囲を求めよ。

## 56 2006年度 〔3〕（理系数学と類似） Level A

$xy$ 平面上の点 $A(1, 2)$ を通る直線 $l$ が $x$ 軸，$y$ 軸とそれぞれ点P，Qで交わるとする。点Rを
$$\overrightarrow{OP}+\overrightarrow{OQ}=\overrightarrow{OA}+\overrightarrow{OR}$$
を満たすようにとる。ただし，Oは $xy$ 平面の原点である。このとき，直線 $l$ の傾きにかかわらず，点Rはある関数 $y=f(x)$ のグラフ上にある。関数 $f(x)$ を求めよ。

# 57

平面ベクトル $\vec{p} = (p_1, \ p_2)$, $\vec{q} = (q_1, \ q_2)$ に対して $\{\vec{p}, \ \vec{q}\} = p_1 q_2 - p_2 q_1$ と定める。

(1) 平面ベクトル $\vec{a}$, $\vec{b}$, $\vec{c}$ に対して $\{\vec{a}, \ \vec{b}\} = l$, $\{\vec{b}, \ \vec{c}\} = m$, $\{\vec{c}, \ \vec{a}\} = n$ とするとき
$$l\vec{c} + m\vec{a} + n\vec{b} = \vec{0}$$
が成り立つことを示せ。

(2) (1)で $l$, $m$, $n$ がすべて正であるとする。このとき任意の平面ベクトル $\vec{d}$ は 0 以上の実数 $r$, $s$, $t$ を用いて
$$\vec{d} = r\vec{a} + s\vec{b} + t\vec{c}$$
と表すことができることを示せ。

# §9 数 列

| 番号 | 内　　　　容 | 年度 | 大問 | 配点率 | レベル |
|---|---|---|---|---|---|
| 58 | 漸化式で表された数列の積とその値が満たす不等式 | 2017 | 〔3〕 | 35% | B |
| 59 | 漸化式で定義された関数列と確率 | 2016 | 〔3〕 | 35% | B |
| 60 | 調和数列に関する漸化式と階差数列 | 2005 | 〔3〕 | 35% | A |

　「数学Ｂ」で学習する「数列」に関する問題を3問集めました。いずれも漸化式に関する問題で，基本・標準的なレベルの問題です。58 は指数・対数，59 は三角関数および確率との融合問題になっています。また，59 は理系数学との類似問題です。このセクション以外の分野でも，「場合の数と確率」の分野の 5 は漸化式，11 は等比数列の和，「図形と方程式」の分野の 27 は放物線と円の列に関する漸化式の内容を含む問題です。

　いずれも問題の内容は典型的な解法に沿って考えれば解けるものがほとんどです。基本的な数列の公式を十分理解した上で，特に，数列の和や漸化式に関する様々なパターンを重点的に学習しておきましょう。数列特有の式の扱い方や考え方に，取っつきにくさを感じる受験生の声をよく聞きますが，数学の学習を進めていく上ではきわめて重要な事柄ですから，積極的に学習を積んで習熟してほしいと思います。

§9

数

列

# 58 2017 年度 〔3〕 Level B

次の条件によって定められる数列 $\{a_n\}$ がある。

$$a_1 = 2, \quad a_{n+1} = 8a_n{}^2 \quad (n = 1, \ 2, \ 3, \ \cdots)$$

(1) $b_n = \log_2 a_n$ とおく。$b_{n+1}$ を $b_n$ を用いてあらわせ。

(2) 数列 $\{b_n\}$ の一般項を求めよ。

(3) $P_n = a_1 a_2 a_3 \cdots a_n$ とおく。数列 $\{P_n\}$ の一般項を求めよ。

(4) $P_n > 10^{100}$ となる最小の自然数 $n$ を求めよ。

# 59 2016 年度 〔3〕 （理系数学と類似） Level B

1 以上 6 以下の 2 つの整数 $a$, $b$ に対し，関数 $f_n(x)$ $(n = 1, \ 2, \ 3, \ \cdots)$ を次の条件
(ア), (イ), (ウ)で定める。

(ア) $f_1(x) = \sin(\pi x)$

(イ) $f_{2n}(x) = f_{2n-1}\left(\dfrac{1}{a} + \dfrac{1}{b} - x\right)$ $(n = 1, \ 2, \ 3, \ \cdots)$

(ウ) $f_{2n+1}(x) = f_{2n}(-x)$ $(n = 1, \ 2, \ 3, \ \cdots)$

以下の問いに答えよ。

(1) $a = 2$, $b = 3$ のとき，$f_5(0)$ を求めよ。

(2) 1 個のさいころを 2 回投げて，1 回目に出る目を $a$, 2 回目に出る目を $b$ とするとき，$f_6(0) = 0$ となる確率を求めよ。

# 60 Level A

数列 $\{a_n\}$ を

$$a_1 = \frac{1}{3}, \quad \frac{1}{a_{n+1}} - \frac{1}{a_n} = 1 \quad (n = 1, \ 2, \ 3, \ \cdots)$$

で定め，数列 $\{b_n\}$ を

$$b_1 = a_1 a_2, \quad b_{n+1} - b_n = a_{n+1} a_{n+2} \quad (n = 1, \ 2, \ 3, \ \cdots)$$

で定める。

(1) 一般項 $a_n$ を $n$ を用いて表せ。

(2) 一般項 $b_n$ を $n$ を用いて表せ。

# 解 答 編

# §1  2次関数

## 1 2016年度〔1〕                          Level C

次の問いに答えよ。

(1) $a$ を正の実数とし，$k$ を1以上の実数とする。$x$ についての2次方程式
$$x^2 - kax + a - k = 0$$
は，不等式
$$-\frac{1}{a} < s \le 1$$
をみたすような実数解 $s$ をもつことを示せ。

(2) $a$ を3以上の整数とする。$n^2 + a$ が $an + 1$ で割り切れるような2以上のすべての整数 $n$ を $a$ を用いて表せ。

---

**ポイント** (1) $f(x) = x^2 - kax + a - k$ とおき

「$f\left(-\dfrac{1}{a}\right) > 0$ かつ $f(1) \le 0$」 または 「$f\left(-\dfrac{1}{a}\right) < 0$ かつ $f(1) \ge 0$」

を示す。

(2) $n^2 + a$ を $an + 1$ で割ったときの商を $k$ とすると
$$n^2 + a = k(an + 1) \quad \text{より} \quad f(n) = 0$$
であることから，$f(x) = 0$ の解が $n$ と(1)の $s$ であることがわかる。(1)の結果も利用して，$f(n) = 0$ を満たす整数 $k$ が存在するような2以上の整数 $n$ を $a$ で表す。

## 解　法　1

(1)　$f(x) = x^2 - kax + a - k$ とおくと

$$f\left(-\frac{1}{a}\right) = \frac{1}{a^2} - ka\left(-\frac{1}{a}\right) + a - k$$

$$= \frac{1}{a^2} + a > 0 \quad (\because \quad a > 0)$$

$$f(1) = 1 - ka + a - k = (1 + a) - k(1 + a)$$

$$= (1 + a)(1 - k) \leqq 0 \quad (\because \quad a > 0, \ k \geqq 1)$$

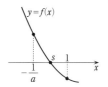

よって，放物線 $y = f(x)$ は，$x$ 軸の $-\frac{1}{a} < x \leqq 1$ の部分と共有点

をもつ。

したがって，$f(x) = 0$ は $-\frac{1}{a} < s \leqq 1$ を満たすような実数解 $s$ をもつ。　　（証明終）


(2)　$a \geqq 3$，$n \geqq 2$ のとき，$n^2 + a$ が $an + 1$ で割り切れるとすると，$n^2 + a > 0$，

$an + 1 > 0$ より，1以上の整数 $k$ を用いて

$$n^2 + a = k(an + 1) \quad すなわち \quad n^2 - kan + a - k = 0$$

と表されるから，$n$ は $f(x) = 0$ の解である。

このとき，$a > 0$，$k \geqq 1$ より(1)を用いて，$f(x) = 0$ は

$$-\frac{1}{a} < s \leqq 1 \quad \cdots\cdots ①$$

を満たすような実数解 $s$ をもち，$s \neq n$（$\because \quad s \leqq 1, \ 2 \leqq n$）であるから，$f(x) = 0$ の解

は $s$，$n$ である。

よって，解と係数の関係より　　　$s + n = ka \quad \cdots\cdots ②$

②で，$a$，$k$，$n$ は整数であるから，$s$ も整数である。

これと $a \geqq 3$，①より　　　$s = 0, \ 1$

(ⅰ)　$s = 0$ のとき

　$f(0) = 0$ より　　　$a - k = 0$

　　$\therefore \quad k = a$

　よって，②より　　　$n = ka - s = a^2 \geqq 9$（$\because \quad a \geqq 3$）

(ⅱ)　$s = 1$ のとき

　$f(1) = 0$ より　　　$(1 + a)(1 - k) = 0$

　$1 + a > 0$ より　　　$k = 1$

　よって　　　$n = ka - s = a - 1 \geqq 2$（$\because \quad a \geqq 3$）

(ⅰ)，(ⅱ)より　　　$n = a^2, \ a - 1 \quad \cdots\cdots （答）$

## 解法 2

(2)　$(s+n=ka$　……② までは〔**解法1**〕に同じ)

②より $n=ka-s$, ①より $-\dfrac{1}{a}<s\leqq1$ であるから

$$ka-1\leqq n<ka+\dfrac{1}{a}$$

$ka$, $n$ は整数, $a\geqq3$ より $0<\dfrac{1}{a}\leqq\dfrac{1}{3}$ であるから

　　$n=ka-1$, $ka$

（ i ）　$n=ka-1$ のとき

$$\begin{aligned}
f(ka-1) &= (ka-1)^2-ka(ka-1)+a-k\\
&= -ka+1+a-k\\
&= (1+a)(1-k)=0
\end{aligned}$$

　　$a\geqq3$ より $1+a\neq0$ であるから　　　$k=1$

　　　$\therefore$　$n=a-1\geqq2$

（ ii ）　$n=ka$ のとき

$$\begin{aligned}
f(ka) &= k^2a^2-k^2a^2+a-k\\
&= a-k=0
\end{aligned}$$

　　よって, $k=a$ より　　　$n=a^2\geqq9$

（ i ）, （ ii ）より　　　$n=a-1$, $a^2$　……（答）

# 2 2016 年度〔2〕 Level B

曲線 $C : y = \left| \dfrac{1}{2}x^2 - 6 \right| - 2x$ を考える。

⑴ $C$ と直線 $L : y = -x + t$ が異なる 4 点で交わるような $t$ の値の範囲を求めよ。

⑵ $C$ と $L$ が異なる 4 点で交わるとし，その交点を $x$ 座標が小さいものから順に $\mathrm{P}_1$, $\mathrm{P}_2$, $\mathrm{P}_3$, $\mathrm{P}_4$ とするとき，

$$\frac{|\overrightarrow{\mathrm{P}_1\mathrm{P}_2}| + |\overrightarrow{\mathrm{P}_3\mathrm{P}_4}|}{|\overrightarrow{\mathrm{P}_2\mathrm{P}_3}|} = 4$$

となるような $t$ の値を求めよ。

⑶ $t$ が⑵の値をとるとき，$C$ と線分 $\mathrm{P}_2\mathrm{P}_3$ で囲まれる図形の面積を求めよ。

---

**ポイント** ⑴ $C$ と $L$ が接するとき，および $L$ が $C$ の極値をとる点を通るときの $t$ の値を考える。

$$\left| \frac{1}{2}x^2 - 6 \right| - 2x = -x + t \quad \text{より} \quad \left| \frac{1}{2}x^2 - 6 \right| - x = t$$

と変形して，曲線 $y = \left| \dfrac{1}{2}x^2 - 6 \right| - x$ と直線 $y = t$ が異なる 4 点で交わる場合を考えてもよい。

⑵ $C$ と $L$ の 4 つの交点の $x$ 座標を $t$ で表し，4 つの交点が傾き $-1$ の直線 $L$ 上にあることを用いて，与式を計算する。解と係数の関係を利用する。

⑶ $C$ と線分 $\mathrm{P}_2\mathrm{P}_3$ で囲まれる図形を確認し，定積分を用いて計算する。

**解法 1**

(1) $y = \left| \dfrac{1}{2}x^2 - 6 \right| - 2x$

$$= \begin{cases} \left(\dfrac{1}{2}x^2 - 6\right) - 2x & \left(\dfrac{1}{2}x^2 - 6 \geqq 0\right) \\[2mm] -\left(\dfrac{1}{2}x^2 - 6\right) - 2x & \left(\dfrac{1}{2}x^2 - 6 < 0\right) \end{cases}$$

$$= \begin{cases} \dfrac{1}{2}(x-2)^2 - 8 & (x \leqq -2\sqrt{3},\ 2\sqrt{3} \leqq x) \\[2mm] -\dfrac{1}{2}(x+2)^2 + 8 & (-2\sqrt{3} < x < 2\sqrt{3}) \end{cases}$$

$x = -2\sqrt{3}$ のとき $y = 4\sqrt{3}$, $x = 2\sqrt{3}$ のとき $y = -4\sqrt{3}$ だから, $C$ は点 $(-2\sqrt{3},\ 4\sqrt{3})$, $(2\sqrt{3},\ -4\sqrt{3})$ を通る。$C$ を図示すると, 下図のようになる。

まず, $C$ と $L$ が接するときを考える。下図より, $C$ と $L$ が接するのは $-2\sqrt{3} < x < 2\sqrt{3}$ のときであるから

$$-\left(\dfrac{1}{2}x^2 - 6\right) - 2x = -x + t$$

とすると

$$x^2 + 2x + 2(t-6) = 0$$

判別式を $D$ とおくと

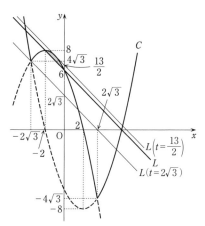

$$\dfrac{D}{4} = 1 - 2(t-6) = 0 \qquad \therefore \quad t = \dfrac{13}{2}$$

また, $L$ が点 $(-2\sqrt{3},\ 4\sqrt{3})$ を通るとき

$$t = -2\sqrt{3} + 4\sqrt{3} = 2\sqrt{3}$$

よって, $C$ と $L$ を図示すると, 右図のようになるから, 求める $t$ の値の範囲は

$$2\sqrt{3} < t < \dfrac{13}{2} \quad \cdots\cdots(\text{答})$$

〔注〕 $C$ と $L$ が接する条件は, 次のように微分法を用いて求めてもよい。

$\quad -2\sqrt{3} < x < 2\sqrt{3}$ のとき, $C : y = -\dfrac{1}{2}x^2 - 2x + 6$ であるから

$$y' = -x - 2 = -1 \quad (L : y = -x + t \text{ の傾き})$$

$$\therefore \quad x = -1,\ y = -\dfrac{1}{2} + 2 + 6 = \dfrac{15}{2}$$

接点の座標は $\left(-1,\ \dfrac{15}{2}\right)$ だから, このとき $\quad t = x + y = \dfrac{13}{2}$

(2) 点 $P_i$ の $x$ 座標を $x_i$ $(i=1,\ 2,\ 3,\ 4)$ とおくと

$$x_1 < x_2 < x_3 < x_4 \quad \cdots\cdots①$$

で，$x_1,\ x_4$ は

$$\left(\frac{1}{2}x^2-6\right)-2x=-x+t$$

すなわち，$x^2-2x-2(t+6)=0$ $\cdots\cdots②$ の解であるから，解と係数の関係より

$$x_1+x_4=2,\ x_1x_4=-2(t+6)\quad\cdots\cdots③$$

$x_2,\ x_3$ は

$$-\left(\frac{1}{2}x^2-6\right)-2x=-x+t$$

すなわち，$x^2+2x+2(t-6)=0$ $\cdots\cdots④$ の解であるから，解と係数の関係より

$$x_2+x_3=-2,\ x_2x_3=2(t-6)\quad\cdots\cdots⑤$$

4 点 $P_1$, $P_2$, $P_3$, $P_4$ は傾き $-1$ の $L$ 上の点であり

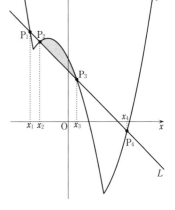

$$\begin{aligned}
\frac{|\overrightarrow{P_1P_2}|+|\overrightarrow{P_3P_4}|}{|\overrightarrow{P_2P_3}|}&=\frac{\sqrt{2}\,(x_2-x_1)+\sqrt{2}\,(x_4-x_3)}{\sqrt{2}\,(x_3-x_2)}\\
&=\frac{(x_4-x_1)-(x_3-x_2)}{x_3-x_2}\\
&=\frac{x_4-x_1}{x_3-x_2}-1=4
\end{aligned}$$

であるから

$$\frac{x_4-x_1}{x_3-x_2}=5\quad\therefore\quad x_4-x_1=5(x_3-x_2)$$

両辺を 2 乗して

$$(x_4-x_1)^2=25(x_3-x_2)^2$$
$$(x_1+x_4)^2-4x_1x_4=25\{(x_2+x_3)^2-4x_2x_3\}$$

③，⑤より

$$4+8(t+6)=25\{4-8(t-6)\}$$
$$2t+13=25(-2t+13)$$
$$52t=13\cdot24$$

$$\therefore\quad t=6\quad\left(2\sqrt{3}<t<\frac{13}{2}\ を満たす\right)\quad\cdots\cdots(答)$$

〔注〕 次のように $x_1$, $x_2$, $x_3$, $x_4$ を直接求めてもよい。

$x_1$, $x_4$ は②：$x^2-2x-2(t+6)=0$ の解であるから，②の判別式を $D_1$ とすると

$x=1\pm\sqrt{\dfrac{D_1}{4}}$ より $x_1=1-\sqrt{D_1{}'},\ x_4=1+\sqrt{D_1{}'}$ $(\because\ ①より)$

ただし，$\dfrac{D_1}{4}=1+2(t+6)=2t+13=D_1{}'$ とする。

$x_2$, $x_3$ は④：$x^2+2x+2(t-6)=0$ の解であるから，④の判別式を $D_2$ とすると

$x=-1\pm\sqrt{\dfrac{D_2}{4}}$ より　　$x_2=-1-\sqrt{D_2{}'}$，$x_3=-1+\sqrt{D_2{}'}$　（∵　①より）

ただし，$\dfrac{D_2}{4}=1-2(t-6)=-2t+13=D_2{}'$ とする。

〔**解法1**〕と同様にして，$x_4-x_1=5(x_3-x_2)$ より

$\qquad\qquad 2\sqrt{D_1{}'}=5\cdot2\sqrt{D_2{}'}$　　∴　$\sqrt{D_1{}'}=5\sqrt{D_2{}'}$

両辺を2乗して

$\qquad\qquad D_1{}'=25D_2{}'$　　$2t+13=25(-2t+13)$

$\qquad$∴　$t=6$　$\left(2\sqrt{3}<t<\dfrac{13}{2}$ を満たす$\right)$

(3)　$t=6$ のとき　　$L:y=-x+6$

④より，$x_2$, $x_3$ は $x(x+2)=0$ の解で $x_2<x_3$ であるから

$\qquad x_2=-2$，$x_3=0$

求める面積は

$$\int_{-2}^{0}\left\{-\left(\dfrac{1}{2}x^2-6\right)-2x-(-x+6)\right\}dx=-\dfrac{1}{2}\int_{-2}^{0}x(x+2)\,dx$$

$$=-\dfrac{1}{2}\cdot\left(-\dfrac{2^3}{6}\right)$$

$$=\dfrac{2}{3}\quad\cdots\cdots（答）$$

## 解法 2

（$x$ 軸に平行な直線との交点を考える解法）

(1)　$\left|\dfrac{1}{2}x^2-6\right|-2x=-x+t$

とすると

$\qquad \left|\dfrac{1}{2}x^2-6\right|-x=t$

より，$C$ と $L$ が異なる4点で交わる条件は，曲線 $y=\left|\dfrac{1}{2}x^2-6\right|-x$ と直線 $y=t$ が異なる4点で交わることである。

$y=\left|\dfrac{1}{2}x^2-6\right|-x$

$\quad=\begin{cases}\left(\dfrac{1}{2}x^2-6\right)-x & \left(\dfrac{1}{2}x^2-6\geqq0\right)\\[2mm] -\left(\dfrac{1}{2}x^2-6\right)-x & \left(\dfrac{1}{2}x^2-6<0\right)\end{cases}$

$$= \begin{cases} \dfrac{1}{2}(x-1)^2 - \dfrac{13}{2} & (x \leqq -2\sqrt{3},\ 2\sqrt{3} \leqq x) \\[3mm] -\dfrac{1}{2}(x+1)^2 + \dfrac{13}{2} & (-2\sqrt{3} < x < 2\sqrt{3}) \end{cases}$$

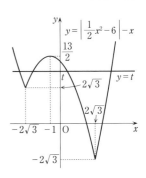

よって，$y = \left| \dfrac{1}{2}x^2 - 6 \right| - x$ のグラフは右図のようになり，

求める $t$ の値の範囲は

$$2\sqrt{3} < t < \frac{13}{2} \quad \cdots\cdots (\text{答})$$

(2) $P_1$, $P_2$, $P_3$, $P_4$ の $x$ 座標は

$$\left| \frac{1}{2}x^2 - 6 \right| - 2x = -x + t \iff \left| \frac{1}{2}x^2 - 6 \right| - x = t$$

の解であるから，$y = \left| \dfrac{1}{2}x^2 - 6 \right| - x$ のグラフと直線 $y = t$ の交点の $x$ 座標は $C$ と $L$ の交点 $P_1$, $P_2$, $P_3$, $P_4$ の $x$ 座標に等しい。

このことから，$P_1$, $P_2$, $P_3$, $P_4$ の $x$ 座標をそれぞれ $x_1$, $x_2$, $x_3$, $x_4$ $(x_1 < x_2 < x_3 < x_4)$ とすると，$x_1$, $x_4$ は〔解法1〕の②の解，$x_2$, $x_3$ は〔解法1〕の④の解であるから，以下〔解法1〕と同様に解くことができる。

# 3 2007年度 〔1〕 Level A

$xy$ 平面において，放物線 $y=x^2$ を $C$ とする。また，実数 $k$ を与えたとき，$y=x+k$ で定まる直線を $l$ とする。

(1) $-2<x<2$ の範囲で $C$ と $l$ が 2 点で交わるとき，$k$ の満たす条件を求めよ。

(2) $k$ が(1)の条件を満たすとき，$C$ と $l$ および 2 直線 $x=-2$，$x=2$ で囲まれた 3 つの部分の面積の和 $S$ を $k$ の式で表せ。

---

**ポイント** (1) グラフを利用する解法と，2 次方程式の実数解の存在範囲を考える解法がある。

前者の解法では，$y=x^2-x$ と $y=k$ の交点を考える方法，直接 $C$ と $l$ の交点を考える方法が考えられる。

後者の解法では，$x^2-x-k=0$ の解を考えるが，この解法でも結局 $y=x^2-x-k$ のグラフを利用することになる。

(2) 3 つの部分の面積をそれぞれ定積分で表すが，そのまま計算を進めると計算量が多くなる。

$$\int_\alpha^\beta (x-\alpha)(x-\beta)\,dx = -\frac{1}{6}(\beta-\alpha)^3$$

の利用と式変形の工夫により計算量を少なくする。

---

## 解 法 1

(1) $y=x^2$，$y=x+k$ より

$x^2=x+k$ すなわち $x^2-x=k$

よって，$C$ と $l$ の交点の $x$ 座標は，放物線 $C' : y=x^2-x$ と直線 $l' : y=k$ の交点の $x$ 座標に等しい。

$$y=x^2-x=\left(x-\frac{1}{2}\right)^2-\frac{1}{4}$$

で，$C'$ は 2 点 $(-2, 6)$，$(2, 2)$ を通り，$C'$ と $l'$ のグラフは右図のようになる。

したがって，$-2<x<2$ の範囲で $C'$ と $l'$ が 2 点で交わる条件は

$$-\frac{1}{4}<k<2$$

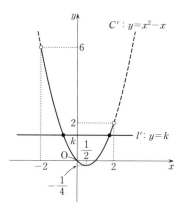

ゆえに，求める条件は　　$-\dfrac{1}{4}<k<2$ ……(答)

〔注1〕　次のように，直接 $C$ と $l$ の交点を考えてもよい。

放物線 $C:y=x^2$ と直線 $l:y=x+k$ が接するとき

$x^2=x+k$　すなわち　$x^2-x-k=0$

が重解をもつから，判別式を $D$ とすると

$D=1+4k=0$　$\therefore$　$k=-\dfrac{1}{4}$

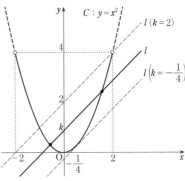

このとき，接点の $x$ 座標は $x=\dfrac{1}{2}$ であるか

ら，$-2<x<2$ の範囲で接する。

また，$l$ が $C$ 上の点 $(2,\ 4)$ を通るとき

$4=2+k$　$\therefore$　$k=2$

よって右図より，$-2<x<2$ の範囲で $C$ と

$l$ が2点で交わるときの $k$ の満たす条件は

$-\dfrac{1}{4}<k<2$

〔注2〕　$C$ と $l$ が接するときの $k$ の値は微分法を用いて

$y'=2x=1$ より，$x=\dfrac{1}{2}$ であるから，接点の座標は　　$\left(\dfrac{1}{2},\ \dfrac{1}{4}\right)$

よって，$\dfrac{1}{4}=\dfrac{1}{2}+k$ より，$k=-\dfrac{1}{4}$ として求めてもよい。

(2)　$C$ と $l$ の交点の $x$ 座標を求める。

$x^2=x+k$ より　　$x^2-x-k=0$

$\therefore$　$x=\dfrac{1\pm\sqrt{1+4k}}{2}$　$\left(-\dfrac{1}{4}<k<2\right)$

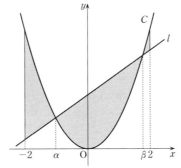

$\alpha=\dfrac{1-\sqrt{1+4k}}{2}$,　$\beta=\dfrac{1+\sqrt{1+4k}}{2}$　……①

とおくと

$$S = \int_{-2}^{\alpha} \{x^2 - (x+k)\}\,dx + \int_{\alpha}^{\beta} (x+k-x^2)\,dx + \int_{\beta}^{2} \{x^2 - (x+k)\}\,dx$$

$$= \int_{-2}^{\alpha} (x^2 - x - k)\,dx - \int_{\alpha}^{\beta} (x^2 - x - k)\,dx + \int_{\beta}^{2} (x^2 - x - k)\,dx$$

$$= \int_{-2}^{\alpha} (x^2 - x - k)\,dx + \int_{\alpha}^{\beta} (x^2 - x - k)\,dx + \int_{\beta}^{2} (x^2 - x - k)\,dx - 2\int_{\alpha}^{\beta} (x^2 - x - k)\,dx$$

$$= \int_{-2}^{2} (x^2 - x - k)\,dx - 2\int_{\alpha}^{\beta} (x^2 - x - k)\,dx$$

$$= 2\int_{0}^{2} (x^2 - k)\,dx - 2\int_{\alpha}^{\beta} (x-\alpha)(x-\beta)\,dx$$

$$= 2\left[\frac{1}{3}x^3 - kx\right]_0^2 - 2\cdot\left\{-\frac{1}{6}(\beta-\alpha)^3\right\}$$

$$= 2\left(\frac{8}{3} - 2k\right) + \frac{1}{3}(\sqrt{1+4k})^3 \quad (①より,\ \beta - \alpha = \sqrt{1+4k})$$

$$= \frac{4}{3}(4 - 3k) + \frac{1}{3}(1+4k)\sqrt{1+4k} \quad \cdots\cdots(答)$$

〔注1〕 $\beta - \alpha$ は次のように解と係数の関係を用いて求めてもよい。

解と係数の関係より,$\alpha + \beta = 1$,$\alpha\beta = -k$ であるから

$$(\beta - \alpha)^2 = (\alpha + \beta)^2 - 4\alpha\beta = 1 + 4k$$

$\alpha < \beta$ より $\beta - \alpha = \sqrt{1+4k}$

〔注2〕 $f(x) = x^2 - x - k$ とおくとき,$S = \int_{-2}^{2} f(x)\,dx - 2\int_{\alpha}^{\beta} f(x)\,dx$ が成り立つことは,次のように考えて示すこともできる。

- 3つの部分 $-2 \le x \le \alpha$,$\alpha \le x \le \beta$,$\beta \le x \le 2$ の面積をそれぞれ $S_1$,$S_2$,$S_3$ とすると

$$\int_{-2}^{2} f(x)\,dx = S_1 - S_2 + S_3$$

であるから

$$S = S_1 + S_2 + S_3 = \int_{-2}^{2} f(x)\,dx + 2S_2$$

$$= \int_{-2}^{2} f(x)\,dx + 2\int_{\alpha}^{\beta} \{-f(x)\}\,dx$$

- $F(x) = \int f(x)\,dx$ とおくと

$$S = \int_{-2}^{\alpha} f(x)\,dx + \int_{\alpha}^{\beta} \{-f(x)\}\,dx + \int_{\beta}^{2} f(x)\,dx$$

$$= \{F(\alpha) - F(-2)\} - \{F(\beta) - F(\alpha)\} + \{F(2) - F(\beta)\}$$

$$= F(2) - F(-2) - 2\{F(\beta) - F(\alpha)\}$$

$$= \int_{-2}^{2} f(x)\,dx - 2\int_{\alpha}^{\beta} f(x)\,dx$$

**解法 2**

(1) (実数解の存在範囲を考える解法)

$y=x^2$, $y=x+k$ より

$\qquad x^2=x+k$ すなわち $x^2-x-k=0$

ここで, $f(x)=x^2-x-k$ とおくと, 求める条件は, $f(x)=0$ が $-2<x<2$ の範囲で異なる2つの実数解をもつことである。

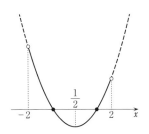

$$f(x)=\left(x-\frac{1}{2}\right)^2-\frac{1}{4}-k$$

であるから, $y=f(x)$ のグラフは下に凸の放物線で, 頂点の座標は $\left(\dfrac{1}{2},\ -\dfrac{1}{4}-k\right)$ であるので, 求める条件は

(ⅰ) 頂点の $y$ 座標 $-\dfrac{1}{4}-k<0$ より $\qquad k>-\dfrac{1}{4}$ ……㋐

$\quad$($f(x)=0$ の判別式 $D=1+4k>0$ から求めてもよい)

(ⅱ) 放物線の軸が $-2<x<2$ の範囲にある。

$\quad$これは軸が $x=\dfrac{1}{2}$ であるから条件を満たしている。

(ⅲ) $f(-2)>0$ かつ $f(2)>0$

$\qquad 6-k>0$ かつ $2-k>0$

$\qquad \therefore\ k<2$ ……㋑

㋐, ㋑の共通範囲を求めて $\qquad -\dfrac{1}{4}<k<2$ ……(答)

# §2 場合の数と確率

**4** 2022 年度 〔2〕  Level B

$n$ を 2 以上の自然数とし，1 個のさいころを $n$ 回投げて出る目の数を順に $X_1$, $X_2$, $\cdots$, $X_n$ とする。$X_1$, $X_2$, $\cdots$, $X_n$ の最小公倍数を $L_n$，最大公約数を $G_n$ とするとき，以下の問いに答えよ。

(1) $L_2 = 5$ となる確率および $G_2 = 5$ となる確率を求めよ。

(2) $L_n$ が素数でない確率を求めよ。

(3) $G_n$ が素数でない確率を求めよ。

---

**ポイント** さいころを $n$ 回投げて出た目の最小公倍数と最大公約数についての問題で，整数を題材にした確率の問題である。
(1) 5 は素数で，さらに，5 以外のさいころの目の数とすべて互いに素であるから，考えやすい。$L_2 = 5$, $G_2 = 5$ となるのはどのような場合かを正確に捉えよう。
(2) 素数は約数が 2 個しかないから，$L_n$ が素数である場合の方が考えやすいので，余事象を用いて $1 - (L_n$ が素数である確率) として求めるべきである。(1)の $L_2 = 5$ と同様に考えればよい。
(3) (2)と同様，余事象を考えるとよいが，素数 2 は 4，6 の約数，素数 3 は 6 の約数であるから，$G_n = 2$, 3 の場合は(1)の $G_n = 5$ の場合と同様の処理では解決しないことに注意。

---

**解法**

(1) $L_2 = 5$ となるのは，「$X_1$, $X_2$ は 1 または 5 のいずれかで，$X_1$, $X_2$ がともに 1 とはならない」場合であるから，求める確率は

(2 回とも 1 または 5 の目が出る確率) − (2 回とも 1 の目が出る確率)

$$= \left(\frac{2}{6}\right)^2 - \left(\frac{1}{6}\right)^2 = \frac{1}{12} \quad \cdots\cdots(答)$$

$G_2 = 5$ となるのは，「2 回とも 5 の目が出る」場合だから，求める確率は

$$\left(\frac{1}{6}\right)^2 = \frac{1}{36} \quad \cdots\cdots(答)$$

(2) 余事象「$L_n$ が素数である」場合を考える。

さいころの目の中で素数のものは 2，3，5 であるから，$L_n$ が素数になるのは $L_n = 2, 3, 5$ に限られる。

$L_n = 2$ となるのは，(1)と同様に考えて，「$X_1$, $X_2$, $\cdots$, $X_n$ は 1 または 2 のいずれかで，すべてが 1 とはならない」場合だから，その確率は

$n$ 回とも 1 または 2 の目が出る確率 $-$ ($n$ 回とも 1 の目が出る確率)

$$= \left(\frac{2}{6}\right)^n - \left(\frac{1}{6}\right)^n$$

$L_n = 3$，5 となる場合も同様で，確率はいずれも $\left(\frac{2}{6}\right)^n - \left(\frac{1}{6}\right)^n$ であるから，$L_n$ が素数である確率は $3\left\{\left(\frac{2}{6}\right)^n - \left(\frac{1}{6}\right)^n\right\}$ となる。

よって，求める確率は，余事象を用いて

$$1 - 3\left\{\left(\frac{2}{6}\right)^n - \left(\frac{1}{6}\right)^n\right\} = 1 - \left(\frac{1}{3}\right)^{n-1} + 3\left(\frac{1}{6}\right)^n \quad \cdots\cdots(答)$$

(3) 余事象「$G_n$ が素数である」，すなわち「$G_n = 2, 3, 5$ となる」場合を考える。

(i) $G_n = 5$ となるのは，(1)と同様に考えることができて，「$n$ 回とも 5 の目が出る」場合だから，その確率は $\left(\frac{1}{6}\right)^n$

(ii) $G_n = 3$ となるのは，3 は 6 の約数であることから，「$X_1$, $X_2$, $\cdots$, $X_n$ は 3 または 6 のいずれかで，すべてが 6 とはならない」場合だから，その確率は

$n$ 回とも 3 または 6 の目が出る確率 $-$ ($n$ 回とも 6 の目が出る確率)

$$= \left(\frac{2}{6}\right)^n - \left(\frac{1}{6}\right)^n$$

(iii) $G_n = 2$ となるのは，2 は 4 または 6 の約数であること，4 と 6 の最大公約数が 2 であることから，「$X_1$, $X_2$, $\cdots$, $X_n$ は 2 または 4 または 6 のいずれかで，すべてが 4 またはすべてが 6 とはならない」場合だから，その確率は

$n$ 回とも 2 または 4 または 6 の目が出る確率

$-$ ($n$ 回とも 4 の目が出る確率) $-$ ($n$ 回とも 6 の目が出る確率)

$$= \left(\frac{3}{6}\right)^n - \left(\frac{1}{6}\right)^n - \left(\frac{1}{6}\right)^n = \left(\frac{1}{2}\right)^n - 2\left(\frac{1}{6}\right)^n$$

したがって，求める確率は

$$1 - \left(\frac{1}{6}\right)^n - \left\{\left(\frac{2}{6}\right)^n - \left(\frac{1}{6}\right)^n\right\} - \left\{\left(\frac{1}{2}\right)^n - 2\left(\frac{1}{6}\right)^n\right\} = 1 - \left(\frac{1}{2}\right)^n - \left(\frac{1}{3}\right)^n + 2\left(\frac{1}{6}\right)^n \quad \cdots\cdots(答)$$

# 5

　円周を 3 等分する点を時計回りに A，B，C とおく。点 Q は A から出発し，A，B，C を以下のように移動する。1 個のさいころを投げて，1 の目が出た場合は時計回りに隣の点に移動し，2 の目が出た場合は反時計回りに隣の点に移動し，その他の目が出た場合は移動しない。さいころを $n$ 回投げたあとに Q が A に位置する確率を $p_n$ とする。以下の問いに答えよ。

(1)　$p_2$ を求めよ。

(2)　$p_{n+1}$ を $p_n$ を用いて表せ。

(3)　$p_n$ を求めよ。

---

**ポイント**　右図の矢印の部分に確率を記入して点 Q の移動を表す推移図（遷移図）を作って考えるとわかりやすい。
(1)　さいころを 2 回投げたあとに Q が A に位置するのは，次の 3 つの場合がある。

$$A \to A \to A \qquad A \to B \to A \qquad A \to C \to A$$

(2)　下図のような推移図（遷移図）を作る。

　⑦，⑦に入る確率はどうなるか考えよう。この図から $p_{n+1}=p_n \times ⑦ + (1-p_n) \times ⑦$ が成り立つことがわかる。
(3)　(2)で得られた漸化式を変形し，一般項を求める。

## 解 法 1

点Qの移動に関する推移図（遷移図）は図1のようになる。

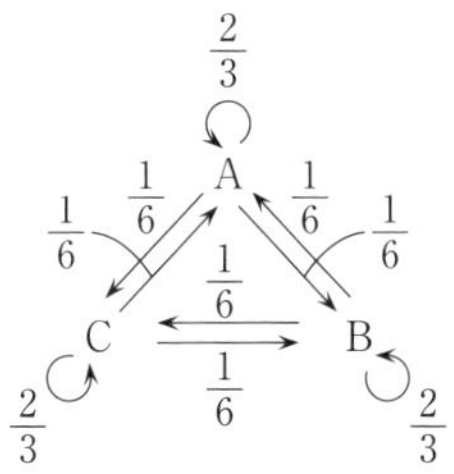

(1) さいころを2回投げたあとにQがAに位置するときの
Qの移動のパターンは次の3通りの場合がある。

(ⅰ)  $A \xrightarrow{\frac{2}{3}} A \xrightarrow{\frac{2}{3}} A$　　その確率は　　$\left(\dfrac{2}{3}\right)^2$

(ⅱ)  $A \xrightarrow{\frac{1}{6}} B \xrightarrow{\frac{1}{6}} A$　　その確率は　　$\left(\dfrac{1}{6}\right)^2$

（図　1）

(ⅲ)  $A \xrightarrow{\frac{1}{6}} C \xrightarrow{\frac{1}{6}} A$　　その確率は　　$\left(\dfrac{1}{6}\right)^2$

(ⅰ)〜(ⅲ)は互いに排反ゆえ，求める確率は

$$p_2 = \left(\frac{2}{3}\right)^2 + \left(\frac{1}{6}\right)^2 + \left(\frac{1}{6}\right)^2 = \frac{1}{2} \quad \cdots\cdots（答）$$

(2)  さいころを $n+1$ 回投げたあとにQがAに位置する（確率 $p_{n+1}$）のはどのような
場合か考える。さいころを $n$ 回投げたあとのQの位置が

(ⅰ)  Aのとき（確率 $p_n$）は，$n+1$ 回目に $\dfrac{2}{3}$ の確率でAにとどまる。

(ⅱ)  A以外の点のとき（確率 $1-p_n$）は，$n+1$ 回目に $\dfrac{1}{6}$ の確率でAに移る。

(ⅰ)，(ⅱ)より，図2のような推移図（遷移図）が得られる。

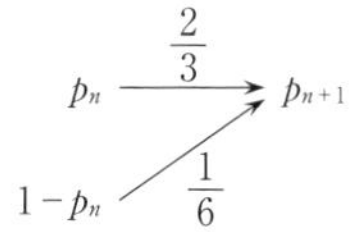

よって　　$p_{n+1} = p_n \times \dfrac{2}{3} + (1-p_n) \times \dfrac{1}{6}$

$$= \frac{1}{2}p_n + \frac{1}{6} \quad \cdots\cdots（答）$$

（図　2）

(3) (2)の結果から，$c = \dfrac{1}{2}c + \dfrac{1}{6}$ を満たす $c = \dfrac{1}{3}$ を用いて

$$p_{n+1} - \frac{1}{3} = \frac{1}{2}\left(p_n - \frac{1}{3}\right)$$

と変形できるから，数列 $\left\{p_n - \dfrac{1}{3}\right\}$ は初項 $p_1 - \dfrac{1}{3} = \dfrac{2}{3} - \dfrac{1}{3} = \dfrac{1}{3}$，公比 $\dfrac{1}{2}$ の等比数列である。したがって

$$p_n - \frac{1}{3} = \frac{1}{3}\left(\frac{1}{2}\right)^{n-1} \quad \therefore \quad p_n = \frac{1}{3}\left\{1 + \left(\frac{1}{2}\right)^{n-1}\right\} \quad \cdots\cdots（答）$$

## 解法 2

(2) さいころを $n$ 回投げたあとに Q が B，C に位置する確率をそれぞれ $q_n$，$r_n$ とすると

$$p_n + q_n + r_n = 1 \quad \cdots\cdots (*)$$

さいころを $n+1$ 回投げたあとに Q が A に位置するような Q の移動パターンとその確率は

$n$ 回目　　　$n+1$ 回目

(i)　　A $\xrightarrow{\frac{2}{3}}$ A　　　その確率は　　$\dfrac{2}{3} p_n$

(ii)　　B $\xrightarrow{\frac{1}{6}}$ A　　　その確率は　　$\dfrac{1}{6} q_n$

(iii)　　C $\xrightarrow{\frac{1}{6}}$ A　　　その確率は　　$\dfrac{1}{6} r_n$

のようになるから

$$p_{n+1} = \frac{2}{3} p_n + \frac{1}{6} q_n + \frac{1}{6} r_n = \frac{2}{3} p_n + \frac{1}{6}(q_n + r_n)$$

$(*)$ より，$q_n + r_n = 1 - p_n$ であるから

$$p_{n+1} = \frac{2}{3} p_n + \frac{1}{6}(1 - p_n) = \frac{1}{2} p_n + \frac{1}{6} \quad \cdots\cdots (答)$$

**6** 2018年度 〔2〕 Level B

1個のさいころを3回投げる試行において，1回目に出る目を $a$，2回目に出る目を $b$，3回目に出る目を $c$ とする。

(1) $\displaystyle\int_a^c (x-a)(x-b)\,dx=0$ である確率を求めよ。

(2) $a$，$b$ が2以上かつ $2\log_a b - 2\log_a c + \log_b c = 1$ である確率を求めよ。

> **ポイント** 定積分と対数で与えられた条件式から $a$, $b$, $c$ についての関係式を導き，これを満たす確率を求める。(1)・(2)いずれも2つの関係式が得られるが，特に2つの条件が重複する場合に注意して，もれなく目の出方の場合の数を調べる。
> (1) $(x-a)(x-b)=(x-a)^2+(a-b)(x-a)$ と変形して積分を行うとよい。
> (2) 底の変換公式を用いて底を $a$ にそろえる。$\log_a b = B$，$\log_a c = C$ とおくと見やすくなる。

## 解 法

(1)
$$\int_a^c (x-a)(x-b)\,dx = \int_a^c (x-a)\{(x-a)+(a-b)\}\,dx$$
$$= \int_a^c \{(x-a)^2 + (a-b)(x-a)\}\,dx$$
$$= \left[\frac{1}{3}(x-a)^3 + \frac{1}{2}(a-b)(x-a)^2\right]_a^c$$
$$= \frac{1}{3}(c-a)^3 + \frac{1}{2}(a-b)(c-a)^2$$
$$= \frac{1}{6}(c-a)^2\{2(c-a)+3(a-b)\}$$
$$= \frac{1}{6}(c-a)^2(a-3b+2c) = 0$$

より  $a=c$  または  $a-3b+2c=0$

1個のさいころを3回投げる試行において，すべての目の出方は $6^3$ 通り。
このうち

(i) $a=c$ を満たす目の出方は $(a,\ c)=(1,\ 1),\ (2,\ 2),\ \cdots,\ (6,\ 6)$ の6通りあり，$b$ は1，2，$\cdots$，6の6通りの場合があるから
$$6^2 = 36 \text{ 通り}$$

(ii)　$a-3b+2c=0 \Longleftrightarrow 3b=a+2c$ を満たす目の出方は，次の表を参考にして 12 通り。

| $b$ | 1 | 2 | | 3 | | | 4 | | | 5 | 6 |
|---|---|---|---|---|---|---|---|---|---|---|---|
| $3b=a+2c$ | 3 | 6 | | 9 | | | 12 | | | 15 | 18 |
| $c$ | 1 | 1 | 2 | 2 | 3 | 4 | 3 | 4 | 5 | 5 | 6 | 6 |
| $a$ | 1 | 4 | 2 | 5 | 3 | 1 | 6 | 4 | 2 | 5 | 3 | 6 |

(iii)　$a=c$ かつ $3b=a+2c$ を満たす目の出方は，$a=c$ より　　$3b=3a$

すなわち，$a=b=c$ を満たす場合であるから 6 通り。

したがって，求める確率は

$$\frac{36+12-6}{6^3}=\frac{7}{36} \quad \cdots\cdots (\text{答})$$

〔注〕　$\displaystyle\int_a^c (x-a)(x-b)\,dx$ は $y=(x-a)(x-b)$ を $x$ 軸方向
に $-a$ 平行移動した関数 $y=x(x+a-b)$ を考えて，次
のように計算してもよい。

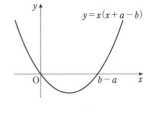

$$\int_a^c (x-a)(x-b)\,dx = \int_0^{c-a} x\{x+(a-b)\}\,dx$$
$$= \int_0^{c-a} \{x^2+(a-b)\,x\}\,dx$$
$$= \left[\frac{1}{3}x^3+\frac{1}{2}(a-b)\,x^2\right]_0^{c-a}$$
$$= \frac{1}{3}(c-a)^3+\frac{1}{2}(a-b)(c-a)^2$$
$$= \frac{1}{6}(c-a)^2(a-3b+2c)$$

(2)　$2\log_a b - 2\log_a c + \log_b c = 1, \quad a \geqq 2, \ b \geqq 2$

与えられた等式を変形すると

$$2\log_a b - 2\log_a c + \frac{\log_a c}{\log_a b} = 1$$

両辺に $\log_a b$ をかけて，$\log_a b = B$, $\log_a c = C$ とおくと

$$2B^2 - 2BC + C = B$$
$$2B(B-C) - (B-C) = 0$$
$$(B-C)(2B-1) = 0$$

よって　　$B=C$ または $2B-1=0$

$B=C$ より　　$\log_a b = \log_a c$

すなわち　　$b=c$

$2B-1=0$ より，$2\log_a b = 1$ であるから

$$\log_a b^2 = \log_a a \quad \therefore \quad a=b^2$$

(i)　$b=c$ を満たす目の出方は，$b \geqq 2$ より

$$(b, \ c) = (2, \ 2), \ (3, \ 3), \ \cdots, \ (6, \ 6)$$

の 5 通りあり，$a$ $(a \geqq 2)$ は $a = 2, \ 3, \ \cdots, \ 6$ の 5 通りの場合があるから，$5 \times 5$ 通り。

(ii)　$a = b^2$ を満たす目の出方は，$a \geqq 2$，$b \geqq 2$ より $(a, \ b) = (4, \ 2)$ の 1 通りで，$c$ は $c = 1, \ 2, \ \cdots, \ 6$ の 6 通りあるから，$1 \times 6$ 通り。

(iii)　$b = c$ かつ $a = b^2$ を満たす目の出方は，$(a, \ b, \ c) = (4, \ 2, \ 2)$ の 1 通り。

したがって，求める確率は

$$\frac{5 \times 5 + 1 \times 6 - 1}{6^3} = \frac{5}{36} \quad \cdots \cdots (答)$$

参考　(1)の定積分については

$$\int_a^c \{x^2 - (a+b) x + ab\} \, dx = \left[ \frac{1}{3} x^3 - \frac{1}{2} (a+b) x^2 + abx \right]_a^c$$

$$= \frac{1}{3} (c^3 - a^3) - \frac{1}{2} (a+b) (c^2 - a^2) + ab (c - a)$$

と計算してもよいが，やや煩雑であるので，積分区間に注目して

$$(x-a)(x-b) = (x-a)\{(x-a) + (a-b)\}$$

$$= (x-a)^2 + (a-b)(x-a)$$

と $x-a$ について整理したり，〔注〕に示した平行移動を行う技法を身につけておきたい。このとき積分は，$n$ を自然数として

$$\int (x-a)^n dx = \frac{1}{n+1} (x-a)^{n+1} + C \quad (C は積分定数)$$

を用いる。

# 7

　1 個のさいころを 3 回投げる試行において，1 回目に出る目を $a$，2 回目に出る目を $b$，3 回目に出る目を $c$ とする。

(1)　$\log_{\frac{1}{4}}(a+b) > \log_{\frac{1}{2}}c$ となる確率を求めよ。

(2)　$2^a + 2^b + 2^c$ が 3 の倍数となる確率を求めよ。

---

**ポイント**　(1)　対数の不等式を変形して，$a$, $b$, $c$ に関する簡単な不等式に書き直す。$a$, $b$, $c$ が 1 から 6 までの整数であることに注意して，不等式を満たす $a$, $b$, $c$ の組の総数を数える。

(2)　$2^a$ を 3 で割ったときの余りは 1 か 2 である。$2^b$, $2^c$ についても同様であるから，$2^a$, $2^b$, $2^c$ を 3 で割ったときのそれぞれの余りがどのようなときに $2^a + 2^b + 2^c$ が 3 の倍数となるかを考える。

---

## 解法

(1)　　$\log_{\frac{1}{4}}(a+b) > \log_{\frac{1}{2}}c$　……①　　$(a+b>0,\ c>0)$

$$\log_{\frac{1}{4}}(a+b) = \frac{\log_{\frac{1}{2}}(a+b)}{\log_{\frac{1}{2}}\frac{1}{4}} = \frac{\log_{\frac{1}{2}}(a+b)}{2}$$

であるから，①は

$$\log_{\frac{1}{2}}(a+b) > 2\log_{\frac{1}{2}}c \qquad \log_{\frac{1}{2}}(a+b) > \log_{\frac{1}{2}}c^2$$

底について $0 < \dfrac{1}{2} < 1$ であるから

$$a+b < c^2 \quad \cdots\cdots②$$

$a$, $b$, $c$ は 1 以上 6 以下の整数であるから，①と②は同値である。
②を満たすのは

(i)　$c=1$ のとき　　$a+b<1$ であるから，$(a,\ b)$ は存在しない。

(ii)　$c=2$ のとき　　$a+b<4$ であるから

　　　　　　　　　$(a,\ b) = (1,\ 1),\ (1,\ 2),\ (2,\ 1)$ の 3 通り

(iii)　$c=3$ のとき　　$a+b<9$ であるから

　　　$a=1$, 2 なら　　$b=1$, 2, …, 6 の 6 通りずつ

　　　$a=3$ なら　　　$b=1$, 2, …, 5 の 5 通り

$a=4$ なら        $b=1,~2,~3,~4$ の 4 通り

$a=5$ なら        $b=1,~2,~3$ の 3 通り

$a=6$ なら        $b=1,~2$ の 2 通り

であるから

$6 \cdot 2 + 5 + 4 + 3 + 2 = 26$ 通り

(iv)  $c=4,~5,~6$ のとき,それぞれ $a+b < 16,~25,~36$ であるから,$a,~b$ は 1 以上 6 以下の整数のいずれでもよく,それぞれ

$6 \cdot 6 = 36$ 通り

3 回の目の出方は全部で $6^3$ 通りあるから,(i)〜(iv)より,求める確率は

$$\frac{3+26+36 \cdot 3}{6^3} = \frac{137}{216} \quad \cdots\cdots(答)$$

〔注〕 $a+b$ の値を表にしておけば,$a,~b$ の組の総数を数えやすい。

| $a$ \ $b$ | 1 | 2 | 3 | 4 | 5 | 6 |
|---|---|---|---|---|---|---|
| 1 | 2 | 3 | 4 | 5 | 6 | 7 |
| 2 | 3 | 4 | 5 | 6 | 7 | 8 |
| 3 | 4 | 5 | 6 | 7 | 8 | 9 |
| 4 | 5 | 6 | 7 | 8 | 9 | 10 |
| 5 | 6 | 7 | 8 | 9 | 10 | 11 |
| 6 | 7 | 8 | 9 | 10 | 11 | 12 |

(2)  $2^1=2,~2^2=4,~2^3=8,~2^4=16,~2^5=32,~2^6=64$ より,$2^a$ を 3 で割ったときの余りは

$a=1,~3,~5$ のとき    2

$a=2,~4,~6$ のとき    1

であり,$2^b,~2^c$ についても同様である。

よって,$2^a + 2^b + 2^c$ が 3 の倍数となるのは,$2^a,~2^b,~2^c$ を 3 で割ったときの余りが「すべて 1」または「すべて 2」となる場合である。

したがって,求める確率は

$$\frac{3^3 + 3^3}{6^3} = \frac{1}{4} \quad \cdots\cdots(答)$$

〔注〕 $\left(\dfrac{3}{6}\right)^3 + \left(\dfrac{3}{6}\right)^3 = \dfrac{1}{4}$ と考えてもよい。

参考 (2)は次のように合同式を用いて考えてもよい。

$2 \equiv -1 \pmod 3$ であるから

$$2^a \equiv (-1)^a \equiv \begin{cases} 1 \pmod 3 & \cdots\cdots a \text{ が偶数のとき} \\ -1 \pmod 3 & \cdots\cdots a \text{ が奇数のとき} \end{cases}$$

$2^b$, $2^c$ についても同様であるから,$2^a + 2^b + 2^c$ が 3 の倍数,すなわち $2^a + 2^b + 2^c \equiv 0 \pmod 3$ となるのは

• $a$,$b$,$c$ がすべて偶数のとき　　$2^a + 2^b + 2^c \equiv 1 + 1 + 1 \equiv 3 \equiv 0 \pmod 3$

• $a$,$b$,$c$ がすべて奇数のとき　　$2^a + 2^b + 2^c \equiv -1 - 1 - 1 \equiv -3 \equiv 0 \pmod 3$

の場合である。

よって,求める確率は　　$\dfrac{3^3 + 3^3}{6^3} = \dfrac{1}{4}$

# 8　2012 年度　〔1〕　Level A

1 個のさいころを 3 回続けて投げるとき，1 回目に出る目を $l$，2 回目に出る目を $m$，3 回目に出る目を $n$ で表し，3 次式
$$f(x) = x^3 + lx^2 + mx + n$$
を考える。このとき，以下の問いに答えよ。

(1)　$f(x)$ が $(x+1)^2$ で割り切れる確率を求めよ。

(2)　関数 $y = f(x)$ が極大値も極小値もとる確率を求めよ。

> **ポイント**　(1)　$f(x)$ を実際に $(x+1)^2$ で割り，余りが 0 になるような $(l, m, n)$ の組を具体的に求める。
> (2)　「3 次関数 $y = f(x)$ が極大値も極小値もとる
> $\Longleftrightarrow$ 2 次方程式 $f'(x) = 0$ が異なる 2 つの実数解をもつ」
> これを満たす $(l, m, n)$ の組をすべて求める。

## 解法

(1)　$f(x) = x^3 + lx^2 + mx + n$ を $(x+1)^2$ で割ったときの余りは
$$(m - 2l + 3)x + n - l + 2$$
である。
よって，$f(x)$ が $(x+1)^2$ で割り切れる条件は
$$m - 2l + 3 = 0 \quad かつ \quad n - l + 2 = 0$$
すなわち
$$m = 2l - 3 \quad かつ \quad n = l - 2$$
$l, m, n$ は 1 以上 6 以下の整数であるから
$$m = 2l - 3 より \quad 1 \le 2l - 3 \le 6 \quad \therefore \quad 2 \le l \le \frac{9}{2}$$
$$n = l - 2 より \quad 1 \le l - 2 \le 6 \quad \therefore \quad 3 \le l \le 8$$
よって，$l = 3, 4$ であるから
$$(l, m, n) = (3, 3, 1), (4, 5, 2) \quad の 2 組$$
3 回のさいころの目の出方は全部で $6^3$ 通りあるから，求める確率は
$$\frac{2}{6^3} = \frac{1}{108} \quad \cdots\cdots (答)$$

〔注1〕 割り算は次のようになる。

$$
\begin{array}{r}
x+(l-2) \\
x^2+2x+1{\overline{\smash{\big)}\,x^3+lx^2+\phantom{mmm}mx+n}} \\
\underline{x^3+2x^2+\phantom{mmmmm}x\phantom{mm}} \\
(l-2)x^2+(m-1)x+n \\
\underline{(l-2)x^2+2(l-2)x+l-2} \\
(m-2l+3)x+n-l+2
\end{array}
$$

これより，商が $x+(l-2)$，余りが $(m-2l+3)x+n-l+2$ となることがわかる。

〔注2〕 $f(x)$ が $(x+1)^2$ で割り切れる条件は，次のように求めてもよい。

$f(x)$ が $(x+1)^2$ で割り切れるから

$$
\begin{aligned}
f(x) &= x^3+lx^2+mx+n \\
&= (x+1)^2(x+n)
\end{aligned}
$$

よって，$f(x)=0$ の解は $x=-1$（重解），$-n$ となるから，3次方程式の解と係数の関係より

$$
-1-1-n=-l \quad \therefore \quad n=l-2
$$
$$
(-1)\cdot(-1)+(-1)\cdot(-n)+(-n)\cdot(-1)=m \quad \therefore \quad m=2n+1
$$

(2) 3次関数 $y=f(x)$ が極大値も極小値もとる条件は，$f'(x)=0$ が異なる2つの実数解をもつことである。

よって，$f'(x)=3x^2+2lx+m=0$ の判別式を $D$ とすると

$$
\frac{D}{4}=l^2-3m>0 \quad \text{すなわち} \quad m<\frac{l^2}{3} \quad \cdots\cdots ①
$$

$l,\ m$ は1以上6以下の整数であるから，①を満たすのは

$l=2$ のとき　　　　$m=1$

$l=3$ のとき　　　　$m=1,\ 2$

$l=4$ のとき　　　　$m=1,\ 2,\ 3,\ 4,\ 5$

$l=5,\ 6$ のとき　　　$m=1,\ 2,\ 3,\ 4,\ 5,\ 6$

したがって，求める確率は

$$
\frac{1+2+5+6\times2}{6^2}=\frac{5}{9} \quad \cdots\cdots\text{(答)}
$$

# 9

次のような，いびつなさいころを考える。1，2，3の目が出る確率はそれぞれ $\dfrac{1}{6}$，4の目が出る確率は $a$，5，6の目が出る確率はそれぞれ $\dfrac{1}{4}-\dfrac{a}{2}$ である。ただし，$0\leqq a\leqq\dfrac{1}{2}$ とする。

このさいころを振ったとき，平面上の $(x, y)$ にある点Pは，1，2，3のいずれかの目が出ると $(x+1, y)$ に，4の目が出ると $(x, y+1)$ に，5，6のいずれかの目が出ると $(x-1, y-1)$ に移動する。

原点 $(0, 0)$ にあった点Pが，$k$ 回さいころを振ったときに $(2, 1)$ にある確率を $p_k$ とする。

(1) $p_1$, $p_2$, $p_3$ を求めよ。

(2) $p_6$ を求めよ。

(3) $p_6$ が最大になるときの $a$ の値を求めよ。

---

**ポイント** (1) 3種類の移動について，それぞれの起こる確率と回数を考える。
(2) 3種類の移動がそれぞれ何回起こるかを調べるために，1，2，3のいずれかの目が $s$ 回，4の目が $t$ 回，5，6のいずれかの目が $(6-s-t)$ 回出るとして立式する。
(3) (2)の結果は $a$ の3次関数になるので，微分法によって求める。

---

## 解 法

1，2，3のいずれかの目が出る事象を $A$
4の目が出る事象を $B$
5，6のいずれかの目が出る事象を $C$
とする。このとき，それぞれの確率は

$$P(A)=\dfrac{1}{6}\times 3=\dfrac{1}{2}$$

$$P(B)=a$$

$$P(C)=\left(\dfrac{1}{4}-\dfrac{a}{2}\right)\times 2=\dfrac{1}{2}-a$$

である。

(1)　1回または2回さいころを振って，Pが (2, 1) に移動することはないから

$$p_1 = p_2 = 0 \quad \cdots\cdots\text{(答)}$$

3回さいころを振ったときに，Pが (2, 1) にあるのは，$A$ が2回，$B$ が1回起こるときであるから

$$p_3 = {}_3C_2\left(\frac{1}{2}\right)^2 a = \frac{3}{4}a \quad \cdots\cdots\text{(答)}$$

(2)　6回さいころを振ったとき，$A$ が $s$ 回，$B$ が $t$ 回，$C$ が $(6-s-t)$ 回起こって，Pが (2, 1) にあるとすると

$$\begin{cases} s-(6-s-t)=2 \\ t-(6-s-t)=1 \end{cases} \quad \text{すなわち} \quad \begin{cases} 2s+t=8 \\ s+2t=7 \end{cases}$$

これを解いて　$s=3$, $t=2$

よって，$A$ が3回，$B$ が2回，$C$ が1回起こるときを考えて

$$p_6 = \frac{6!}{3!2!}\left(\frac{1}{2}\right)^3 a^2\left(\frac{1}{2}-a\right) = \frac{15}{4}a^2(1-2a) \quad \cdots\cdots\text{(答)}$$

〔注〕　$p_6 = {}_6C_3\cdot{}_3C_2\left(\frac{1}{2}\right)^3 a^2\left(\frac{1}{2}-a\right)$ としてもよい。

(3)　$p_6 = -\dfrac{15}{4}(2a^3-a^2) = f(a)$ とおくと

$$f'(a) = -\frac{15}{4}(6a^2-2a)$$

$$= -\frac{15}{2}a(3a-1)$$

$f'(a)=0$ とすると $a=0$, $\dfrac{1}{3}$ であるから，$0 \leqq a \leqq \dfrac{1}{2}$ における $f(a)$ の増減表は右のようになる。

| $a$ | 0 | $\cdots$ | $\dfrac{1}{3}$ | $\cdots$ | $\dfrac{1}{2}$ |
|---|---|---|---|---|---|
| $f'(a)$ | 0 | + | 0 | − | |
| $f(a)$ | | ↗ | 極大<br>かつ最大 | ↘ | |

よって，求める $a$ の値は　$\dfrac{1}{3}$　$\cdots\cdots$(答)

# 10 2007年度 〔2〕 Level B

$n$ を 2 以上の自然数とする。1 つのさいころを $n$ 回投げ，第 1 回目から第 $n$ 回目までに出た目の最大公約数を $G$ とする。

(1) $G=3$ となる確率を $n$ の式で表せ。

(2) $G$ の期待値を $n$ の式で表せ。

---

**ポイント** (1) $G=3$ となるときのさいころの目の出方を具体的に考えてみる。$G=3$ となるためには $n$ 回とも 3 の倍数の目が出ることが必要であるが，その中には $G=6$ となる場合も含まれていることに注意。$n=2$，3 の場合を例として考えるとわかりやすい。

(2) (1)での思考をもとに，$G=1$，2，4，5，6 のそれぞれの場合について確率を求める。最も求めにくい場合を最後にして，余事象の確率として計算する。

(注) (2)の「期待値」は，2015～2024 年度入試においては出題範囲外となっています。

---

## 解 法

(1) $G=3$ となるのは，「$n$ 回とも 3 の倍数（3 または 6）の目が出る」が，「$n$ 回とも 6 の目」（$G=6$）ではない（少なくとも 1 回は 3 の目が出る）場合である。
よって，$G=3$ となる確率は，$n$ 回とも 3 または 6 の目が出る確率から，$n$ 回とも 6 の目が出る確率を引いて

$$\left(\frac{2}{6}\right)^n - \left(\frac{1}{6}\right)^n = \left(\frac{1}{3}\right)^n - \left(\frac{1}{6}\right)^n \quad \cdots\cdots(答)$$

(2) $G=4$，5，6 となるのは，それぞれ「$n$ 回とも 4，5，6 の目が出る」場合であるから，確率はすべて $\left(\frac{1}{6}\right)^n$

$G=2$ となるのは，「$n$ 回とも 2 の倍数（2 または 4 または 6）の目が出る」が，「$n$ 回とも 4 の目」（$G=4$）ではなく，かつ「$n$ 回とも 6 の目」（$G=6$）でもない場合である。
よって，$G=2$ となる確率は，$n$ 回とも 2 または 4 または 6 の目が出る確率から，$n$ 回とも 4 の目が出る確率と $n$ 回とも 6 の目が出る確率を引いて

$$\left(\frac{3}{6}\right)^n - \left(\frac{1}{6}\right)^n - \left(\frac{1}{6}\right)^n = \left(\frac{1}{2}\right)^n - 2\left(\frac{1}{6}\right)^n$$

$G$ のとりうる値は 1，2，3，4，5，6 であるから，$G=1$ となる確率は余事象の確率を考えて

$$1-\left\{\left(\frac{1}{2}\right)^n-2\left(\frac{1}{6}\right)^n\right\}-\left\{\left(\frac{1}{3}\right)^n-\left(\frac{1}{6}\right)^n\right\}-3\left(\frac{1}{6}\right)^n$$

$$=1-\left(\frac{1}{2}\right)^n-\left(\frac{1}{3}\right)^n$$

したがって，$G$ の期待値は

$$1\cdot\left\{1-\left(\frac{1}{2}\right)^n-\left(\frac{1}{3}\right)^n\right\}+2\left\{\left(\frac{1}{2}\right)^n-2\left(\frac{1}{6}\right)^n\right\}+3\left\{\left(\frac{1}{3}\right)^n-\left(\frac{1}{6}\right)^n\right\}+4\left(\frac{1}{6}\right)^n+5\left(\frac{1}{6}\right)^n+6\left(\frac{1}{6}\right)^n$$

$$=1+\left(\frac{1}{2}\right)^n+2\left(\frac{1}{3}\right)^n+8\left(\frac{1}{6}\right)^n \quad\cdots\cdots(答)$$

〔注〕 $G=1$ となる確率 $P(G=1)$ は，次のように求めてもよい。

$$1-\{P(G=(2\,の倍数))+P(G=(3\,の倍数))-P(G=6)\}-P(G=5)$$

$$=1-\{P(n\,回とも\,2\,の倍数の目)+P(n\,回とも\,3\,の倍数の目)-P(n\,回とも\,6\,の目)\}$$
$$-P(n\,回とも\,5\,の目)$$

$$=1-\left\{\left(\frac{3}{6}\right)^n+\left(\frac{2}{6}\right)^n-\left(\frac{1}{6}\right)^n\right\}-\left(\frac{1}{6}\right)^n$$

$$=1-\left(\frac{1}{2}\right)^n-\left(\frac{1}{3}\right)^n$$

# 11

$n$ を自然数とする。プレイヤーA，Bがサイコロを交互に投げるゲームをする。最初はAが投げ，先に1の目を出した方を勝ちとして終わる。ただし，Aが $n$ 回投げても勝負がつかない場合はBの勝ちとする。

⑴ Aの $k$ 投目（$1 \leqq k \leqq n$）でAが勝つ確率を求めよ。

⑵ このゲームにおいてAが勝つ確率 $P_n$ を求めよ。

⑶ $P_n > \dfrac{1}{2}$ となるような最小の $n$ の値を求めよ。ただし，$\log_{10} 2 = 0.3010$，

$\log_{10} 3 = 0.4771$ として計算してよい。

---

**ポイント** 問題を的確に理解する。

⑴ $2 \leqq k \leqq n$ のとき，A，Bともに $k-1$ 投連続して1の目を出さずに，Aが $k$ 投目に1の目を出す確率を求める。

⑵ ⑴を用いて，Aが1，2，…，$n$ 投目で勝つ確率の和を求める。

⑶ 常用対数（底が10の対数）を用いて計算する。対数計算の公式を用いて，$\log_{10} 2$ と $\log_{10} 3$ で表すことを考える。

---

## 解法

⑴ Aの $k$ 投目（$1 \leqq k \leqq n$）でAが勝つ確率を $a_k$ とすると

$$a_1 = \frac{1}{6}$$

$2 \leqq k \leqq n$ のとき，A，Bともに $k-1$ 投連続して1の目を出さず，Aの $k$ 投目にAが1の目を出す確率が $a_k$ であるから

$$a_k = \left(\frac{5}{6}\right)^{2(k-1)} \cdot \frac{1}{6} = \frac{1}{6} \cdot \left(\frac{25}{36}\right)^{k-1}$$

これは $k=1$ のときも含まれるから，求める確率は

$$\frac{1}{6} \cdot \left(\frac{25}{36}\right)^{k-1} \quad \cdots\cdots（答）$$

⑵ Aが勝つのは，Aの1，2，…，$n$ 投目でAが勝つ場合であるから

$$P_n = \sum_{k=1}^{n} \frac{1}{6} \cdot \left(\frac{25}{36}\right)^{k-1} = \frac{1}{6} \cdot \frac{1 - \left(\frac{25}{36}\right)^n}{1 - \frac{25}{36}}$$

$$= \frac{6}{11}\left\{1 - \left(\frac{25}{36}\right)^n\right\} \quad \cdots\cdots(\text{答})$$

(3)  $P_n > \dfrac{1}{2}$ より

$$\frac{6}{11}\left\{1 - \left(\frac{25}{36}\right)^n\right\} > \frac{1}{2} \qquad 1 - \left(\frac{25}{36}\right)^n > \frac{11}{12}$$

$$\therefore \quad \left(\frac{5}{6}\right)^{2n} < \frac{1}{12}$$

両辺の常用対数をとると

$$\log_{10}\left(\frac{5}{6}\right)^{2n} < \log_{10}\frac{1}{12} \qquad 2n\log_{10}\frac{5}{6} < -\log_{10}12$$

ここで

$$\log_{10}\frac{5}{6} = \log_{10}\frac{10}{12} = 1 - \log_{10}12$$

$$\log_{10}12 = \log_{10}(2^2 \cdot 3) = 2\log_{10}2 + \log_{10}3$$

$$\qquad\qquad = 2 \cdot 0.3010 + 0.4771 = 1.0791$$

であるから

$$2n(1 - 1.0791) < -1.0791$$

$$-0.1582n < -1.0791$$

$$n > \frac{1.0791}{0.1582} = 6.8\cdots$$

よって，$P_n > \dfrac{1}{2}$ となるような最小の $n$ は　　7　　$\cdots\cdots$(答)

# §3 整数の性質

## 12 2021 年度 〔3〕（理系数学と類似） Level B

整数 $a$, $b$, $c$ に関する次の条件（＊）を考える。

$$\int_a^c (x^2 + bx)\, dx = \int_b^c (x^2 + ax)\, dx \quad \cdots\cdots(\ast)$$

(1) 整数 $a$, $b$, $c$ が（＊）および $a \neq b$ をみたすとき，$c^2$ を $a$, $b$ を用いて表せ。

(2) $c = 3$ のとき，（＊）および $a < b$ をみたす整数の組 $(a, b)$ をすべて求めよ。

(3) 整数 $a$, $b$, $c$ が（＊）および $a \neq b$ をみたすとき，$c$ は 3 の倍数であることを示せ。

---

**ポイント** 定積分で表された式を満たす整数 $a$, $b$, $c$ について考察する問題である。
(1) 定積分を計算し，$a \neq b$ を用いて $c^2$ を $a$, $b$ を用いた式で表す。
(2) (1)を用いて，「（ $P$ ）（ $Q$ ）＝整数」の形を導き，$P$, $Q$ の値の組合せを考える。その際，$P$, $Q$ の大小関係や $P + Q$ が 3 の倍数になることを考慮すると効率よく求められる。
(3) (2)と同様に考えると，$P$, $Q$ はともに 3 の倍数であることを示すことができる。

---

### 解法 1

(1) $\displaystyle\int_a^c (x^2 + bx)\, dx = \int_b^c (x^2 + ax)\, dx$ より

$$\left[\frac{1}{3}x^3 + \frac{1}{2}bx^2\right]_a^c = \left[\frac{1}{3}x^3 + \frac{1}{2}ax^2\right]_b^c$$

$$\frac{1}{3}(c^3 - a^3) + \frac{1}{2}b(c^2 - a^2) - \frac{1}{3}(c^3 - b^3) - \frac{1}{2}a(c^2 - b^2) = 0$$

両辺に 6 をかけて整理すると

$$2(b^3 - a^3) + 3(bc^2 - a^2 b - ac^2 + ab^2) = 0$$

$$2(b - a)(b^2 + ab + a^2) + 3\{c^2(b - a) + ab(b - a)\} = 0$$

$$(b - a)(2a^2 + 5ab + 2b^2 + 3c^2) = 0$$

$a \neq b$ より

$$2a^2 + 5ab + 2b^2 + 3c^2 = 0$$

$$3c^2 = -(2a + b)(a + 2b)$$

ゆえに　　　$c^2 = -\dfrac{1}{3}(2a+b)(a+2b)$　……(答)

(2)　(1)の結果に $c=3$ を代入すると

$\qquad (2a+b)(a+2b) = -27$　……①

ここで，$(2a+b)(a+2b) < 0$ であり，また，$a < b$ より　$(2a+b)-(a+2b) = a-b < 0$，すなわち，$2a+b < a+2b$ であるから

$\qquad 2a+b < 0 < a+2b$　……②

一方，$(2a+b)(a+2b)$ は 3 の倍数であるから，$2a+b$ と $a+2b$ の少なくとも一方は 3 の倍数である。さらに，$(2a+b)+(a+2b) = 3(a+b)$ より，$2a+b$ と $a+2b$ の和は 3 の倍数であるから，$2a+b$ と $a+2b$ の一方のみが 3 の倍数であることはなく，$2a+b$ と $a+2b$ はともに 3 の倍数である。　……③

したがって，①〜③より

- $(2a+b,\ a+2b) = (-9,\ 3)$ より　　$(a,\ b) = (-7,\ 5)$
- $(2a+b,\ a+2b) = (-3,\ 9)$ より　　$(a,\ b) = (-5,\ 7)$

よって，条件を満たす $(a,\ b)$ の組は

$\qquad (a,\ b) = (-7,\ 5),\ (-5,\ 7)$　……(答)

(3)　(1)の結果より

$\qquad 3c^2 = -(2a+b)(a+2b)$　……④

③より，$m,\ n$ を整数として

$\qquad 2a+b = 3m,\ a+2b = 3n$

と表せるから，④より

$\qquad 3c^2 = -3m \cdot 3n$　　$\therefore\ c^2 = -3mn$

$m,\ n$ は整数より，$c^2$ は 3 の倍数である。3 は素数であるから，$c$ も 3 の倍数である。

(証明終)

〔注〕　③において，$2a+b$ と $a+2b$ の和が 3 の倍数であることを用いなくても，次のようにして $2a+b$ と $a+2b$ がともに 3 の倍数であることを示すことができる。
　　$2a+b$ が 3 の倍数であるとすると，$m$ を整数として $2a+b = 3m$ と表されるから

$\qquad a+2b = 2(2a+b) - 3a = 2 \cdot 3m - 3a = 3(2m-a)$

より，$a+2b$ も 3 の倍数である。
　　$a+2b$ が 3 の倍数であるときも同様に示すことができる。

参考　「$c^2$ が 3 の倍数であるならば，$c$ も 3 の倍数である」　……(※)　は，3 が素数であるので成り立つ。このことはほぼ明らかなので，証明を省略して用いられることが多い。念のため，このことの証明を次に示しておこう。対偶証明法を用いる。
　　(※)の対偶「$c$ が 3 の倍数でないならば，$c^2$ も 3 の倍数でない」が成り立つことを証明する。

$c$ が 3 の倍数でないとき，$k$ を整数として，$c = 3k \pm 1$ と表すことができる。このとき，$c^2 = (3k \pm 1)^2 = 3(3k^2 \pm 2k) + 1$（複号同順）となるので，$c^2$ は 3 の倍数でないから，対偶が成り立つ。よって，（※）が示された。

なお，一般に，「$c^2$ が $p$ の倍数であるならば，$c$ も $p$ の倍数である」が成り立つのは，$p$ が約数に平方数を含まない整数のときである。この命題は $p$ がどのような整数に対しても成り立つわけではないが，素数でないときにも成り立つことがあるということに注意しよう。

## 解法 2

(3) （3 を法とする合同式を用いて調べる解法）

$(3c^2 = -(2a+b)(a+2b)$ ……④ とおくところまでは〔解法 1〕に同じ）

以下，3 を法とする合同式で考える。

$3c^2 \equiv 0$ であるから $(2a+b)(a+2b) \equiv 0$ となる。このとき，$a$，$b$ の値がそれぞれ $a \equiv 0$，1，2，$b \equiv 0$，1，2 のときの $(2a+b)(a+2b) \pmod 3$ の値を表にまとめると，右のようになる。この表から，$(2a+b)(a+2b) \equiv 0$ を満たすのは，$a \equiv b$ のときであることがわかる。

| $b$＼$a$ | 0 | 1 | 2 |
|---|---|---|---|
| 0 | $0 \cdot 0 \equiv 0$ | $2 \cdot 1 \equiv 2$ | $1 \cdot 2 \equiv 2$ |
| 1 | $1 \cdot 2 \equiv 2$ | $0 \cdot 0 \equiv 0$ | $2 \cdot 1 \equiv 2$ |
| 2 | $2 \cdot 1 \equiv 2$ | $1 \cdot 2 \equiv 2$ | $0 \cdot 0 \equiv 0$ |

このとき，$2a+b \equiv a+2b \equiv 3a \equiv 0$ となるので，$2a+b$ と $a+2b$ はともに 3 の倍数となる。よって，$m$，$n$ を整数として

$$2a+b = 3m, \quad a+2b = 3n$$

と表されるから，④より

$$3c^2 = -3m \cdot 3n \qquad \therefore \quad c^2 = -3mn$$

となり　　$c^2 \equiv 0$

$c \equiv 1$，2 とすると，$c^2 \not\equiv 0$ であるから　　$c \equiv 0$

このとき $c^2 \equiv 0$ を満たす。

よって，$c$ は 3 の倍数である。 （証明終）

# 13 2012年度 〔2〕（理系数学と共通） Level C

次の2つの条件(i), (ii)をみたす自然数 $n$ について考える。

(i) $n$ は素数ではない。

(ii) $l, m$ を1でも $n$ でもない $n$ の正の約数とすると，必ず
$$|l-m|\leq 2$$
である。

このとき，以下の問いに答えよ。

(1) $n$ が偶数のとき，(i), (ii)をみたす $n$ をすべて求めよ。

(2) $n$ が7の倍数のとき，(i), (ii)をみたす $n$ をすべて求めよ。

(3) $2\leq n\leq 1000$ の範囲で，(i), (ii)をみたす $n$ をすべて求めよ。

> **ポイント** (1) $n=2k$（$k$ は自然数）とおき，$n$ の正の約数2と $k$ に条件(ii)を適用して，$k$ のとりうる値の範囲（必要条件）を求める。これらの $k$ のうち条件を満たすもの（十分条件）を確認する。
> (2) $n=7k$（$k$ は自然数）とおき，(1)と同様に考える。
> (3) $n$ が偶数のときは(1)で調べたから，奇数のときについて調べればよい。(1)・(2)で考察した内容から，$|l-m|\leq 2$ を満たすとき，1でも $n$ でもない $n$ の正の約数はどのような数か，さらにその個数はどうかを考える。$n$ の最小の素因数を $p$ とおくとよい。
> また，$31^2<1000<32^2$ に注意すれば，$n$ は2, 3, 5, 7, 11, 13, 17, 19, 23, 29, 31 の倍数のいずれかになる。それぞれについて条件を満たす $n$ を効率よく求めてもよい。

## 解法1

(1) $n$ が偶数のとき，$n=2k$（$k$ は自然数）とおくと，条件(i)より
$$k\neq 1 \quad \text{すなわち} \quad k\geq 2 \quad \cdots\cdots①$$
このとき，2, $k$ は1でも $n$ でもない $n$ の正の約数であるから，条件(ii)より
$$|k-2|\leq 2$$
すなわち $\quad -2\leq k-2\leq 2 \quad \therefore \quad 0\leq k\leq 4 \quad \cdots\cdots②$

①，②より $\quad k=2, 3, 4$

1でも $n$ でもない $n$ の正の約数は

$k=2$ のとき，$n=2^2$ より $\quad 2$

$k=3$ のとき，$n=2\cdot3$ より　　2，3

$k=4$ のとき，$n=2^3$ より　　　2，4

で，すべて条件(ii)を満たす。

よって

$$n=2k=4, \ 6, \ 8 \ \cdots\cdots(\text{答})$$

(2)　$n$ が偶数のときは(1)より $n=4$，6，8であり，これらはいずれも7の倍数でないから，$n$ は奇数である。

これと条件(i)より

$$n=7k \quad (k \text{ は3以上の奇数 } \cdots\cdots \text{③})$$

と表される。

このとき，$k$，7は1でも $n$ でもない $n$ の正の約数であるから

$$|k-7|\leqq2$$

すなわち　　$-2\leqq k-7\leqq2$　　∴　$5\leqq k\leqq9$　……④

③，④より　　$k=5$，7，9

1でも $n$ でもない $n$ の正の約数は

$k=5$ のとき，$n=7\cdot5$ より　　　　5，7

$k=7$ のとき，$n=7^2$ より　　　　　7

$k=9$ のとき，$n=7\cdot9=3^2\cdot7$ より　　3，7，9，21

$k=5$，7のときは条件(ii)を満たすが，$k=9$ のときは $|7-3|>2$ となり，条件(ii)を満たさない。

よって

$$n=7k=35, \ 49 \ \cdots\cdots(\text{答})$$

(3)　[Ⅰ]　$n$ が偶数のとき

　(1)より　　$n=4$，6，8

[Ⅱ]　$n$ が奇数のとき

　1でも $n$ でもない $n$ の正の約数のうち，最小のものを $p$，最大のものを $q$ とする。このとき

$$p, \ q \text{ は3以上の奇数 } \cdots\cdots\text{⑤}\quad \text{かつ}\quad p \text{ は素数 } \cdots\cdots\text{⑥}$$

である。

　条件(ii)より $0\leqq q-p\leqq2$ であるが，⑤より $q-p=0$ または2のいずれかである。

　(ア)　$q-p=0 \iff q=p$ のとき

　　$n$ の約数は1，$p(=q)$，$n$ であるから，これを満たす $n$ は，⑥より

$$n=p^2 \quad (p \text{ は素数, } p\geqq3)$$

(イ) $q-p=2 \iff q=p+2$ のとき

$p+1$ は偶数で $n$ の約数ではないから、$n$ の正の約数は次の4個である。

$$1,\ p,\ p+2(=q),\ n\ \cdots\cdots⑦$$

ここで、$p+2$ が相異なる2つ以上の素因数をもつとし、そのうち2つの素因数を $r_1,\ r_2\ (r_1 \neq r_2)$ とすると、1でも $n$ でもない $n$ の正の約数に $r_1,\ r_2,\ r_1 r_2$ という3個の相異なる数が含まれることになり、⑦に反する。

よって、$p+2$ がもつ素因数はただ1個である。これを $r$ とする。

もし $p=r$ とすると、⑦において $p+2=r^2=p^2$ となるが

$$p+2=p^2 \iff (p+1)(p-2)=0$$

は $p \geqq 3$ に反する。

よって $p \neq r$ であるから、⑦において $p+2=r$（素数）となる。

これを満たす $n$ は

$$n=p(p+2)\quad (p,\ p+2 はともに素数,\ p \geqq 3)$$

$2 \leqq n \leqq 1000$ であるから

(ア)から得られる $n$ の値は　　$n=3^2,\ 5^2,\ 7^2,\ 11^2,\ 13^2,\ 17^2,\ 19^2,\ 23^2,\ 29^2,\ 31^2$

(イ)から得られる $n$ の値は　　$n=3\cdot5,\ 5\cdot7,\ 11\cdot13,\ 17\cdot19,\ 29\cdot31$

したがって、[I]，[II] より

$$n=4,\ 6,\ 8,\ 9,\ 15,\ 25,\ 35,\ 49,\ 121,\ 143,\ 169,\ 289,\ 323,\ 361,\ 529,$$
$$841,\ 899,\ 961\ \cdots\cdots(答)$$

## 解法 2

(3)　([I] までは〔解法1〕に同じ)

[II]　$n$ が奇数のとき

$n$ の素因数のうち最小のものを $p$ とすると

$$n=pk\quad (p は素数,\ k は奇数；3 \leqq p \leqq k\ \cdots\cdots⑦)$$

とおける。⑦より $n$ は条件(i)を満たし、$p,\ k$ は1でも $n$ でもない $n$ の正の約数であるから、条件(ii)より

$$0 \leqq k-p \leqq 2$$

$p+1$ は偶数で $n$ の約数でないから　　$k=p,\ p+2$

$$\therefore\quad n=p^2,\ p(p+2)$$

ここで $n=p^2 \leqq 1000$ であるから、$31^2=961<1000,\ 32^2=1024>1000$ より

$$3 \leqq p \leqq 31$$

$p=3$ のとき　　　$n=3^2,\ 3\cdot5$

$p=5$ のとき　　　$n=5^2,\ 5\cdot7$

$p=7$ のとき　　　$n=7^2$　（$7\cdot9=3^2\cdot7$ は条件(ii)より不適）

$p=11$ のとき　　$n=11^2$, $11\cdot13$

$p=13$ のとき　　$n=13^2$　（$13\cdot15=3\cdot5\cdot13$ は条件(ii)より不適）

$p=17$ のとき　　$n=17^2$, $17\cdot19$

$p=19$ のとき　　$n=19^2$　（$19\cdot21=3\cdot7\cdot19$ は条件(ii)より不適）

$p=23$ のとき　　$n=23^2$　（$23\cdot25=5^2\cdot23$ は条件(ii)より不適）

$p=29$ のとき　　$n=29^2$, $29\cdot31$

$p=31$ のとき　　$n=31^2$　（$31\cdot33>1000$ より $31\cdot33$ は不適）

（以下，〔**解法1**〕に同じ）

**参考** 双子素数

　差が2であるような2つの素数の組のことを「双子素数」という。3以上の素数の中では，双子素数は最も数の値が近い素数の組であり，小さい順から列挙すると

　　　$(3,\ 5)$, $(5,\ 7)$, $(11,\ 13)$, $(17,\ 19)$, $(29,\ 31)$, $(41,\ 43)$, $(59,\ 61)$, $\cdots$

となっている。双子素数は無限に存在すると予想されているが，この予想は多くの学者の研究にもかかわらず未だに証明されていない。(3)の条件を満たす $n$ は，偶数のものを除くと「素数の2乗」または「双子素数の積」であるということができる。

# 14 2003年度 〔2〕　　　　　　　　　　　　　　　　Level C

自然数 $m$ に対して，$m$ の相異なる素因数をすべてかけあわせたものを $f(m)$ で表すことにする。たとえば $f(72) = 6$ である。ただし $f(1) = 1$ とする。

(1)　$m$, $n$ を自然数，$d$ を $m$, $n$ の最大公約数とするとき
$$f(d)f(mn) = f(m)f(n)$$
となることを示せ。

(2)　2つの箱A，Bのそれぞれに1番から10番までの番号札が1枚ずつ10枚入っている。箱A，Bから1枚ずつ札を取り出す。箱Aから取り出した札の番号を $m$，箱Bから取り出した札の番号を $n$ とするとき
$$f(mn) = f(m)f(n)$$
となる確率 $p_1$ と
$$2f(mn) = f(m)f(n)$$
となる確率 $p_2$ を求めよ。

---

**ポイント**　(1)　まず，具体的な例を考えてみよう。例えば，$m = 2^3 \cdot 3^2 \cdot 5^2$, $n = 2^2 \cdot 3^4 \cdot 7$ とすると，$d = 2^2 \cdot 3^2$ で，$f(d) = 2 \cdot 3$, $f(m) = 2 \cdot 3 \cdot 5$, $f(n) = 2 \cdot 3 \cdot 7$, $f(mn) = 2 \cdot 3 \cdot 5 \cdot 7$ となる。

　$d$ が $m$, $n$ の最大公約数であることに注意して $m$, $n$, $d$ を素因数分解した形で表す方法が思い浮かぶ。これから
$$f(d),\ f(mn),\ f(m),\ f(n)$$
を具体的に表して示すことができるが，多くの文字を用いた式が必要となる。$m$, $n$, $d$ それぞれの相異なる素因数を考えた記述方法により，使用する文字の数を減らす工夫をするとよい。

(2)　(1)より，$f(d) = 1$, 2 のときの確率を考えればよいことがわかる。$f(d) = 1$ のとき $d = 1$, $f(d) = 2$ のとき $d = 2$, 4, 8 に注意して，それぞれの場合を数え上げる。

---

## 解法 1

(1)　$d$ の相異なる素因数を $d_1$, $d_2$, $\cdots$, $d_i$（$i$ は自然数）とすると
$$f(d) = d_1 d_2 \cdots d_i$$
とおける。ただし，$d = 1$ のときは，$i = 1$ で
$$d_1 = 1 \quad \cdots\cdots ①$$
とする。$d$ は $m$, $n$ の最大公約数であるから，$m$ の相異なる素因数は，$d_1$, $d_2$, $\cdots$,

$d_i$, $m_1$, $m_2$, $\cdots$, $m_j$（$j$ は自然数）とおいて
$$f(m) = (d_1 d_2 \cdots d_i)(m_1 m_2 \cdots m_j)$$
$n$ の相異なる素因数は，$d_1$, $d_2$, $\cdots$, $d_i$, $n_1$, $n_2$, $\cdots$, $n_k$（$k$ は自然数）とおいて
$$f(n) = (d_1 d_2 \cdots d_i)(n_1 n_2 \cdots n_k)$$
である。このとき，もし $m_1 m_2 \cdots m_j$ と $n_1 n_2 \cdots n_k$ に共通な素因数があれば，それは $d$ の素因数となるため，$m_1 m_2 \cdots m_j$ と $n_1 n_2 \cdots n_k$ は互いに素である。
ただし
$m = d$ のときは，$j=1$ で $m_1 = 1$ ……②
$n = d$ のときは，$k=1$ で $n_1 = 1$ ……③
とする。
よって，$mn$ の相異なる素因数は，$d_1$, $d_2$, $\cdots$, $d_i$, $m_1$, $m_2$, $\cdots$, $m_j$, $n_1$, $n_2$, $\cdots$, $n_k$ で
$$f(mn) = (d_1 d_2 \cdots d_i)(m_1 m_2 \cdots m_j)(n_1 n_2 \cdots n_k) \quad (\text{ただし，①，②，③とする})$$
したがって
$$f(d) f(mn) = f(m) f(n) = (d_1 d_2 \cdots d_i)^2 (m_1 m_2 \cdots m_j)(n_1 n_2 \cdots n_k)$$
である。 (証明終)

〔注〕 $d$, $m$, $n$ の素因数分解を考えると次のようになる。
$d$ は $m$, $n$ の最大公約数であるから，$d$, $m$, $n$ を素因数分解すると
$$d = d_1^{a_1} d_2^{a_2} \cdots d_i^{a_i}$$
$$m = (d_1^{a_1'} d_2^{a_2'} \cdots d_i^{a_i'})(m_1^{b_1} m_2^{b_2} \cdots m_j^{b_j})$$
$$n = (d_1^{a_1''} d_2^{a_2''} \cdots d_i^{a_i''})(n_1^{c_1} n_2^{c_2} \cdots n_k^{c_k})$$

$\left(\begin{array}{l} d_1, d_2, \cdots, d_i, m_1, m_2, \cdots, m_j, n_1, n_2, \cdots, n_k \text{ は相異なる素数} \\ a_1, a_2, \cdots, a_i, a_1', a_2', \cdots, a_i', a_1'', a_2'', \cdots, a_i'', b_1, b_2, \cdots, b_j, c_1, c_2, \cdots, \\ c_k \text{ は自然数} \\ \text{ただし，} d=1 \text{ のときは } i=1 \text{ で } d_1=1, m=d \text{ のときは } j=1 \text{ で } m_1=1, n=d \text{ のとき} \\ \text{は } k=1 \text{ で } n_1=1 \end{array}\right)$

とおける。このとき
$$f(d) = d_1 d_2 \cdots d_i$$
$$f(m) = (d_1 d_2 \cdots d_i)(m_1 m_2 \cdots m_j)$$
$$f(n) = (d_1 d_2 \cdots d_i)(n_1 n_2 \cdots n_k)$$
$$f(mn) = (d_1 d_2 \cdots d_i)(m_1 m_2 \cdots m_j)(n_1 n_2 \cdots n_k)$$
であるから，$f(d) f(mn) = f(m) f(n)$ が成り立つ。

(2) 箱A，Bから1枚ずつ札を取り出す取り出し方は
$$10^2 = 100 \text{ 通り}$$
(i) $f(mn) = f(m) f(n)$ となるのは，(1)より $f(d) = 1$ つまり $d=1$ のときである。
$d=1$ となるのは，$m$ と $n$ が互いに素のときで

| $m=1$ のとき | $n=1, 2, 3, 4, 5, 6, 7, 8, 9, 10$ |
|---|---|
| $m=2, 4, 8$ のとき | $n=1, 3, 5, 7, 9$ |
| $m=3, 9$ のとき | $n=1, 2, 4, 5, 7, 8, 10$ |
| $m=5$ のとき | $n=1, 2, 3, 4, 6, 7, 8, 9$ |
| $m=6$ のとき | $n=1, 5, 7$ |
| $m=7$ のとき | $n=1, 2, 3, 4, 5, 6, 8, 9, 10$ |
| $m=10$ のとき | $n=1, 3, 7, 9$ |

であるから全部で

$$10+5 \cdot 3+7 \cdot 2+8+3+9+4=63 \text{ 通り}$$

$$\therefore \quad p_1 = \frac{63}{100}$$

(ii) $2f(mn)=f(m)f(n)$ となるのは，(1)より $f(d)=2$ つまり $d=2, 4, 8$ のときである。

$d=2$ または $4$ または $8$ となるのは，$m$ が偶数のときで

| $m=2, 4, 8$ のとき | $n=2, 4, 6, 8, 10$ |
|---|---|
| $m=6$ のとき | $n=2, 4, 8, 10$ |
| $m=10$ のとき | $n=2, 4, 6, 8$ |

であるから全部で

$$5 \cdot 3+4+4=23 \text{ 通り}$$

$$\therefore \quad p_2 = \frac{23}{100}$$

(i), (ii)より $\quad p_1 = \dfrac{63}{100}, \quad p_2 = \dfrac{23}{100}$ ……(答)

## 解法 2

(1) $m, n$ をそれぞれ素因数分解したとき，$d$ の素因数で分解した部分をそれぞれ $d_1$, $d_2$, それ以外の素因数で分解した部分をそれぞれ $m', n'$ とすると

$$m=d_1 m', \quad n=d_2 n'$$

ただし，$d=1$ のときは $d_1=d_2=1$，$m=d$ のときは $m'=1$，$n=d$ のときは $n'=1$ とする。このとき

$$d_1 \text{ と } m', \quad d_2 \text{ と } n', \quad m' \text{ と } n' \text{ はいずれも互いに素} \quad \cdots\cdots \text{⑦}$$

であり

$$f(d)=f(d_1)=f(d_2)=f(d_1 d_2) \quad \cdots\cdots \text{④}$$

また，一般に，自然数 $k, l$ が互いに素のとき，$k, l$ は共通の因数をもたないので

$$f(kl)=f(k)f(l) \quad \cdots\cdots \text{⑨}$$

が成り立つから，⑦，④，⑨より

$$f(m) = f(d_1 m') = f(d_1) f(m') = f(d) f(m')$$

同様に $f(n) = f(d) f(n')$

また，$d_1 d_2$ と $m'n'$ は共通の因数をもたないことに注意すると，⑦，④，⑨より

$$f(mn) = f(d_1 d_2 m'n') = f(d_1 d_2) f(m'n')$$
$$= f(d) f(m') f(n')$$

よって，$f(m) f(n) = f(d) f(mn) = \{f(d)\}^2 f(m') f(n')$ が成り立つ。（証明終）

〔注〕 $m = dm''$，$n = dn''$（$m''$ と $n''$ は互いに素）と表すと，$d$ と $m''$，$d$ と $n''$ はいずれも互いに素であるとは限らないことに注意しよう。

(2) 箱A，Bから1枚ずつ札を取り出す取り出し方は

$$10^2 = 100 \text{ 通り}$$

(i) $f(mn) = f(m) f(n)$ となるのは，(1)より $f(d) = 1$ つまり $d = 1$ のときであり，これは $m$ と $n$ が互いに素のときである。

ここで，$m$ と $n$ が互いに素でない場合（余事象），つまり $m$ と $n$ が共通の素因数をもつ場合を考える。

箱A，Bの番号札はいずれも

2の倍数の札が5枚，3の倍数の札が3枚，

5の倍数の札が2枚，7の倍数の札が1枚

あるから，$m$ と $n$ が共通の素因数をもつのは，$m$ と $n$ がともに

2の倍数 ……㊤，3の倍数 ……㊥，5の倍数 ……㊦，7の倍数

となる場合で，このうち，$(m, n) = (6, 6)$，$(10, 10)$ はそれぞれ㊤と㊥，㊤と㊦に重複して含まれていることに注意すると

$$5 \times 5 + 3 \times 3 + 2 \times 2 + 1 \times 1 - 2 = 37 \text{ 通り}$$

の場合がある。したがって $p_1 = 1 - \dfrac{37}{100} = \dfrac{63}{100}$

(ii) $2f(mn) = f(m) f(n)$ となるのは，(1)より $f(d) = 2$ つまり $d = 2, 4, 8$ のときである。

これは，$m$ と $n$ がともに2の倍数となる場合であり，このうち，$(m, n) = (6, 6)$，$(10, 10)$ のときはそれぞれ $d = 6, 10$ となって条件を満たさないことに注意すると

$$5 \times 5 - 2 = 23 \text{ 通り}$$

の場合がある。したがって $p_2 = \dfrac{23}{100}$

(i)，(ii)より $p_1 = \dfrac{63}{100}$，$p_2 = \dfrac{23}{100}$ ……（答）

# §4 方程式と不等式

## 15 2019 年度 〔2〕 Level B

$p$ を実数の定数とする。$x$ の 2 次方程式

$$x^2 - (2p+|p|-|p+1|+1)x + \frac{1}{2}(2p+3|p|-|p+1|-1) = 0$$

について以下の問いに答えよ。

(1) この 2 次方程式は実数解をもつことを示せ。

(2) この 2 次方程式が異なる 2 つの実数解 $\alpha$, $\beta$ をもち,かつ $\alpha^2+\beta^2 \leq 1$ となるような定数 $p$ の値の範囲を求めよ。

> **ポイント** (1) 絶対値記号を含む 2 次方程式の問題である。$|p|$ と $|p+1|$ が登場するから,$p \leq -1$,$-1 < p \leq 0$,$0 < p$ の 3 つの場合に分けて絶対値記号を外す。実数解をもつことを示すのであるから,判別式 $D \geq 0$ であることを示せばよいが,本問の場合は実際に 2 つの実数解を求めることもできる。
>
> (2) 3 つの場合のそれぞれについて,$\alpha^2+\beta^2 \leq 1$ を $p$ の不等式に書き換えればよい。解と係数の関係を用いる方法と,(1)で求めた 2 つの実数解を代入する方法がある。(2)では,$\alpha$, $\beta$ が異なる 2 つの実数解と指定されているから,重解をもつ場合を除かなければならないことに注意しよう。

## 解法 1

$A = 2p+|p|-|p+1|+1$,$B = \frac{1}{2}(2p+3|p|-|p+1|-1)$ とおくと,与えられた 2 次方程式は $x^2 - Ax + B = 0$ ……① と表せる。

(1)(i)$p \leq -1$ のとき

$|p| = -p$,$|p+1| = -(p+1)$ であるから

$$A = 2p - p + (p+1) + 1 = 2p+2, \quad B = \frac{1}{2}\{2p - 3p + (p+1) - 1\} = 0$$

よって,①は

$$x^2 - (2p+2)x = 0 \qquad x\{x - (2p+2)\} = 0$$

となるから,2 つの実数解 $x = 0$,$2p+2$ をもつ。

(ii)  $-1<p\leqq0$ のとき

　$|p|=-p$，$|p+1|=p+1$ であるから

$$A=2p-p-(p+1)+1=0,\quad B=\frac{1}{2}\{2p-3p-(p+1)-1\}=-(p+1)$$

　よって，①は　　$x^2-(p+1)=0$　　$x^2=p+1$

　$p+1>0$ であるから，2つの実数解 $x=\pm\sqrt{p+1}$ をもつ。

(iii)  $0<p$ のとき

　$|p|=p$，$|p+1|=p+1$ であるから

$$A=2p+p-(p+1)+1=2p,\quad B=\frac{1}{2}\{2p+3p-(p+1)-1\}=2p-1$$

　よって，①は　　$x^2-2px+(2p-1)=0$　　　$(x-1)\{x-(2p-1)\}=0$

　となるから，2つの実数解 $x=1,\ 2p-1$ をもつ。

(i)～(iii)より，①は実数解をもつ。　　　　　　　　　　　　　　（証明終）

(2)　　$\alpha^2+\beta^2\leqq1$　……②

(i)  $p\leqq-1$ のとき

　$2p+2\neq0\Longleftrightarrow p\neq-1$ のとき，①は異なる2つの実数解 $x=0,\ 2p+2$ をもつから，②より

$$0^2+(2p+2)^2\leqq1\quad -1\leqq2p+2\leqq1$$

　$\therefore\ -\dfrac{3}{2}\leqq p\leqq-\dfrac{1}{2}$

　$p\leqq-1$，$p\neq-1$ であるから　　$-\dfrac{3}{2}\leqq p<-1$　……③

(ii)  $-1<p\leqq0$ のとき

　$p+1\neq0$ より，$-\sqrt{p+1}\neq\sqrt{p+1}$ が成り立つので，①は異なる2つの実数解 $x=\pm\sqrt{p+1}$ をもつから，②より

$$(-\sqrt{p+1})^2+(\sqrt{p+1})^2\leqq1\quad 2(p+1)\leqq1\quad \therefore\ p\leqq-\frac{1}{2}$$

　$-1<p\leqq0$ より　　$-1<p\leqq-\dfrac{1}{2}$　……④

(iii)  $0<p$ のとき

　$2p-1\neq1\Longleftrightarrow p\neq1$のとき，①は異なる2つの実数解 $x=1,\ 2p-1$ をもつから，②より

$$1^2+(2p-1)^2\leqq1\quad (2p-1)^2\leqq0\quad \therefore\ 2p-1=0$$

　これは $0<p$，$p\neq1$ を満たす。

　$\therefore\ p=\dfrac{1}{2}$　……⑤

③, ④, ⑤より, 求める $p$ の値の範囲は

$$-\frac{3}{2} \leqq p < -1, \quad -1 < p \leqq -\frac{1}{2}, \quad p = \frac{1}{2} \quad \cdots\cdots \text{(答)}$$

## 解法 2

(1) 〔解法1〕と同様に $A$, $B$ を定め, 2次方程式 $x^2 - Ax + B = 0$ $\cdots\cdots$① の判別式を $D$ とすると

(i) $p \leqq -1$ のとき

$A = 2(p+1)$, $B = 0$ であるから $\quad \dfrac{D}{4} = (p+1)^2 \geqq 0 \quad \cdots\cdots$㋐

(ii) $-1 < p \leqq 0$ のとき

$A = 0$, $B = -(p+1)$ であるから $\quad \dfrac{D}{4} = p+1 > 0 \quad \cdots\cdots$㋑

(iii) $0 < p$ のとき

$A = 2p$, $B = 2p-1$ であるから $\quad \dfrac{D}{4} = p^2 - (2p-1) = (p-1)^2 \geqq 0 \quad \cdots\cdots$㋒

㋐, ㋑, ㋒より, ①は実数解をもつ。 (証明終)

(2) ㋐, ㋑, ㋒より, $p \neq \pm 1$ のとき $D > 0$ となり, ①は異なる2つの実数解をもつ。
解と係数の関係より, $\alpha + \beta = A$, $\alpha\beta = B$ であるから $\quad \alpha^2 + \beta^2 = A^2 - 2B$
よって, $p \neq \pm 1$ のとき

$$\alpha^2 + \beta^2 = \begin{cases} 4(p+1)^2 & (p < -1 \text{ のとき}) \\ 2(p+1) & (-1 < p \leqq 0 \text{ のとき}) \\ (2p)^2 - 2(2p-1) = 4\left(p - \dfrac{1}{2}\right)^2 + 1 & (0 < p < 1, \ 1 < p \text{ のとき}) \end{cases}$$

$y = \alpha^2 + \beta^2$ とおいて, これを $py$ 平面に図示すると右図のようになる。

$4(p+1)^2 = 1$ $(p < -1)$ より

$$p = -\frac{3}{2}$$

$2(p+1) = 1$ $(-1 < p \leqq 0)$ より

$$p = -\frac{1}{2}$$

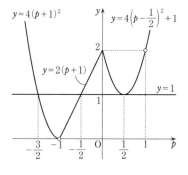

であるから, $\alpha^2 + \beta^2 \leqq 1 \Longleftrightarrow y \leqq 1$ を満たす $p$ の値の範囲は右図より

$$-\frac{3}{2} \leqq p < -1, \quad -1 < p \leqq -\frac{1}{2}, \quad p = \frac{1}{2} \quad \cdots\cdots \text{(答)}$$

# 16 2017年度〔2〕 Level B

実数 $x$, $y$, $z$ が
$$x+y+z=1, \quad x+2y+3z=5$$
を満たすとする。

(1) $x^3+y^3+z^3-3xyz$ の最小値を求めよ。

(2) $z \geqq 0$ のとき，$xyz$ が最大となる $z$ の値を求めよ。

> **ポイント** (1) 3変数 $x$, $y$, $z$ に関する1次方程式が2つ与えられているので，この2式から文字を消去すると，与えられた式 $x^3+y^3+z^3-3xyz$ を1つの文字で表すことができる。(2)を見ると，$x$, $y$ を $z$ を用いて表すことが適当であると考えることができる。また，$x^3+y^3+z^3-3xyz$ を因数分解すると，$x+y+z=1$ が利用できる形になることに着目しよう。
>
> (2) $xyz$ を $z$ を用いて表すと $z$ の3次式になるから，これを $f(z)$ とおいて，微分法を用いて $f(z)$ の増減を調べればよい。

## 解 法

$$x+y+z=1 \quad \cdots\cdots ①$$
$$x+2y+3z=5 \quad \cdots\cdots ②$$
②－① より
$$y+2z=4 \quad \therefore \quad y=-2z+4 \quad \cdots\cdots ③$$
①，③より
$$x=1-y-z=1-(-2z+4)-z=z-3 \quad \cdots\cdots ④$$

(1)
$$\begin{aligned}
x^3+y^3+z^3-3xyz &= (x+y+z)(x^2+y^2+z^2-xy-yz-zx) \\
&= x^2+y^2+z^2-xy-yz-zx \quad (\because \quad ①) \\
&= (x+y+z)^2-3(xy+yz+zx) \\
&= 1-3\{(x+y)z+xy\} \quad (\because \quad ①) \\
&= 1-3\{(1-z)z+(z-3)(-2z+4)\} \quad (\because \quad ①, ③, ④) \\
&= 1-3(-3z^2+11z-12) \\
&= 9z^2-33z+37 \\
&= 9\left(z-\frac{11}{6}\right)^2-\frac{9\cdot 11^2}{6^2}+37
\end{aligned}$$

$$= 9\left(z - \frac{11}{6}\right)^2 + \frac{27}{4}$$

よって，$z = \dfrac{11}{6}$ $\left(x = \dfrac{11}{6} - 3 = -\dfrac{7}{6},\ y = -2 \cdot \dfrac{11}{6} + 4 = \dfrac{1}{3}\right)$ のとき，最小値 $\dfrac{27}{4}$ をとるから，求める最小値は

$$\frac{27}{4} \quad \left((x,\ y,\ z) = \left(-\frac{7}{6},\ \frac{1}{3},\ \frac{11}{6}\right) \text{ のとき}\right) \quad \cdots\cdots(\text{答})$$

〔注〕 ③，④を直接 $x^3 + y^3 + z^3 - 3xyz$ に代入すると次のようになる。

$$
\begin{aligned}
(\text{与式}) &= (z-3)^3 + (-2z+4)^3 + z^3 - 3(z-3)(-2z+4)z \\
&= (z-3)^3 + (-2)^3(z-2)^3 + z^3 + 6(z-3)(z-2)z \\
&= (z^3 - 9z^2 + 27z - 27) - 8(z^3 - 6z^2 + 12z - 8) + z^3 + 6(z^3 - 5z^2 + 6z) \\
&= 9z^2 - 33z + 37
\end{aligned}
$$

(2) ③，④より

$$
\begin{aligned}
xyz &= (z-3)(-2z+4)z = -2(z-3)(z-2)z \quad \cdots\cdots⑤ \\
&= -2(z^3 - 5z^2 + 6z)
\end{aligned}
$$

この式を $f(z)$ とおくと

$$f'(z) = -2(3z^2 - 10z + 6)$$

$f'(z) = 0$ とすると，$z = \dfrac{5 \pm \sqrt{7}}{3}$ であるから，$z \geqq 0$ における $f(z)$ の増減表は右のようになる。

| $z$ | $0$ | $\cdots$ | $\dfrac{5-\sqrt{7}}{3}$ | $\cdots$ | $\dfrac{5+\sqrt{7}}{3}$ | $\cdots$ |
|---|---|---|---|---|---|---|
| $f'(z)$ | | $-$ | $0$ | $+$ | $0$ | $-$ |
| $f(z)$ | $0$ | $\searrow$ | | $\nearrow$ | | $\searrow$ |

$2 < \dfrac{5+\sqrt{7}}{3} < 3$ であり，また⑤より，$2 < z < 3$ のとき $f(z) > 0$ であるから

$$f\left(\frac{5+\sqrt{7}}{3}\right) > 0$$

よって，$f\left(\dfrac{5+\sqrt{7}}{3}\right) > f(0)\ (=0)$ が成り立つから，増減表より $xyz$ が最大となる $z$ の値は

$$z = \frac{5+\sqrt{7}}{3} \quad \cdots\cdots(\text{答})$$

# 17 2015 年度 〔1〕（理系数学と共通） Level C

実数 $x$, $y$ が $|x| \le 1$ と $|y| \le 1$ を満たすとき，不等式

$$0 \le x^2 + y^2 - 2x^2 y^2 + 2xy\sqrt{1-x^2}\sqrt{1-y^2} \le 1$$

が成り立つことを示せ。

---

**ポイント** 様々な解法が考えられる。

$|x| \le 1$, $|y| \le 1$ や $\sqrt{1-x^2}$, $\sqrt{1-y^2}$ を見て $x = \sin\alpha$, $y = \sin\beta$ とおく方法が有力であろう（〔**解法1**〕）。三角関数の公式を用いて平方の形を作ればよいが，$\alpha$, $\beta$ のとりうる値の範囲については留意する必要がある。

三角関数に置き換えずに，このまま式変形をして平方の形や平方の和の形を作ることもできる（〔**解法2**〕，〔**解法3**〕）。この場合は $2xy\sqrt{1-x^2}\sqrt{1-y^2}$ を見て，

$(x\sqrt{1-x^2} \pm y\sqrt{1-y^2})^2$ や $(x\sqrt{1-y^2} + y\sqrt{1-x^2})^2$ 等を作ってみるとよい。

---

## 解 法 1

$|x| \le 1$, $|y| \le 1$ であるから

$$x = \sin\alpha, \quad y = \sin\beta \quad \left(-\frac{\pi}{2} \le \alpha \le \frac{\pi}{2}, \quad -\frac{\pi}{2} \le \beta \le \frac{\pi}{2} \quad \cdots\cdots(*)\right)$$

とおける。このとき

$$x^2 + y^2 - 2x^2 y^2 + 2xy\sqrt{1-x^2}\sqrt{1-y^2}$$

$$= \sin^2\alpha + \sin^2\beta - 2\sin^2\alpha\sin^2\beta + 2\sin\alpha\sin\beta\sqrt{1-\sin^2\alpha}\sqrt{1-\sin^2\beta}$$

$$= \sin^2\alpha(1-\sin^2\beta) + \sin^2\beta(1-\sin^2\alpha) + 2\sin\alpha\sin\beta\sqrt{\cos^2\alpha}\sqrt{\cos^2\beta}$$

$$= \sin^2\alpha\cos^2\beta + \sin^2\beta\cos^2\alpha + 2\sin\alpha\sin\beta\cos\alpha\cos\beta$$

$$\text{（∵ （*）より } \cos\alpha \ge 0, \ \cos\beta \ge 0\text{）}$$

$$= (\sin\alpha\cos\beta + \cos\alpha\sin\beta)^2$$

$$= \sin^2(\alpha+\beta)$$

$-1 \le \sin(\alpha+\beta) \le 1$ より

$$0 \le \sin^2(\alpha+\beta) \le 1$$

∴ $\quad 0 \le x^2 + y^2 - 2x^2 y^2 + 2xy\sqrt{1-x^2}\sqrt{1-y^2} \le 1$ （証明終）

〔注〕 2倍角の公式を用いて次のように変形してもよい。

$$x^2 + y^2 - 2x^2 y^2 + 2xy\sqrt{1-x^2}\sqrt{1-y^2}$$

$$= \sin^2\alpha + \sin^2\beta - 2\sin^2\alpha\sin^2\beta + 2\sin\alpha\sin\beta\cos\alpha\cos\beta$$

$$\text{（∵ （*）より } \cos\alpha \ge 0, \ \cos\beta \ge 0\text{）}$$

$$= \frac{1-\cos 2\alpha}{2} + \frac{1-\cos 2\beta}{2} - 2 \cdot \frac{1-\cos 2\alpha}{2} \cdot \frac{1-\cos 2\beta}{2} + 2 \cdot \frac{1}{2}\sin 2\alpha \cdot \frac{1}{2}\sin 2\beta$$

$$= \frac{1}{2}(1 - \cos 2\alpha \cos 2\beta + \sin 2\alpha \sin 2\beta)$$

$$= \frac{1}{2}\{1 - \cos 2(\alpha + \beta)\}$$

$$= \sin^2(\alpha + \beta)$$

## 解法 2

$$x^2 + y^2 - 2x^2y^2 + 2xy\sqrt{1-x^2}\sqrt{1-y^2}$$

$$= (x^2 - x^2y^2) + (y^2 - x^2y^2) + 2xy\sqrt{1-x^2}\sqrt{1-y^2}$$

$$= x^2(1-y^2) + 2xy\sqrt{1-x^2}\sqrt{1-y^2} + y^2(1-x^2)$$

$$= (x\sqrt{1-y^2} + y\sqrt{1-x^2})^2 \geq 0 \quad (\because \quad x, \ y \ は実数, \ |x| \leq 1, \ |y| \leq 1)$$

また

$$1 - (x^2 + y^2 - 2x^2y^2 + 2xy\sqrt{1-x^2}\sqrt{1-y^2})$$

$$= (1 - x^2 - y^2 + x^2y^2) + x^2y^2 - 2xy\sqrt{1-x^2}\sqrt{1-y^2}$$

$$= (1-x^2)(1-y^2) - 2xy\sqrt{1-x^2}\sqrt{1-y^2} + x^2y^2$$

$$= (\sqrt{1-x^2}\sqrt{1-y^2} - xy)^2 \geq 0 \quad (\because \quad x, \ y \ は実数, \ |x| \leq 1, \ |y| \leq 1)$$

よって $\quad 0 \leq x^2 + y^2 - 2x^2y^2 + 2xy\sqrt{1-x^2}\sqrt{1-y^2} \leq 1$ （証明終）

## 解法 3

$$x^2 + y^2 - 2x^2y^2 + 2xy\sqrt{1-x^2}\sqrt{1-y^2}$$

$$= (x\sqrt{1-x^2} + y\sqrt{1-y^2})^2 - x^2(1-x^2) - y^2(1-y^2) + x^2 + y^2 - 2x^2y^2$$

$$= (x\sqrt{1-x^2} + y\sqrt{1-y^2})^2 + x^4 - 2x^2y^2 + y^4$$

$$= (x\sqrt{1-x^2} + y\sqrt{1-y^2})^2 + (x^2 - y^2)^2$$

$$\geq 0 \quad (\because \quad x, \ y \ は実数, \ |x| \leq 1, \ |y| \leq 1)$$

また

$$1 - (x^2 + y^2 - 2x^2y^2 + 2xy\sqrt{1-x^2}\sqrt{1-y^2})$$

$$= (x\sqrt{1-x^2} - y\sqrt{1-y^2})^2 - x^2(1-x^2) - y^2(1-y^2) + 1 - x^2 - y^2 + 2x^2y^2$$

$$= (x\sqrt{1-x^2} - y\sqrt{1-y^2})^2 + x^4 + 2x^2y^2 + y^4 - 2(x^2 + y^2) + 1$$

$$= (x\sqrt{1-x^2} - y\sqrt{1-y^2})^2 + (x^2 + y^2)^2 - 2(x^2 + y^2) + 1$$

$$= (x\sqrt{1-x^2} - y\sqrt{1-y^2})^2 + (x^2 + y^2 - 1)^2$$

$$\geq 0 \quad (\because \quad x, \ y \ は実数, \ |x| \leq 1, \ |y| \leq 1)$$

よって

$$0 \leq x^2 + y^2 - 2x^2y^2 + 2xy\sqrt{1-x^2}\sqrt{1-y^2} \leq 1$$ （証明終）

# 18

実数の組 $(x, y, z)$ で,どのような整数 $l, m, n$ に対しても,等式
$$l \cdot 10^{x-y} - nx + l \cdot 10^{y-z} + m \cdot 10^{x-z} = 13l + 36m + ny$$
が成り立つようなものをすべて求めよ。

---

**ポイント** 与えられた等式は,$l, m, n$ に関する恒等式であり,この等式が,どのような整数 $l, m, n$ に対しても成り立つための必要十分条件を考え,その条件である指数方程式を含む連立方程式を解く問題である。解法の手順は次のようになる。

まず,必要条件として,$l, m, n$ に適当な整数値を代入し,$x, y, z$ に関する 3 つの連立方程式を作る(数値代入法)。

次に,連立方程式を解く。

最後に,得られた解によって,どのような整数 $l, m, n$ に対しても等式が成り立つこと,すなわち十分条件であることを確認する。

---

## 解 法

$l \cdot 10^{x-y} - nx + l \cdot 10^{y-z} + m \cdot 10^{x-z} = 13l + 36m + ny$ より
$$l(10^{x-y} + 10^{y-z} - 13) + m(10^{x-z} - 36) - n(x+y) = 0 \quad \cdots\cdots ①$$
どのような整数 $l, m, n$ に対しても①が成り立つから
$$(l, m, n) = (1, 0, 0), \ (0, 1, 0), \ (0, 0, -1)$$
を代入して
$$\begin{cases} 10^{x-y} + 10^{y-z} - 13 = 0 & \cdots\cdots ② \\ 10^{x-z} - 36 = 0 & \cdots\cdots ③ \\ x + y = 0 & \cdots\cdots ④ \end{cases}$$
③$\times 10^{-x}$ より $\quad 10^{-z} - 36 \cdot 10^{-x} = 0 \quad 10^{-z} = 36 \cdot 10^{-x} \quad \cdots\cdots ③'$

④より $\quad y = -x \quad \cdots\cdots ④'$

③$'$,④$'$ を②:$10^{x-y} + 10^y \cdot 10^{-z} - 13 = 0$ に代入して
$$10^{2x} + 10^{-x} \cdot 36 \cdot 10^{-x} - 13 = 0$$
$$10^{2x} - 13 + 36 \cdot 10^{-2x} = 0$$
両辺に $10^{2x}$ を掛けて
$$(10^{2x})^2 - 13 \cdot 10^{2x} + 36 = 0$$
$$(10^{2x} - 4)(10^{2x} - 9) = 0$$
$$\therefore \quad 10^{2x} = 4, \ 9$$
$10^x > 0$ より $\quad 10^x = 2, \ 3 \quad \cdots\cdots ⑤$

$$\therefore \quad x = \log_{10} 2, \quad \log_{10} 3$$

③′ より $\quad -z = \log_{10}(36 \cdot 10^{-x}) \qquad z = -\log_{10}\dfrac{36}{10^x} \quad \cdots\cdots$③″

④′, ⑤, ③″ より

$x = \log_{10} 2$ のとき $\quad y = -\log_{10} 2, \ z = -\log_{10} 18 \quad \cdots\cdots$⑥

$x = \log_{10} 3$ のとき $\quad y = -\log_{10} 3, \ z = -\log_{10} 12 \quad \cdots\cdots$⑦

逆に，⑥，⑦のとき，②，③，④がすべて成り立つから，どのような整数 $l$, $m$, $n$ に対しても①は成り立つ。

よって

$$\left.\begin{array}{l}(x,\ y,\ z) = (\log_{10} 2,\ -\log_{10} 2,\ -\log_{10} 18),\\ \qquad\qquad (\log_{10} 3,\ -\log_{10} 3,\ -\log_{10} 12)\end{array}\right\} \quad \cdots\cdots(答)$$

〔注〕 $x - y = p$, $y - z = q$ とおいて次のように $x$, $y$, $z$ を求めてもよい。

$x - y = p$, $y - z = q$ とおくと，$x - z = p + q$ であるから

②より $\quad 10^p + 10^q = 13$

③より $\quad 10^{p+q} = 36 \qquad \therefore \quad 10^p \cdot 10^q = 36$

よって，$10^p$, $10^q$ は 2 次方程式 $t^2 - 13t + 36 = 0$ の 2 つの解であるから，$(t-4)(t-9) = 0$ より

$$(10^p,\ 10^q) = (4,\ 9),\ (9,\ 4)$$

$\therefore \quad (p,\ q) = (\log_{10} 4,\ \log_{10} 9),\ (\log_{10} 9,\ \log_{10} 4)$

④より

$$(x - y,\ y - z) = (2x,\ y - z) = (2\log_{10} 2,\ 2\log_{10} 3),\ (2\log_{10} 3,\ 2\log_{10} 2)$$

$\therefore \quad x = \log_{10} 2$ のとき $\quad y = -\log_{10} 2, \ z = -(\log_{10} 2 + 2\log_{10} 3)$

$x = \log_{10} 3$ のとき $\quad y = -\log_{10} 3, \ z = -(\log_{10} 3 + 2\log_{10} 2)$

# 19 2008 年度 〔2〕 Level A

実数 $a$, $b$ を係数に含む 3 次式 $P(x) = x^3 + 3ax^2 + 3ax + b$ を考える。$P(x)$ の複素数の範囲における因数分解を

$$P(x) = (x - \alpha)(x - \beta)(x - \gamma)$$

とする。$\alpha$, $\beta$, $\gamma$ の間に $\alpha + \gamma = 2\beta$ という関係があるとき，以下の問いに答えよ。

⑴　$b$ を $a$ の式で表せ。

⑵　$\alpha$, $\beta$, $\gamma$ がすべて実数であるとする。このとき $a$ のとりうる値の範囲を求めよ。

⑶　⑴で求めた $a$ の式を $f(a)$ とする。$a$ が⑵の範囲を動くとき，関数 $b = f(a)$ のグラフをかけ。

---

**ポイント**　⑴　3 次方程式の解と係数の関係を用いるか，$P(x) = (x - \alpha)(x - \beta)(x - \gamma)$ を展開し，係数比較する。これら 3 式と $\alpha + \gamma = 2\beta$ より，$\alpha$, $\beta$, $\gamma$ を消去する。
⑵　$\beta$ が実数であることは，⑴より容易にわかるから，$\alpha$, $\gamma$ が実数であるような $a$ のとりうる値の範囲を求める。判別式を利用する。
⑶　⑴・⑵の結果から微分法を用いて増減表を作る。

---

## 解法 1

⑴　$\alpha$, $\beta$, $\gamma$ は 3 次方程式 $P(x) = 0$ の解であるから，解と係数の関係より

$$\begin{cases} \alpha + \beta + \gamma = -3a & \cdots\cdots① \\ \alpha\beta + \beta\gamma + \gamma\alpha = 3a & \cdots\cdots② \\ \alpha\beta\gamma = -b & \cdots\cdots③ \end{cases}$$

$$\alpha + \gamma = 2\beta \quad \cdots\cdots④$$

④を①に代入して

$$3\beta = -3a \quad \therefore \quad \beta = -a \quad \cdots\cdots⑤$$

⑤を④に代入して　　$\alpha + \gamma = -2a \quad \cdots\cdots⑥$

また，②より　　$\beta(\alpha + \gamma) + \gamma\alpha = 3a$

これに⑤，⑥を代入して

$$2a^2 + \gamma\alpha = 3a \quad \text{すなわち} \quad \gamma\alpha = -2a^2 + 3a \quad \cdots\cdots⑦$$

⑤，⑦を③に代入して

$$-a(-2a^2 + 3a) = -b$$

∴　$b = -2a^3 + 3a^2$　……(答)

〔注〕　係数比較により，①〜③を導いてもよい。

$$P(x) = (x-\alpha)(x-\beta)(x-\gamma)$$
$$= x^3 - (\alpha+\beta+\gamma)x^2 + (\alpha\beta+\beta\gamma+\gamma\alpha)x - \alpha\beta\gamma$$

よって

$$x^3 - (\alpha+\beta+\gamma)x^2 + (\alpha\beta+\beta\gamma+\gamma\alpha)x - \alpha\beta\gamma = x^3 + 3ax^2 + 3ax + b$$

が，$x$ の値にかかわらず成立するので，係数比較して

$$\begin{cases} -(\alpha+\beta+\gamma) = 3a \\ \alpha\beta+\beta\gamma+\gamma\alpha = 3a \\ -\alpha\beta\gamma = b \end{cases}$$

(2)　$a$ は実数であるから，⑤より，$\beta$ は実数である。

よって，$\alpha$, $\gamma$ が実数であればよい。

$\alpha$, $\gamma$ が実数である条件は，$\alpha$, $\gamma$ を解とする $x$ の 2 次方程式

$$x^2 + 2ax - 2a^2 + 3a = 0 \quad (\because \quad ⑥, ⑦) \quad ……⑧$$

が実数解をもつことであるから，⑧の判別式を $D$ とすると

$$\frac{D}{4} = a^2 - (-2a^2 + 3a) \geqq 0$$

$$3a(a-1) \geqq 0$$

∴　$a \leqq 0$　または　$1 \leqq a$　……(答)

(3)　(1)より

$$f(a) = -2a^3 + 3a^2$$
$$f'(a) = -6a^2 + 6a = -6a(a-1)$$

$f'(a) = 0$ とすると $a = 0, 1$ であるから，$f(a)$ の増減表は下表のようになり，$a$ が(2)の範囲（$a \leqq 0$ または $1 \leqq a$）を動くとき，$b = f(a)$ のグラフは下図の実線部分で，端点 $(0, 0)$，$(1, 1)$ を含む。

$\left( f(a) = -2a^2\left(a - \dfrac{3}{2}\right) \right.$ であるから，$b = f(a)$ は $\left. \left(\dfrac{3}{2}, 0\right) \right.$ を通る$\left. \right)$

| $a$ | $\cdots$ | 0 | $\cdots$ | 1 | $\cdots$ |
|---|---|---|---|---|---|
| $f'(a)$ | $-$ | 0 | $+$ | 0 | $-$ |
| $f(a)$ | $\searrow$ | 0 | $\nearrow$ | 1 | $\searrow$ |

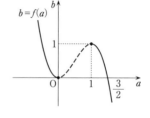

## 解法 2

$(P(-a)=0$ に着目する解法)

(1) $\alpha,\ \beta,\ \gamma$ は,3次方程式 $P(x)=0$ の解であるから,解と係数の関係より

$$\alpha+\beta+\gamma=-3a$$

これに $\alpha+\gamma=2\beta$ を代入して

$$3\beta=-3a \qquad \therefore\quad \beta=-a$$

これは,$P(x)=0$ の解の1つが $-a$ であることを示しているから,$P(-a)=0$ が成り立つ。

よって

$$(-a)^3+3a(-a)^2+3a(-a)+b=0$$

$$\therefore\quad b=-2a^3+3a^2 \quad\cdots\cdots(答)$$

(2) 　　$P(x)=x^3+3ax^2+3ax+b$

　　　　　　$=x^3+3ax^2+3ax-2a^3+3a^2 \quad (\because\ (1))$

$P(-a)=0$ より $P(x)$ は $x+a$ で割り切れるから,割り算を行うことにより

$$P(x)=(x+a)(x^2+2ax-2a^2+3a)$$

$-a$ は実数であるから,$\alpha,\ \beta,\ \gamma$ がすべて実数である条件は

$$x^2+2ax-2a^2+3a=0$$

が実数解をもつことである。

(以下,〔**解法1**〕に同じ)

# §5 図形と方程式

## 20　2019 年度　〔1〕　Level A

$xy$ 平面において，連立不等式

$$0\leq x\leq\pi,\quad 0\leq y\leq\pi,\quad 2\sin(x+y)-2\cos(x+y)\geq\sqrt{2}$$

の表す領域を $D$ とする。このとき以下の問いに答えよ。

(1)　$D$ を図示せよ。

(2)　点 $(x,\ y)$ が領域 $D$ を動くとき，$2x+y$ の最大値と最小値を求めよ。

> **ポイント**　(1)　$2\sin(x+y)-2\cos(x+y)$ を合成し，$x+y$ の変域に注意して不等式を解けばよい。あとは，$0\leq x\leq\pi$，$0\leq y\leq\pi$ の範囲で，この不等式が表す領域を図示しよう。
>
> (2)　領域と最大・最小の基本問題である。$2x+y=k$ とおくと，これは傾き $-2$ の直線を表すから，この直線が領域 $D$ と共有点をもつときの $k$ の値の最大値と最小値を求める。

### 解 法

(1)　$2\sin(x+y)-2\cos(x+y)\geq\sqrt{2}$ より

$$2\sqrt{2}\sin\left(x+y-\frac{\pi}{4}\right)\geq\sqrt{2}$$

$$\therefore\quad \sin\left(x+y-\frac{\pi}{4}\right)\geq\frac{1}{2}$$

$0\leq x\leq\pi$，$0\leq y\leq\pi$ ……① より

$-\dfrac{\pi}{4}\leq x+y-\dfrac{\pi}{4}\leq 2\pi-\dfrac{\pi}{4}$ であるから

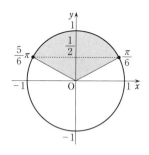

$$\frac{\pi}{6}\leq x+y-\frac{\pi}{4}\leq\frac{5}{6}\pi\quad（右図参照）$$

$$\therefore\quad \frac{5}{12}\pi\leq x+y\leq\frac{13}{12}\pi\quad\left(y\geq -x+\frac{5}{12}\pi\quad かつ\quad y\leq -x+\frac{13}{12}\pi\right)\quad ……②$$

領域 $D$ は①と②が表す領域の共通部分であるから，図示すると右上図の網目部分のようになる。ただし，境界は含む。

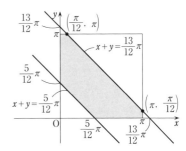

(2) $2x+y=k \Longleftrightarrow y=-2x+k$ とおくと，これは傾き $-2$，$y$ 切片 $k$ の直線（$l$ とする）を表す。このとき，直線 $l$ が領域 $D$ と共有点をもつときの $k$ の最大値と最小値を求めればよい。

右下図より，直線 $l$ が

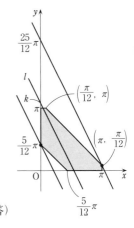

• 点 $\left(\pi, \dfrac{\pi}{12}\right)$ を通るとき $k$ は最大で，最大値は

$$k = 2\pi + \frac{\pi}{12} = \frac{25}{12}\pi$$

• 点 $\left(0, \dfrac{5}{12}\pi\right)$ を通るとき $k$ は最小で，最小値は

$$k = 2\cdot 0 + \frac{5}{12}\pi = \frac{5}{12}\pi$$

したがって，$2x+y$ は

$$
\left.
\begin{array}{l}
(x, y) = \left(\pi, \ \dfrac{\pi}{12}\right) \text{ のとき最大値} \quad \dfrac{25}{12}\pi \\[3mm]
(x, y) = \left(0, \ \dfrac{5}{12}\pi\right) \text{ のとき最小値} \quad \dfrac{5}{12}\pi
\end{array}
\right\} \quad \cdots\cdots \text{(答)}
$$

# 21

$i$ は虚数単位とし,実数 $a$, $b$ は $a^2+b^2>0$ を満たす定数とする。複素数 $(a+bi)(x+yi)$ の実部が2に等しいような座標平面上の点 $(x, y)$ 全体の集合を $L_1$ とし,また $(a+bi)(x+yi)$ の虚部が $-3$ に等しいような座標平面上の点 $(x, y)$ 全体の集合を $L_2$ とする。

(1) $L_1$ と $L_2$ はともに直線であることを示せ。

(2) $L_1$ と $L_2$ は互いに垂直であることを示せ。

(3) $L_1$ と $L_2$ の交点を求めよ。

---

**ポイント** (1) $(a+bi)(x+yi)$ の (実部)$=2$,(虚部)$=-3$ が,$x$, $y$ の1次方程式であることを示す。
(2) $L_1$, $L_2$ の法線ベクトル(直線と垂直なベクトル)または方向ベクトル(直線と平行なベクトル)を用いる方法や,傾きを用いる方法が考えられる。
(3) 連立1次方程式を解く。

---

## 解法 1

(1) $(a+bi)(x+yi)=(ax-by)+(bx+ay)i$
$a$, $b$, $x$, $y$ は実数であるから,$ax-by$, $bx+ay$ も実数である。よって,
$(a+bi)(x+yi)$ の実部は $ax-by$,虚部は $bx+ay$ であるから
$$L_1=\{(x, y)|ax-by=2\}$$
$$L_2=\{(x, y)|bx+ay=-3\}$$
$a^2+b^2>0$ より
$$(a, b)\neq(0, 0) \quad\cdots\cdots①$$
したがって,$ax-by=2$, $bx+ay=-3$ はともに直線の方程式である。
ゆえに,$L_1$ と $L_2$ はともに直線である。 (証明終)

(2) 直線 $L_1$, $L_2$ の方程式は
$$L_1 : ax-by-2=0$$
$$L_2 : bx+ay+3=0$$
であるから,$\vec{n_1}=(a, -b)$, $\vec{n_2}=(b, a)$ とおくと,$\vec{n_1}$, $\vec{n_2}$ はそれぞれ $L_1$, $L_2$ の法線

ベクトルの1つである。

このとき, ①より $\overrightarrow{n_1} \neq \overrightarrow{0}$, $\overrightarrow{n_2} \neq \overrightarrow{0}$ で

$$\overrightarrow{n_1} \cdot \overrightarrow{n_2} = ab - ba = 0 \qquad \therefore \quad \overrightarrow{n_1} \perp \overrightarrow{n_2}$$

よって, $L_1$ と $L_2$ は互いに垂直である。 (証明終)

〔注〕 直線 $px + qy + r = 0$ において, 法線ベクトルの1つは $\vec{n} = (p, q)$, 方向ベクトルの1つは $\vec{l} = (-q, p)$ と表すことができる。

$\overrightarrow{l_1} = (b, a)$, $\overrightarrow{l_2} = (-a, b)$ とおくと, $\overrightarrow{l_1}$, $\overrightarrow{l_2}$ はそれぞれ $L_1$, $L_2$ の方向ベクトルの1つである。

このとき, ①より $\overrightarrow{l_1} \neq \overrightarrow{0}$, $\overrightarrow{l_2} \neq \overrightarrow{0}$ で

$$\overrightarrow{l_1} \cdot \overrightarrow{l_2} = b \cdot (-a) + ab = 0 \qquad \therefore \quad \overrightarrow{l_1} \perp \overrightarrow{l_2}$$

よって, $L_1$ と $L_2$ は互いに垂直である。

(3) $L_1$ と $L_2$ の方程式は

$$\begin{cases} ax - by = 2 & \cdots\cdots ② \\ bx + ay = -3 & \cdots\cdots ③ \end{cases}$$

②×$a$＋③×$b$ より

$$(a^2 + b^2)\, x = 2a - 3b$$

$a^2 + b^2 \neq 0$ より $\qquad x = \dfrac{2a - 3b}{a^2 + b^2}$

③×$a$－②×$b$ より

$$(a^2 + b^2)\, y = -3a - 2b$$

$a^2 + b^2 \neq 0$ より $\qquad y = -\dfrac{3a + 2b}{a^2 + b^2}$

よって, $L_1$ と $L_2$ の交点は $\quad \left( \dfrac{2a - 3b}{a^2 + b^2}, \ -\dfrac{3a + 2b}{a^2 + b^2} \right)$ ……(答)

## 解 法 2

(2)　（直線の傾きを考える解法）

直線 $L_1$, $L_2$ の方程式は

$$L_1 : ax - by = 2$$
$$L_2 : bx + ay = -3$$

①より，次の(i)〜(iii)の場合を考えればよい。

(i)　$a = 0$, $b \neq 0$ のとき

$$L_1 : y = -\frac{2}{b},\ L_2 : x = -\frac{3}{b}\ であるから \qquad L_1 \perp L_2$$

(ii)　$a \neq 0$, $b = 0$ のとき

$$L_1 : x = \frac{2}{a},\ L_2 : y = -\frac{3}{a}\ であるから \qquad L_1 \perp L_2$$

(iii)　$a \neq 0$, $b \neq 0$ のとき

$$L_1 : y = \frac{a}{b}x - \frac{2}{b},\ L_2 : y = -\frac{b}{a}x - \frac{3}{a}$$

$L_1$ と $L_2$ の傾きの積が $\dfrac{a}{b} \cdot \left(-\dfrac{b}{a}\right) = -1$ であるから　　$L_1 \perp L_2$

(i)〜(iii)より，$L_1$ と $L_2$ は互いに垂直である。 （証明終）

# 22

$xy$ 平面において，点 $(x_0,\ y_0)$ と直線 $ax+by+c=0$ の距離は

$$\frac{|ax_0+by_0+c|}{\sqrt{a^2+b^2}}$$

である。これを証明せよ。

---

**ポイント**　「点と直線の距離」の公式の証明である。

　　点 P $(x_0,\ y_0)$ を通り直線 $l:ax+by+c=0$ に垂直な直線と $l$ との交点 Q の座標を求め，線分 PQ の長さを求める。P，$l$ を $x$ 軸方向に $-x_0$，$y$ 軸方向に $-y_0$ だけ平行移動して，原点 O と直線 $l_0:a(x+x_0)+b(y+y_0)+c=0$ の距離を考えると計算が少し楽になる。

　　ベクトルを用いる方法も考えられる。P から $l$ に下ろした垂線を PH，$l$ の法線ベクトルの 1 つを $\vec{n}=(a,\ b)$ とすると，$\overrightarrow{PH}=t\vec{n}$（$t$ は定数）と表せて

$$\overrightarrow{OH}=\overrightarrow{OP}+\overrightarrow{PH}=(x_0+at,\ y_0+bt)$$

点 H が $l$ 上にあることから $t$ を求め，これより $|\overrightarrow{PH}|$ を計算する。

---

### 解法 1

点 $(x_0,\ y_0)$ を P，直線 $ax+by+c=0$ を $l$ とする。

ここで，$a\neq0$ または $b\neq0$，すなわち $a^2+b^2\neq0$ である。

P を通り $l$ に垂直な直線の方程式は

$$b(x-x_0)-a(y-y_0)=0$$

すなわち　　$bx-ay=bx_0-ay_0$　……①

$l$ の方程式は　　$ax+by=-c$　……②

であるから

①×$b$＋②×$a$ より　　$(a^2+b^2)x=b^2x_0-aby_0-ac$

②×$b$－①×$a$ より　　$(a^2+b^2)y=-abx_0+a^2y_0-bc$

$$\therefore\quad x=\frac{b^2x_0-aby_0-ac}{a^2+b^2},\quad y=\frac{-abx_0+a^2y_0-bc}{a^2+b^2}\quad(\because\quad a^2+b^2\neq0)$$

よって，直線①と $l$ の交点を Q とすると

$$Q\left(\frac{b^2x_0-aby_0-ac}{a^2+b^2},\ \frac{-abx_0+a^2y_0-bc}{a^2+b^2}\right)$$

したがって，P と $l$ の距離は

$$PQ=\sqrt{\left(\frac{b^2x_0-aby_0-ac}{a^2+b^2}-x_0\right)^2+\left(\frac{-abx_0+a^2y_0-bc}{a^2+b^2}-y_0\right)^2}$$

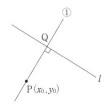

$$= \sqrt{\left\{ \frac{b^2 x_0 - aby_0 - ac - (a^2+b^2)x_0}{a^2+b^2} \right\}^2 + \left\{ \frac{-abx_0 + a^2 y_0 - bc - (a^2+b^2)y_0}{a^2+b^2} \right\}^2}$$

$$= \sqrt{\left\{ \frac{-a(ax_0 + by_0 + c)}{a^2+b^2} \right\}^2 + \left\{ \frac{-b(ax_0 + by_0 + c)}{a^2+b^2} \right\}^2}$$

$$= \sqrt{\frac{(a^2+b^2)(ax_0+by_0+c)^2}{(a^2+b^2)^2}}$$

$$= \sqrt{\frac{(ax_0+by_0+c)^2}{a^2+b^2}}$$

$$= \frac{|ax_0+by_0+c|}{\sqrt{a^2+b^2}}$$

（証明終）

〔注1〕　$b \neq 0$ のとき，$l : y = -\dfrac{a}{b}x - \dfrac{c}{b}$ であるから，Pを通り $l$ に垂直な直線の方程式は

　　$b \neq 0$ のとき　　$y - y_0 = \dfrac{b}{a}(x - x_0)$

　　$b = 0$ のとき　　$y = y_0$

であるが，〔解法1〕ではこれらをまとめて一般形で表した。

〔注2〕　点P，直線 $l$ を $x$ 軸方向に $-x_0$，$y$ 軸方向に $-y_0$ だけ平行移動すると，それぞれ原点O，直線 $l_0 : a(x+x_0) + b(y+y_0) + c = 0$ となる。原点Oと直線 $l_0$ の距離を求めればよい。

Oを通り $l_0$ に垂直な直線の方程式は

　　$bx - ay = 0$　……③

$l_0$ の方程式は　　$ax + by = -ax_0 - by_0 - c$

ここで，$-ax_0 - by_0 - c = k$ とおくと

　　$ax + by = k$　……④

であるから

③$\times b +$④$\times a$ より　　$(a^2+b^2)x = ak$

④$\times b -$③$\times a$ より　　$(a^2+b^2)y = bk$

よって，直線③と $l_0$ の交点を $Q_0$ とすると，$a^2+b^2 \neq 0$ より

　　$Q_0 \left( \dfrac{ak}{a^2+b^2},\ \dfrac{bk}{a^2+b^2} \right)$

したがって，Pと $l$ の距離は

　　$OQ_0 = \sqrt{\left( \dfrac{ak}{a^2+b^2} \right)^2 + \left( \dfrac{bk}{a^2+b^2} \right)^2}$

　　　　　$= \sqrt{\dfrac{(a^2+b^2)k^2}{(a^2+b^2)^2}} = \dfrac{|k|}{\sqrt{a^2+b^2}} = \dfrac{|ax_0+by_0+c|}{\sqrt{a^2+b^2}}$

### 解法 2

（ベクトルを用いる解法）

点 $(x_0,\ y_0)$ を P，直線 $ax+by+c=0$ を $l$ とし，P から $l$ に下ろした垂線を PH，$l$ の法線ベクトル（$l$ に垂直なベクトル）の 1 つを $\vec{n}=(a,\ b)$ とすると，$\overrightarrow{\mathrm{PH}}/\!/\vec{n}$ であるから

$$\overrightarrow{\mathrm{PH}}=t\vec{n}\quad（t\text{ は定数}）$$

と表される（P が $l$ 上にあるときは，P＝H，$t=0$ とする）。このとき

$$\overrightarrow{\mathrm{OH}}=\overrightarrow{\mathrm{OP}}+\overrightarrow{\mathrm{PH}}$$
$$=(x_0,\ y_0)+t\vec{n}$$
$$=(x_0+at,\ y_0+bt)$$

H$(x_0+at,\ y_0+bt)$ は $l$ 上にあるから

$$a(x_0+at)+b(y_0+bt)+c=0$$
$$(ax_0+by_0+c)+(a^2+b^2)t=0$$
$$\therefore\quad t=-\frac{ax_0+by_0+c}{a^2+b^2}\quad（\because\quad a^2+b^2\neq0）$$

よって，P と $l$ の距離は

$$|\overrightarrow{\mathrm{PH}}|=|t\vec{n}|=|t||\vec{n}|$$
$$=\left|\frac{ax_0+by_0+c}{a^2+b^2}\right|\sqrt{a^2+b^2}$$
$$=\frac{|ax_0+by_0+c|}{\sqrt{a^2+b^2}}\qquad\qquad（証明終）$$

### 解法 3

（ベクトルのなす角を用いる解法）

直線 $l:ax+by+c=0$，P$(x_0,\ y_0)$ とし，P から $l$ に垂線 PH を引く（P が $l$ 上にあるときは P＝H とする）。

また，点 R$(x,\ y)$ を $l$ 上の点とすると

$$ax+by+c=0$$

ここで，$l$ の法線ベクトルの 1 つを $\vec{n}=(a,\ b)$ とすると，$\vec{n}\perp l$ であり，$\vec{n}$ と $\overrightarrow{\mathrm{PR}}$ のなす角を $\theta$ $(0\leq\theta\leq\pi)$ とすると，求める距離 PH は

$$|\overrightarrow{\mathrm{PR}}||\cos\theta|=|\overrightarrow{\mathrm{PR}}|\left|\frac{\vec{n}\cdot\overrightarrow{\mathrm{PR}}}{|\vec{n}||\overrightarrow{\mathrm{PR}}|}\right|$$

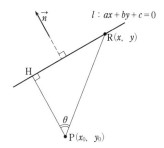

$$= \frac{|\vec{n} \cdot \overrightarrow{\mathrm{PR}}|}{|\vec{n}|}$$

$$= \frac{|(a, \quad b) \cdot (x - x_0, \quad y - y_0)|}{\sqrt{a^2 + b^2}}$$

$$= \frac{|a(x - x_0) + b(y - y_0)|}{\sqrt{a^2 + b^2}}$$

$$= \frac{|ax + by - ax_0 - by_0|}{\sqrt{a^2 + b^2}}$$

$$= \frac{|-c - ax_0 - by_0|}{\sqrt{a^2 + b^2}} \quad (\because \quad ax + by + c = 0)$$

$$= \frac{|ax_0 + by_0 + c|}{\sqrt{a^2 + b^2}} \qquad\qquad\qquad (証明終)$$

# 23

$xy$ 平面上で考える。不等式 $y < -x^2 + 16$ の表す領域を $D$ とし，
不等式 $|x-1| + |y| \le 1$ の表す領域を $E$ とする。このとき，以下の問いに答えよ。

(1)　領域 $D$ と領域 $E$ をそれぞれ図示せよ。

(2)　$\mathrm{A}(a,\ b)$ を領域 $D$ に属する点とする。点 $\mathrm{A}(a,\ b)$ を通り傾きが $-2a$ の直線と
　　放物線 $y = -x^2 + 16$ で囲まれた部分の面積を $S(a,\ b)$ とする。$S(a,\ b)$ を $a,\ b$ を
　　用いて表せ。

(3)　点 $\mathrm{A}(a,\ b)$ が領域 $E$ を動くとき，$S(a,\ b)$ の最大値を求めよ。

---

**ポイント**　(1)　領域 $E$ については，$x-1$，$y$ の符号による場合分けや対称性を考えて図
　示する。
(2)　直線と放物線の交点の $x$ 座標を求め，定積分

$$\int_{\alpha}^{\beta} (x-\alpha)(x-\beta)\,dx = -\frac{1}{6}(\beta - \alpha)^3$$

　を用いて計算する。
(3)　(2)で求めた $S(a,\ b)$ から，$-a^2 - b = k$ とおいて，$ab$ 平面上の放物線 $b = -a^2 - k$
　が，領域 $E : |a-1| + |b| \le 1$ と共有点をもつような最大の $k$ を求める。

---

## 解法

(1) 領域 $D$ は図1の網目部分で，境界線を含まない。

領域 $E$ について

$$|x-1|+|y| \leq 1 \quad \cdots\cdots①$$

の $y$ を $-y$ に変えた式

$$|x-1|+|-y| \leq 1$$

は①と同値であるから，$E$ は $x$ 軸に関して対称である。

$y \geq 0$ のとき，①は

$x \geq 1$ ならば

$$x-1+y \leq 1 \quad \text{すなわち} \quad y \leq -x+2$$

$x < 1$ ならば

$$-x+1+y \leq 1 \quad \text{すなわち} \quad y \leq x$$

$E$ は，この領域と，これを $x$ 軸に関して対称移動した領域を合わせたものである。

よって，$E$ は図2の網目部分で，境界線を含む。

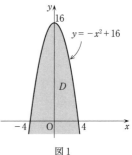

図1

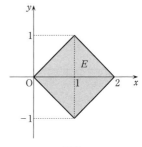

図2

〔注〕 不等式 $|x-1|+|y| \leq 1$ の表す領域は $|x|+|y| \leq 1$ の表す領域を $x$ 軸方向に1だけ平行移動することによって図示してもよい。

なお $|x|+|y| \leq 1$ は，$x$ を $-x$ に，$y$ を $-y$ に変えても変わらないので，この不等式が表す領域は $y$ 軸，$x$ 軸に関して対称であることと，$x \geq 0$，$y \geq 0$ のとき $x+y \leq 1$ であることから得られる。

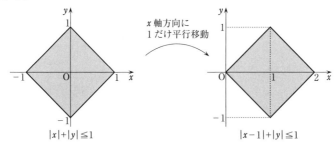

(2)　点 A $(a,\ b)$ を通り，傾きが $-2a$ の直線の方程式は

$$y - b = -2a\,(x - a)$$

すなわち　　$y = -2ax + 2a^2 + b$　……②

これと，放物線 $y = -x^2 + 16$　……③　より，$y$ を消去して

$$-2ax + 2a^2 + b = -x^2 + 16$$

整理して

$$x^2 - 2ax + 2a^2 + b - 16 = 0$$

この 2 次方程式の判別式を $d$ とし，$d' = \dfrac{d}{4}$ とおくと

$$x = a \pm \sqrt{d'}$$

$$d' = a^2 - (2a^2 + b - 16) = -a^2 - b + 16$$

ここで，点 A は領域 $D$ に属するから

$$b < -a^2 + 16 \quad \text{すなわち} \quad -a^2 - b + 16 > 0$$

よって，$\alpha = a - \sqrt{d'}$，$\beta = a + \sqrt{d'}$ とおくと，これらは実数であり，$\alpha,\ \beta$ は②と③の交点の $x$ 座標である。

したがって，$S(a,\ b)$ は，下図の網目部分の面積であるから

$$S(a,\ b) = \int_{\alpha}^{\beta} \{(-x^2 + 16) - (-2ax + 2a^2 + b)\}\,dx$$

$$= -\int_{\alpha}^{\beta} (x - \alpha)(x - \beta)\,dx$$

$$= \frac{1}{6}(\beta - \alpha)^3$$

$$= \frac{1}{6}(2\sqrt{d'})^3$$

$$= \frac{4}{3}(\sqrt{-a^2 - b + 16})^3 \quad \cdots\cdots(\text{答})$$

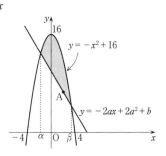

〔注〕　解と係数の関係から $\alpha + \beta = 2a$, $\alpha\beta = 2a^2 + b - 16$ であるので

$$(\beta - \alpha)^2 = (\alpha + \beta)^2 - 4\alpha\beta$$

$$= (2a)^2 - 4(2a^2 + b - 16)$$

$$= 4(-a^2 - b + 16)$$

$\beta > \alpha$ より，$\beta - \alpha = 2\sqrt{-a^2 - b^2 + 16}$ として $\beta - \alpha$ を求めてもよい。

(3)　　$-a^2 - b = k$　……④

とおくと，$k$ が最大のとき $S(a,\ b)$ も最大となる。

④より　　$b = -a^2 - k$　……④′

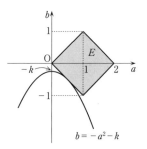

また，$E \subset D$ であるから，$ab$ 平面上で，領域 $E$：$|a-1| + |b| \leqq 1$ と放物線④′ が共有点をもつような $k$ の最大値を求めればよいが，これは，④′ が上に凸の放物線で $b$ 切片が $-k$ であるから，$b$ 切片が最小になる場合である。

右図より，④′ と直線 $b = -a$ が $0 \leqq a \leqq 1$ において接するときを考える。

この条件は，$a$ の 2 次方程式 $-a^2 - k = -a$ が，$0 \leqq a \leqq 1$ を満たす重解をもつことであるから

　　　$a^2 - a + k = 0$　……⑤

の判別式を $D_1$ とすると

　　　　$D_1 = 1 - 4k = 0$　　$\therefore$　$k = \dfrac{1}{4}$

このとき，⑤の重解は $a = \dfrac{1}{2}$ より，$0 \leqq a \leqq 1$ を満たし，接点は $E$ に属する点であるから，$k$ は最大となる。

よって，$(a,\ b) = \left( \dfrac{1}{2},\ -\dfrac{1}{2} \right)$ のとき，$k$ は最大値 $\dfrac{1}{4}$ をとるから，$S(a,\ b)$ の最大値は

　　　$S\left( \dfrac{1}{2},\ -\dfrac{1}{2} \right) = \dfrac{4}{3} \left( \sqrt{\dfrac{1}{4} + 16} \right)^3 = \dfrac{65\sqrt{65}}{6}$　……(答)

〔注〕　$b = -a^2 - k$ と線分 $b = -a$ $(0 \leqq a \leqq 1)$ が接する条件は，次のように微分法を用いて求めてもよい。

$f(a) = -a^2 - k$ とおくと

　　　　$f'(a) = -2a = -1$　（線分 $b = -a$ の傾き）

　　　$\therefore$　$a = \dfrac{1}{2}$，$b = -\dfrac{1}{2}$

これは $0 \leqq a \leqq 1$ を満たすから，接点は $E$ に属する点である。

接点は $\left( \dfrac{1}{2},\ -\dfrac{1}{2} \right)$ であるから，このとき

　　　$k = -a^2 - b = -\dfrac{1}{4} - \left( -\dfrac{1}{2} \right) = \dfrac{1}{4}$

# 24 2011 年度 〔2〕（理系数学と共通） Level C

実数の組 $(p, q)$ に対し，$f(x) = (x-p)^2 + q$ とおく。

(1) 放物線 $y = f(x)$ が点 $(0, 1)$ を通り，しかも直線 $y = x$ の $x > 0$ の部分と接するような実数の組 $(p, q)$ と接点の座標を求めよ。

(2) 実数の組 $(p_1, q_1)$，$(p_2, q_2)$ に対して，$f_1(x) = (x-p_1)^2 + q_1$ および $f_2(x) = (x-p_2)^2 + q_2$ とおく。実数 $\alpha$，$\beta$（ただし $\alpha < \beta$）に対して

$$f_1(\alpha) < f_2(\alpha) \quad かつ \quad f_1(\beta) < f_2(\beta)$$

であるならば，区間 $\alpha \leqq x \leqq \beta$ において不等式 $f_1(x) < f_2(x)$ がつねに成り立つことを示せ。

(3) 長方形 $R : 0 \leqq x \leqq 1,\ 0 \leqq y \leqq 2$ を考える。また，4 点 $P_0(0, 1)$，$P_1(0, 0)$，$P_2(1, 1)$，$P_3(1, 0)$ をこの順に線分で結んで得られる折れ線を $L$ とする。実数の組 $(p, q)$ を，放物線 $y = f(x)$ と折れ線 $L$ に共有点がないようなすべての組にわたって動かすとき，$R$ の点のうちで放物線 $y = f(x)$ が通過する点全体の集合を $T$ とする。$R$ から $T$ を除いた領域 $S$ を座標平面上に図示し，その面積を求めよ。

---

**ポイント** (1) 2次方程式 $f(x) = x$ の判別式を用いる。

(2) $F(x) = f_2(x) - f_1(x)$ とおいてみよう。$y = F(x)$ のグラフはどのようになるだろうか。

(3) 放物線 $y = f(x)$ を平行移動して，折れ線 $L$ と共有点をもたない場合を調べる。$T$ は，(1)で求めた放物線 $y = f(x)$ の上方にあることは予想がつくが，その理由を説明する必要がある。$f(0) > 1$ かつ $f(1) > 1$ が成り立つならば，放物線 $y = f(x)$ が $L$ と共有点をもたないことを，(1)・(2)を利用して簡潔に説明するのがポイントとなる。

---

## 解 法

(1) 放物線 $y = f(x)$ が点 $(0, 1)$ を通るから，$1 = f(0)$ より

$$1 = p^2 + q \quad \cdots\cdots ①$$

$f(x) = x$ すなわち $(x-p)^2 + q = x$ とすると

$$x^2 - (2p+1)x + p^2 + q = 0$$

判別式を $D$ とすると，放物線 $y = f(x)$ が直線 $y = x$ の $x > 0$ の部分と接する条件は

$$D = (2p+1)^2 - 4(p^2+q) = 0 \quad \cdots\cdots ② \quad かつ \quad 重解\ x = \frac{2p+1}{2} > 0 \quad \cdots\cdots ③$$

①，②より

$$(2p+1)^2 - 4 = 0$$
$$(2p+3)(2p-1) = 0$$

③より，$p > -\dfrac{1}{2}$ であるから $\quad p = \dfrac{1}{2}$

このとき，①より $\quad q = \dfrac{3}{4}$

$\therefore \quad (p,\ q) = \left(\dfrac{1}{2},\ \dfrac{3}{4}\right)$ ……(答)

接点は $x$ 座標が $\dfrac{2p+1}{2} = 1$ で，直線 $y = x$ 上にあるから

接点の座標は $\quad (1,\ 1)$ ……(答)

(2) $F(x) = f_2(x) - f_1(x)$ とおくと

$$F(x) = (x^2 - 2p_2 x + p_2{}^2 + q_2) - (x^2 - 2p_1 x + p_1{}^2 + q_1)$$
$$= 2(p_1 - p_2)x + p_2{}^2 - p_1{}^2 + q_2 - q_1$$

より，$F(x)$ は 1 次関数または定数関数であるから，$y = F(x)$ のグラフは直線である。
また，$f_1(\alpha) < f_2(\alpha)$ かつ $f_1(\beta) < f_2(\beta)$ であるから

$$F(\alpha) = f_2(\alpha) - f_1(\alpha) > 0 \quad かつ \quad F(\beta) = f_2(\beta) - f_1(\beta) > 0$$

よって，グラフの位置関係から，$\alpha \leqq x \leqq \beta$ において

$$F(x) > 0$$

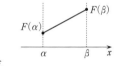

したがって，区間 $\alpha \leqq x \leqq \beta$ において，$f_1(x) < f_2(x)$ がつねに成り立つ。 (証明終)

(3) (1)より，$f_0(x) = \left(x - \dfrac{1}{2}\right)^2 + \dfrac{3}{4}$ とおくと，放物線
$y = f_0(x)$ は点 $(0,\ 1)$ を通り，直線 $y = x$ と点 $(1,\ 1)$ で接する。

(i) $f(0) \leqq 1$ または $f(1) \leqq 1$ ならば
　　下に凸の放物線 $y = f(x)$ は

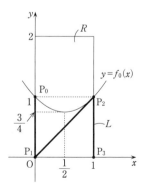

㊟
$\begin{cases} \text{・折れ線 } L \text{ と共有点をもつ} \\ \text{・} 0 \leqq x \leqq 1 \text{ で長方形 } R \text{ の下方にあり，} R \text{ の点} \\ \text{　を通過しない} \end{cases}$
　　のいずれかである。

(ii) $f(0) > 1$ かつ $f(1) > 1$ ならば
　　$f_0(0) = f_0(1) = 1$ に注意すると，$f_0(0) < f(0)$ かつ $f_0(1) < f(1)$ であるから，(2)より

$0 \leqq x \leqq 1$ において，$f_0(x) < f(x)$ がつねに成り立つ。

また，放物線 $y = f_0(x)$ 上の点は折れ線 $L$ 上にあるか，またはその上方にある。

よって，放物線 $y = f(x)$ は $0 \leqq x \leqq 1$ において，放物線 $y = f_0(x)$ の上方にあり，折れ線 $L$ と共有点をもたない。

また，$g(x) = \left(x - \dfrac{1}{2}\right)^2 + q$ とおくと，放物線 $y = g(x)$ は，$q$ が $q > \dfrac{3}{4}$ である実数全体を動くとき，$g(0) > 1$ かつ $g(1) > 1$ なので，放物線 $y = f_0(x)$ の上方全体を動く。すなわち放物線 $y = f_0(x)$ の上方の点はすべて $T$ に属する。

よって，$T$ は，$R$ の点のうちで $y > f_0(x)$ を満たす点全体の集合である。

したがって，$S$ は右図の網目部分で境界線を含む。

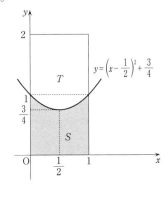

$S$ の面積は

$$\int_0^1 f_0(x)\,dx = \int_0^1 (x^2 - x + 1)\,dx$$

$$= \left[\frac{x^3}{3} - \frac{x^2}{2} + x\right]_0^1$$

$$= \frac{1}{3} - \frac{1}{2} + 1$$

$$= \frac{5}{6} \quad \cdots\cdots \text{(答)}$$

〔注〕 ⊛について詳しく述べると次のようになる。

折れ線 $L$ のうち $P_0$ と $P_1$，$P_1$ と $P_2$，$P_2$ と $P_3$ を結ぶ線分をそれぞれ $L_1$，$L_2$，$L_3$ とすると

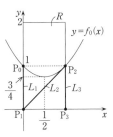

(ア) $f(0) < 0$ かつ $f(1) < 0$ のとき，$y = f(x)$ は $R$ の点を通過しない。

(イ) $0 \leqq f(0) \leqq 1$ または $0 \leqq f(1) \leqq 1$ のとき，$y = f(x)$ は $L_1$ または $L_3$ と必ず共有点をもつ。

(ウ) 「$f(0) < 0$ かつ $f(1) > 1$」または「$f(0) > 1$ かつ $f(1) < 0$」のとき，$y = f(x)$ は $L_2$ と必ず共有点をもつ。

ただし解答の記述は，〔解法〕で述べた程度の内容で十分であろう。

# 25

曲線 $C : y = -x^2 - 1$ を考える。

(1) $t$ が実数全体を動くとき，曲線 $C$ 上の点 $(t, -t^2 - 1)$ を頂点とする放物線

$$y = \frac{3}{4}(x-t)^2 - t^2 - 1$$

が通過する領域を $xy$ 平面上に図示せよ。

(2) $D$ を(1)で求めた領域の境界とする。$D$ が $x$ 軸の正の部分と交わる点を $(a, 0)$ とし，$x = a$ での $C$ の接線を $l$ とする。$D$ と $l$ で囲まれた部分の面積を求めよ。

---

**ポイント** (1)　放物線 $y = \frac{3}{4}(x-t)^2 - t^2 - 1$ ……① が点 $(x, y)$ を通るということは，実数 $x, y$ が $t$ を実数として方程式①を満たす値であるということである。見方を変えれば，放物線①は，方程式①を満たす実数 $t$ が少なくとも1つ存在するような点 $(x, y)$ を通るということになる。したがって，①を $t$ の方程式とみて，$t$ の実数条件を考える。

また，①を $t$ の2次関数と考えて，$y$ のとりうる値の範囲を求めてもよい。

(2)　$D$ と $C$ および $C$ の接線 $l$ を1つの $xy$ 平面に描くと，放物線と直線で囲まれる部分の面積を定積分によって求めればよいことがわかる。定積分は公式

$$\int_\alpha^\beta (x-\alpha)(x-\beta)\, dx = -\frac{1}{6}(\beta - \alpha)^3$$

を用いるとよい。

## 解 法 1

(1) $y = \dfrac{3}{4}(x-t)^2 - t^2 - 1$ ……①

①を $t$ について整理して

$t^2 + 6xt - 3x^2 + 4y + 4 = 0$ ……②

求める領域は，①を満たす実数 $t$ が存在するような点 $(x, y)$ の存在範囲，すなわち，$t$ の2次方程式②が実数解をもつような点 $(x, y)$ の存在範囲である。よって，②の判別式を $D_1$ とすると

$\dfrac{D_1}{4} = (3x)^2 - (-3x^2 + 4y + 4) \geqq 0$

∴ $y \leqq 3x^2 - 1$

したがって，求める領域は右図の網目部分で，境界線を含む。

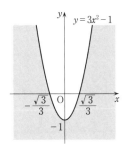

(2) (1)より $D : y = 3x^2 - 1$

$D$ が $x$ 軸の正の部分と交わる点の $x$ 座標は，$3x^2 - 1 = 0$ $(x>0)$ より $x = \dfrac{\sqrt{3}}{3}$ であるから

$a = \dfrac{\sqrt{3}}{3}$ ……③

$l$ は $C : y = -x^2 - 1$ 上の点 $(a, -a^2-1)$ における $C$ の接線であるから

$y' = -2x$

より，$l$ の方程式は

$y - (-a^2 - 1) = -2a(x - a)$

$y = -2ax + a^2 - 1$

$D$ と $l$ の共有点の $x$ 座標は

$3x^2 - 1 = -2ax + a^2 - 1$

$3x^2 + 2ax - a^2 = 0$

$(x + a)(3x - a) = 0$

∴ $x = -a, \ \dfrac{a}{3}$

よって，求める面積は，$a>0$ より，右図の網目部分の面積であるから

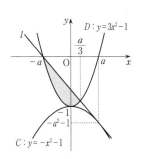

$$\int_{-a}^{\frac{a}{3}}\{-2ax+a^2-1-(3x^2-1)\}\,dx = \int_{-a}^{\frac{a}{3}} -(x+a)(3x-a)\,dx$$

$$= -3\int_{-a}^{\frac{a}{3}}(x+a)\left(x-\frac{a}{3}\right)dx$$

$$= -\frac{-3}{6}\left\{\frac{a}{3}-(-a)\right\}^3$$

$$= \frac{32}{27}a^3$$

$$= \frac{32}{27}\cdot\left(\frac{\sqrt{3}}{3}\right)^3 \quad (\because \ \text{③})$$

$$= \frac{32\sqrt{3}}{243} \quad \cdots\cdots(\text{答})$$

〔注〕　最後に $a$ の値を代入したが，$a$ の値を先に代入すると次のようになる。

$C$ 上の点 $\left(\dfrac{\sqrt{3}}{3},\ -\dfrac{4}{3}\right)$ における接線 $l$ の方程式は

$$y+\frac{4}{3} = -\frac{2\sqrt{3}}{3}\left(x-\frac{\sqrt{3}}{3}\right)$$

より　　$y = -\dfrac{2\sqrt{3}}{3}x-\dfrac{2}{3}$

$D$ と $l$ の共有点の $x$ 座標は

$$3x^2-1 = -\frac{2\sqrt{3}}{3}x-\frac{2}{3} \quad \text{すなわち} \quad 9x^2+2\sqrt{3}\,x-1=0$$

より　　$(\sqrt{3}\,x+1)(3\sqrt{3}\,x-1)=0$

$$x = -\frac{\sqrt{3}}{3},\ \frac{\sqrt{3}}{9}$$

求める面積は

$$\int_{-\frac{\sqrt{3}}{3}}^{\frac{\sqrt{3}}{9}}\left\{-\frac{2\sqrt{3}}{3}x-\frac{2}{3}-(3x^2-1)\right\}dx = -3\int_{-\frac{\sqrt{3}}{3}}^{\frac{\sqrt{3}}{9}}\left(x+\frac{\sqrt{3}}{3}\right)\left(x-\frac{\sqrt{3}}{9}\right)dx$$

$$= -\frac{-3}{6}\left\{\frac{\sqrt{3}}{9}-\left(-\frac{\sqrt{3}}{3}\right)\right\}^3$$

$$= \frac{32\sqrt{3}}{243}$$

## 解 法 2

(1)
$$y = \frac{3}{4}(x-t)^2 - t^2 - 1$$

$$= -\frac{1}{4}t^2 - \frac{3}{2}xt + \frac{3}{4}x^2 - 1$$

$$= -\frac{1}{4}(t+3x)^2 + \frac{9}{4}x^2 + \frac{3}{4}x^2 - 1$$

$$= -\frac{1}{4}(t+3x)^2 + 3x^2 - 1 \quad \cdots\cdots(*)$$

ここで，$x$ を定数とみなして $y$ を $t$ の 2 次関数と考えると，$y$ の最大値が $3x^2-1$ であるから，$y$ のとりうる値の範囲は

$$y \leqq 3x^2 - 1 \quad \cdots\cdots(**)$$

次に $x$ の値を実数全体で変化させると，求める領域が得られる。

したがって，求める領域は($**$)である。

（図は〔**解法1**〕に同じ）

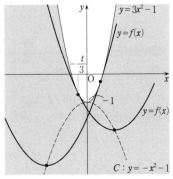

 **参考** 包絡線

$$f(x) = \frac{3}{4}(x-t)^2 - t^2 - 1$$

とおくと，〔**解法2**〕の($*$)より

$$f(x) = -\frac{1}{4}(t+3x)^2 + 3x^2 - 1$$

$$f(x) - (3x^2 - 1) = -\frac{9}{4}\left(x + \frac{t}{3}\right)^2$$

と変形できるから，放物線 $y=f(x)$ と

$y = 3x^2 - 1$ は，$x = -\dfrac{t}{3}$ において接していること

がわかる。$t$ を変化させると，$y=f(x)$ は

$y = 3x^2 - 1$ に接しながら動く。

一般に，変数 $t$ を含む方程式の表す曲線が，$t$ を変化させることによってある定まった曲線に接しながら動くとき，その曲線を「包絡線」という。本問では，$y=3x^2-1$ は $y=f(x)$ の包絡線である。

# 26 2010年度〔3〕 Level B

(1) 不等式

$$(|x|-2)^2+(|y|-2)^2\leqq1$$

の表す領域を $xy$ 平面上に図示せよ。

(2) 1個のさいころを4回投げ，$n$ 回目（$n=1$，2，3，4）に出た目の数を $a_n$ とする。このとき

$$(x, y)=(a_1-a_2, a_3-a_4)$$

が(1)の領域に含まれる確率を求めよ。

---

**ポイント** (1) $x\geqq0$，$x<0$，$y\geqq0$，$y<0$ で場合分け（4通り）して図示してもよいが，図形の対称性を利用すると簡明である。例えば，$x$ を $-x$ に変えても与式は変わらないことに着目する。

(2) $-5\leqq a_1-a_2\leqq5$，$-5\leqq a_3-a_4\leqq5$ で，(1)の領域に含まれる格子点に注目する（格子点とは，$x$ 座標と $y$ 座標がともに整数であるような点である）。$(a_1-a_2, a_3-a_4)$ がそれぞれの格子点になる確率を考える。対称性を利用し，第1象限について求めた確率を4倍すればよい。

---

## 解法

(1) 　$(|x|-2)^2+(|y|-2)^2\leqq1$ ……①

$x\geqq0$，$y\geqq0$ のとき

$$(x-2)^2+(y-2)^2\leqq1$$

これは，中心 $(2, 2)$，半径1の円周およびその内部の領域を表す。

①において，$x$ を $-x$，$y$ を $-y$ に変えても①は変わらないから，求める領域は $y$ 軸，$x$ 軸に関して対称である。

よって，求める領域は右図の網目部分で，境界線を含む。

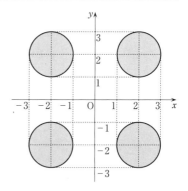

〔注〕 次のように場合分けをして求めてもよい。

(i) $x \geqq 0$, $y \geqq 0$ のとき $\quad (x-2)^2 + (y-2)^2 \leqq 1$

(ii) $x \geqq 0$, $y < 0$ のとき $\quad (x-2)^2 + (-y-2)^2 \leqq 1 \qquad \therefore \quad (x-2)^2 + (y+2)^2 \leqq 1$

(iii) $x < 0$, $y \geqq 0$ のとき $\quad (-x-2)^2 + (y-2)^2 \leqq 1 \qquad \therefore \quad (x+2)^2 + (y-2)^2 \leqq 1$

(iv) $x < 0$, $y < 0$ のとき $\quad (-x-2)^2 + (-y-2)^2 \leqq 1 \qquad \therefore \quad (x+2)^2 + (y+2)^2 \leqq 1$

(2) $x \geqq 0$, $y \geqq 0$ のとき, (1)の領域に含まれるのは

$$(x, y) = (a_1 - a_2, \ a_3 - a_4)$$
$$= (1, 2), \ (2, 1), \ (2, 2), \ (2, 3), \ (3, 2) \quad \cdots\cdots ②$$

$a_1 - a_2 = 1$ のとき $\quad (a_1, a_2) = (k+1, \ k) \ (k=1, \ 2, \ 3, \ 4, \ 5)$ の 5 通り

$a_1 - a_2 = 2$ のとき $\quad (a_1, a_2) = (k+2, \ k) \ (k=1, \ 2, \ 3, \ 4)$ の 4 通り

$a_1 - a_2 = 3$ のとき $\quad (a_1, a_2) = (k+3, \ k) \ (k=1, \ 2, \ 3)$ の 3 通り

で, $a_3 - a_4$ についても同様である。よって, ②のようになる場合の数は

$$5 \times 4 + 4 \times (5 + 4 + 3) + 3 \times 4 = 80 \text{ 通り} \quad \cdots\cdots③$$

$x < 0$, $y \geqq 0$ のときは対称性を考慮すると

$$(a_1 - a_2, \ a_3 - a_4) = (-1, 2), \ (-2, 1), \ (-2, 2), \ (-2, 3), \ (-3, 2)$$

となるが, $a_1 - a_2 = -l \ (l=1, \ 2, \ 3)$, すなわち $a_2 - a_1 = l$ となる場合の数は, $a_1 - a_2 = l$ となる場合の数に等しいから, $x \geqq 0$, $y \geqq 0$ のときと同じ 80 通りの場合がある。

$x \geqq 0$, $y < 0$ および $x < 0$, $y < 0$ のときも同様であるから, 求める確率は

$$\frac{80}{6^4} \times 4 = \frac{20}{81} \quad \cdots\cdots (\text{答})$$

〔注〕 ③の内容は次のとおりである。

| $a_1 - a_2$ | $a_3 - a_4$ | |
|---|---|---|
| 1 … 5 通り | 2 … 4 通り | 5×4 通り |
| 2 … 4 通り | 1 … 5 通り | 4×5 通り |
| 2 … 4 通り | 2 … 4 通り | 4×4 通り |
| 2 … 4 通り | 3 … 3 通り | 4×3 通り |
| 3 … 3 通り | 2 … 4 通り | 3×4 通り |

80 通り

# 27

**2004 年度　〔2〕**　　　　　　　　　　　　　　　**Level　C**

　座標平面上で不等式 $y \geq x^2$ の表す領域を $D$ とする。$D$ 内にあり $y$ 軸上に中心をもち原点を通る円のうち，最も半径の大きい円を $C_1$ とする。自然数 $n$ について，円 $C_n$ が定まったとき，$C_n$ の上部で $C_n$ に外接する円で，$D$ 内にあり $y$ 軸上に中心をもつもののうち，最も半径の大きい円を $C_{n+1}$ とする。$C_n$ の半径を $a_n$ とし，$b_n = a_1 + a_2 + \cdots + a_n$ とする。

(1)　$a_1$ を求めよ。

(2)　$n \geq 2$ のとき $a_n$ を $b_{n-1}$ で表せ。

(3)　$a_n$ を $n$ の式で表せ。

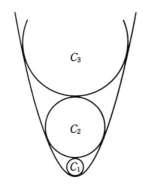

---

**ポイント**　(1)　半径 $r$，中心 $(0,\ r)$ の円が領域 $D$ 内にあるような $r$ の値の範囲を求める。そのときの $r$ の最大値が $a_1$ である。円と放物線が原点以外に共有点をもたないことを用いる。

(2)　円 $C_n$ と放物線が接するときの円の半径が $a_n$ である。円の中心は $a_n$ と $b_{n-1}$ で表せる。

　　なお，(1)・(2)ともに，円が領域 $D$ 内にあるための条件を不等式で表す方法，円の中心と放物線上の点との最短距離を求める方法が考えられる。

(3)　(2)を利用する。数列 $\{a_n\}$ または $\{b_n\}$ に関する隣接 2 項間の漸化式をつくる。

### 解法 1

(1) 領域 $D$ 内にあり $y$ 軸上に中心をもち原点を通る円の方程式は，円の半径を $r$ とすると

$$x^2 + (y-r)^2 = r^2 \quad \cdots\cdots①$$

とおける。

円①と $y=x^2$ より

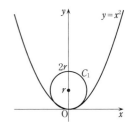

$$y + (y-r)^2 = r^2$$
$$y^2 - (2r-1)y = 0$$
$$y\{y-(2r-1)\} = 0$$
$$\therefore \quad y=0, \ 2r-1$$

円①が領域 $D$ 内にあるのは，円と放物線が原点でのみ接する場合，すなわち，この解が $y=0$ のみである場合だから，$y \geqq 0$ より

$$2r-1 \leqq 0 \quad \therefore \quad r \leqq \frac{1}{2}$$

$a_1$ は $r$ の最大値であるから

$$a_1 = \frac{1}{2} \quad \cdots\cdots(答)$$

〔注〕　円が $D$ 内にある条件を考えて解くと次のようになる。

円①が $D$ 内にある条件は，①と $y \geqq x^2$ より

$$y \geqq r^2 - (y-r)^2 \qquad y \geqq -y^2 + 2ry$$

すなわち $y\{y-(2r-1)\} \geqq 0$ が，$0 \leqq y \leqq 2r$ ($\because$ ①) で常に成り立つことである。

$2r-1 > 0$ のときは　$0 < y < 2r-1$ のとき，$y\{y-(2r-1)\} < 0$

$2r-1 \leqq 0$ のときは　$y \geqq 0$ のとき，$y\{y-(2r-1)\} \geqq 0$

となるから，条件を満たすのは

$$2r-1 \leqq 0 \quad \therefore \quad r \leqq \frac{1}{2}$$

(2) $n \geqq 2$ のとき，円 $C_n$ の中心を $(0, p_n)$ とおくと

$$p_n = 2a_1 + 2a_2 + \cdots + 2a_{n-1} + a_n = 2b_{n-1} + a_n \quad \cdots\cdots ②$$

このとき円 $C_n$ の方程式は

$$x^2 + (y - p_n)^2 = a_n{}^2 \quad \cdots\cdots ③$$

条件を満たすのは，これが放物線

$$y = x^2 \quad \cdots\cdots ④$$

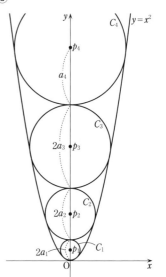

に接するときであるから，③，④より

$$y + (y - p_n)^2 = a_n{}^2$$
$$y^2 + (1 - 2p_n) y + p_n{}^2 - a_n{}^2 = 0 \quad \cdots\cdots ⑤$$

が正の重解をもてばよい。⑤の判別式を $D_1$ とすると

$$D_1 = (1 - 2p_n)^2 - 4(p_n{}^2 - a_n{}^2) = 0$$
$$4a_n{}^2 - 4p_n + 1 = 0 \quad \cdots\cdots (*)$$
$$4a_n{}^2 - 4(2b_{n-1} + a_n) + 1 = 0 \quad (\because \ ②より)$$
$$(2a_n - 1)^2 - 8b_{n-1} = 0 \quad \cdots\cdots ⑥$$

よって，$2a_n - 1 = \pm\sqrt{8b_{n-1}}$ $(\because \ b_{n-1} > 0)$ より

$$a_n = \frac{1}{2} \pm \sqrt{2b_{n-1}}$$

$a_n \geqq a_1 = \dfrac{1}{2}$ であるから

$$a_n = \frac{1}{2} + \sqrt{2b_{n-1}}$$

このとき，⑤の重解は

$$y = p_n - \frac{1}{2} > 0 \quad \left( \because \ (1)より \ n \geqq 2 \ のとき \ p_n > p_1 = \frac{1}{2} \ (\because \ p_1 = a_1) \right)$$

である。よって

$$a_n = \frac{1}{2} + \sqrt{2b_{n-1}} \quad (n \geqq 2) \quad \cdots\cdots (答)$$

(3) ⑥より，$n \geqq 2$ のとき

$$\begin{cases} 8b_{n-1} = (2a_n - 1)^2 & \cdots\cdots ⑦ \\ 8b_n = (2a_{n+1} - 1)^2 & \cdots\cdots ⑧ \end{cases}$$

⑧ − ⑦ より

$$8(b_n - b_{n-1}) = 4(a_{n+1}{}^2 - a_n{}^2) - 4(a_{n+1} - a_n)$$

$b_n - b_{n-1} = a_n$ であるから

$$2a_n = (a_{n+1}{}^2 - a_n{}^2) - (a_{n+1} - a_n)$$

$$(a_{n+1}{}^2 - a_n{}^2) - (a_{n+1} + a_n) = 0$$
$$(a_{n+1} + a_n)(a_{n+1} - a_n) - (a_{n+1} + a_n) = 0$$
$$(a_{n+1} + a_n)(a_{n+1} - a_n - 1) = 0$$

$a_{n+1} + a_n > 0$ であるから　　$a_{n+1} - a_n = 1$　$(n \geqq 2)$

また，(2)より

$$a_2 = \frac{1}{2} + \sqrt{2b_1} = \frac{3}{2} \quad \left( \because \quad b_1 = a_1 = \frac{1}{2} \right)$$

であるから　　$a_2 - a_1 = 1$

$\therefore \quad a_{n+1} - a_n = 1$　$(n \geqq 1)$

よって，数列 $\{a_n\}$ は初項 $a_1 = \dfrac{1}{2}$，公差 1 の等差数列であるから

$$a_n = \frac{1}{2} + (n-1) \cdot 1 = n - \frac{1}{2} \quad \cdots\cdots(\text{答})$$

## 解法 2

(円の中心と放物線上の点との距離を考える解法)

(1) 円 $C_n$ の中心を $\mathrm{P}_n(0,\ p_n)$ とする。$C_n$ は $D$ 内にあるから，$p_n > 0$ である。放物線 $y = x^2$ 上の点を $\mathrm{T}(t,\ t^2)$ とすると

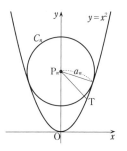

$$\begin{aligned}
\mathrm{P}_n\mathrm{T}^2 &= t^2 + (t^2 - p_n)^2 \\
&= t^4 - (2p_n - 1)t^2 + p_n{}^2 \\
&= \left\{ t^2 - \left( p_n - \frac{1}{2} \right) \right\}^2 + p_n - \frac{1}{4} \quad (t^2 \geqq 0) \quad \cdots\cdots\text{\textcircled{A}}
\end{aligned}$$

$C_1$ は，$D$ 内にあり点 $\mathrm{P}_1$ を中心とし原点を通る円のうち最も半径の大きい円である。$a_1 = p_1$ であるから，$a_1$ は

$$\mathrm{P}_1\mathrm{T}^2 = \left\{ t^2 - \left( p_1 - \frac{1}{2} \right) \right\}^2 + p_1 - \frac{1}{4}$$

が $t = 0$ で最小になるときの $p_1$ の最大値である。

$t = 0$ で最小になるのは，$p_1 - \dfrac{1}{2} \leqq 0$ のときであるから $\left( p_1 - \dfrac{1}{2} > 0\ \text{のときは} \right.$

$t = \sqrt{p_1 - \dfrac{1}{2}}\ (>0)$ で最小になる$\Big)$

$$p_1 \leqq \frac{1}{2} \quad \therefore \quad a_1 = \frac{1}{2} \quad \cdots\cdots(\text{答})$$

(2) $n \geqq 2$ のとき $\quad p_n = 2b_{n-1} + a_n > a_1 = \dfrac{1}{2}$

で, $a_n$ は $P_n T$ の最小値となるから, Ⓐより, $t^2 = p_n - \dfrac{1}{2}$ のとき

$$a_n = \sqrt{p_n - \dfrac{1}{4}} > \dfrac{1}{2} \quad \left( \because \quad p_n > \dfrac{1}{2} \right)$$

両辺を 2 乗して, $p_n = 2b_{n-1} + a_n$ を代入すると

$$a_n{}^2 = 2b_{n-1} + a_n - \dfrac{1}{4} \qquad \therefore \quad \left( a_n - \dfrac{1}{2} \right)^2 = 2b_{n-1}$$

$a_n > \dfrac{1}{2}$ より $\quad a_n = \dfrac{1}{2} + \sqrt{2b_{n-1}} \quad (n \geqq 2) \quad \cdots\cdots(答)$

〔注〕 (2)は次のように, 接線を用いて解くこともできる。

　円 $C_n$ は $D$ 内で放物線 $y = x^2$ と接する円である。$C_n$ の中心を $P_n(0,\ p_n)$, $C_n$ と放物線 $y = x^2$ との接点を $T_n(t,\ t^2)$ とおく。

$n \geqq 2$ のとき

$$p_n = 2b_{n-1} + a_n > a_1 = \dfrac{1}{2},\ t \neq 0$$

である。

$y = x^2$ より $\quad y' = 2x$

$T_n$ における $y = x^2$ の接線と直線 $P_n T_n$ は垂直であるから

$$2t \cdot \dfrac{t^2 - p_n}{t} = -1$$

$$\therefore \quad t^2 = p_n - \dfrac{1}{2} \quad \cdots\cdots Ⓑ$$

よって

$$\begin{aligned} a_n{}^2 &= P_n T_n{}^2 \\ &= t^2 + (t^2 - p_n)^2 \\ &= p_n - \dfrac{1}{4} \quad (\because \quad Ⓑ) \quad \cdots\cdots Ⓒ \\ &= 2b_{n-1} + a_n - \dfrac{1}{4} \end{aligned}$$

$$\therefore \quad \left( a_n - \dfrac{1}{2} \right)^2 = 2b_{n-1}$$

Ⓒで $p_n > \dfrac{1}{2}$ であるから $\quad a_n > \dfrac{1}{2}$

$$\therefore \quad a_n = \dfrac{1}{2} + \sqrt{2b_{n-1}} \quad (n \geqq 2)$$

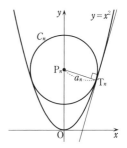

(3) (数列 $\{b_n\}$ の漸化式をつくる解法)

$a_n = b_n - b_{n-1}$ $(n \geqq 2)$ が成り立つから

$$b_n - b_{n-1} = \frac{1}{2} + \sqrt{2b_{n-1}} \qquad b_n = \left(\sqrt{b_{n-1}} + \frac{1}{\sqrt{2}}\right)^2$$

$\sqrt{b_n} > 0$ より, $\sqrt{b_n} = \sqrt{b_{n-1}} + \frac{1}{\sqrt{2}}$ であるから, 数列 $\{\sqrt{b_n}\}$ は初項 $\sqrt{b_1} = \sqrt{a_1} = \frac{1}{\sqrt{2}}$,

公差 $\frac{1}{\sqrt{2}}$ の等差数列である。

よって $\qquad \sqrt{b_n} = \frac{1}{\sqrt{2}} + (n-1) \cdot \frac{1}{\sqrt{2}} = \frac{n}{\sqrt{2}}$

$\qquad \therefore \quad b_n = \frac{n^2}{2}$ $(n = 1, 2, 3, \cdots)$

$a_n = b_n - b_{n-1}$ $(n \geqq 2)$ より

$$a_n = \frac{n^2}{2} - \frac{(n-1)^2}{2} = n - \frac{1}{2}$$

$a_1 = \frac{1}{2}$ より, この結果は $n = 1$ のときも成り立つから

$$a_n = n - \frac{1}{2} \quad (n = 1, 2, 3, \cdots) \quad \cdots\cdots (答)$$

参考 本問のように, 放物線と円が接する場合を題材とする入試問題は頻出であるので, ポイントをまとめておこう。

放物線 $y = x^2$ が, $y$ 軸上に中心 $(0, p)$ $(p > 0)$ をもつ円 (半径 $r$) と領域 $y \geqq x^2$ 内で接するとき, (1)より

(i) $r \leqq \frac{1}{2}$ のとき, 原点でのみ接する。

(ii) $r > \frac{1}{2}$ のとき, 原点以外の2点で接する。

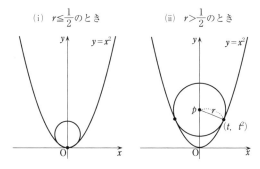

(i) $r \leqq \frac{1}{2}$ のとき  (ii) $r > \frac{1}{2}$ のとき

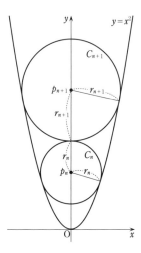

$r>\dfrac{1}{2}$ のとき，原点以外の接点を $(t,\ t^2)$ とすると，(2)の〔解法1〕の（＊）と〔解法2〕の〔注〕の⑧，ⓒより

$$p=r^2+\dfrac{1}{4}=t^2+\dfrac{1}{2}$$

が成り立つ。

このことから，題意のように，円 $C_{n+1}$ が円 $C_n$ の上部で $C_n$ と放物線 $y=x^2$ に接するとき，円 $C_n$ の中心を $(0,\ p_n)$，半径を $r_n$ とすると

$$p_{n+1}=r_{n+1}{}^2+\dfrac{1}{4},\quad p_n=r_n{}^2+\dfrac{1}{4}$$

が成り立つから，辺々を引くことにより

$$p_{n+1}-p_n=(r_{n+1}+r_n)(r_{n+1}-r_n)$$

$p_{n+1}-p_n=r_{n+1}+r_n$ が成り立つから

$$r_{n+1}-r_n=1$$

すなわち，数列 $\{r_n\}$ は公差1の等差数列であり，(3)の結論が得られる。この結果はきわめて美しい性質であるといえる。

# §6　三角関数と指数・対数関数

## 28　2020年度 〔3〕（理系数学と類似）　Level A

三角形 ABC において，辺 AB の長さを $c$，辺 CA の長さを $b$ で表す。
$\angle\mathrm{ACB}=3\angle\mathrm{ABC}$ であるとき，$c<3b$ を示せ。

---

**ポイント**　三角形の辺の長さに関する不等式を証明する問題である。三角形の内角の関係 $\angle\mathrm{ACB}=3\angle\mathrm{ABC}$ を辺の関係 $c<3b$ と結びつけるために，正弦定理を利用することに着目しよう。3倍角の公式を用いると容易に証明することができる。

---

### 解法 1

$\angle\mathrm{ABC}=\theta$ とおくと　　$\angle\mathrm{ACB}=3\theta$
$\triangle\mathrm{ABC}$ に正弦定理を用いると

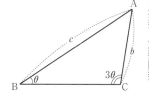

$$\frac{b}{\sin\theta}=\frac{c}{\sin 3\theta}$$

$$c=\frac{b\sin 3\theta}{\sin\theta}=\frac{b(3\sin\theta-4\sin^3\theta)}{\sin\theta}$$

$$=3b-4b\sin^2\theta$$

$0<\theta<\pi$ より $\sin\theta\neq 0$，また $b>0$ であるから

$$3b-c=4b\sin^2\theta>0$$

よって，$c<3b$ が成り立つ。　　　　　　　　　　　　　　　　　　　（証明終）

〔注〕　$\triangle\mathrm{ABC}$ の外接円の半径を $R$ とすると，正弦定理より

$$\frac{b}{\sin\theta}=\frac{c}{\sin 3\theta}=2R \quad すなわち \quad b=2R\sin\theta,\ c=2R\sin 3\theta$$

を用いて

$$3b-c=2R(3\sin\theta-\sin 3\theta)=2R\cdot 4\sin^3\theta>0$$

として示すこともできる。

### 解法 2

3倍角の公式を用いずに，加法定理と2倍角の公式を用いて，次のように示してもよい。
正弦定理より

$$c=\frac{b\sin 3\theta}{\sin\theta}=\frac{b\sin(2\theta+\theta)}{\sin\theta}$$

$$= \frac{b\,(\sin 2\theta \cos \theta + \cos 2\theta \sin \theta)}{\sin \theta} = \frac{b\,(2\sin \theta \cos^2 \theta + \cos 2\theta \sin \theta)}{\sin \theta}$$

$$= b\,(2\cos^2 \theta + \cos 2\theta)$$

ここで，$0 < \theta < \pi$ より，$\cos^2 \theta < 1$，$\cos 2\theta < 1$ であるから

$$2\cos^2 \theta + \cos 2\theta < 3$$

これと $b > 0$ より $c < 3b$ が成り立つ。 (証明終)

# 29

関数 $f(t) = (\sin t - \cos t) \sin 2t$ を考える。

(1) $x = \sin t - \cos t$ とおくとき，$f(t)$ を $x$ を用いて表せ。

(2) $t$ が $0 \le t \le \pi$ の範囲を動くとき，$f(t)$ の最大値と最小値を求めよ。

---

**ポイント** 三角関数に関する基本的な出題である。
(1) $x^2$ を計算して，$\sin 2t$ を $x$ を用いて表す。
(2) 合成を行い，$x$ のとりうる値の範囲を求める。(1)で求めた $f(t)$ は $x$ の3次関数であるから，$x$ について微分して増減を調べる。

---

## 解法

(1) 2倍角の公式より
$$f(t) = (\sin t - \cos t) \sin 2t = (\sin t - \cos t) \cdot 2 \sin t \cos t$$
$x = \sin t - \cos t$ の両辺を2乗すると
$$x^2 = \sin^2 t - 2 \sin t \cos t + \cos^2 t = 1 - 2 \sin t \cos t$$
$$2 \sin t \cos t = 1 - x^2$$
よって　　$f(t) = x(1 - x^2) = x - x^3$　……(答)

(2) 　$x = \sin t - \cos t = \sqrt{2} \sin\left(t - \dfrac{\pi}{4}\right)$

$0 \le t \le \pi$ より，$-\dfrac{\pi}{4} \le t - \dfrac{\pi}{4} \le \dfrac{3}{4}\pi$ であるから

$$-\frac{1}{\sqrt{2}} \le \sin\left(t - \frac{\pi}{4}\right) \le 1$$

$$\sqrt{2}\left(-\frac{1}{\sqrt{2}}\right) \le \sqrt{2} \sin\left(t - \frac{\pi}{4}\right) \le \sqrt{2}$$

よって　　$-1 \le x \le \sqrt{2}$

(1)より，$f(t) = x - x^3 = g(x)$ とおくと
$$g'(x) = 1 - 3x^2$$
$$= -3\left(x + \frac{1}{\sqrt{3}}\right)\left(x - \frac{1}{\sqrt{3}}\right)$$

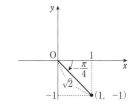

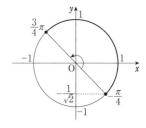

$g'(x)=0$ とすると $x=\pm\dfrac{1}{\sqrt{3}}$ である

から，$-1\leqq x\leqq\sqrt{2}$ における $g(x)$

の増減表は右のようになる。

$g(-1)=-1-(-1)=0$

$g\left(\dfrac{1}{\sqrt{3}}\right)=\dfrac{1}{\sqrt{3}}\left(1-\dfrac{1}{3}\right)=\dfrac{2\sqrt{3}}{9}$

$g\left(-\dfrac{1}{\sqrt{3}}\right)=-g\left(\dfrac{1}{\sqrt{3}}\right)=-\dfrac{2\sqrt{3}}{9}$

$g(\sqrt{2})=\sqrt{2}\,(1-2)=-\sqrt{2}<-\dfrac{2\sqrt{3}}{9}$

| $x$ | $-1$ | $\cdots$ | $-\dfrac{1}{\sqrt{3}}$ | $\cdots$ | $\dfrac{1}{\sqrt{3}}$ | $\cdots$ | $\sqrt{2}$ |
|---|---|---|---|---|---|---|---|
| $g'(x)$ | | $-$ | $0$ | $+$ | $0$ | $-$ | |
| $g(x)$ | $0$ | ↘ | $-\dfrac{2\sqrt{3}}{9}$ | ↗ | $\dfrac{2\sqrt{3}}{9}$ | ↘ | $-\sqrt{2}$ |

よって，$f(t)$ の最大値は $\dfrac{2\sqrt{3}}{9}$，最小値は $-\sqrt{2}$ ……(答)

〔注〕 $g\left(\dfrac{1}{\sqrt{3}}\right)$, $g\left(-\dfrac{1}{\sqrt{3}}\right)$ の計算について

$g\left(\dfrac{1}{\sqrt{3}}\right)$ は，$g(x)=x-x^3$ に $x=\dfrac{1}{\sqrt{3}}$ をそのまま代入するよりも，次のように

$g(x)=x(1-x^2)$ と変形して代入すると計算が簡明になる。

$g\left(\dfrac{1}{\sqrt{3}}\right)=\dfrac{1}{\sqrt{3}}\left(1-\dfrac{1}{3}\right)=\dfrac{1}{\sqrt{3}}\cdot\dfrac{2}{3}=\dfrac{2\sqrt{3}}{9}$

$g\left(-\dfrac{1}{\sqrt{3}}\right)$ は，$g(x)$ が奇関数 $(g(-x)=-g(x))$ であることを用いるとよい。

$g\left(-\dfrac{1}{\sqrt{3}}\right)=-g\left(\dfrac{1}{\sqrt{3}}\right)=-\dfrac{2\sqrt{3}}{9}$

# 30 2014 年度 〔2〕 Level B

次の問いに答えよ。

(1) $\cos x + \cos y \neq 0$ を満たすすべての実数 $x$, $y$ に対して等式

$$\tan\frac{x+y}{2} = \frac{\sin x + \sin y}{\cos x + \cos y}$$

が成り立つことを証明せよ。

(2) $\cos x + \cos y + \cos z \neq 0$ を満たすすべての実数 $x$, $y$, $z$ に対して等式

$$\tan\frac{x+y+z}{3} = \frac{\sin x + \sin y + \sin z}{\cos x + \cos y + \cos z}$$

は成り立つか。成り立つときは証明し，成り立たないときは反例を挙げよ。

---

**ポイント** (1) 加法定理や 2 倍角の公式を用いて証明することができそうだが，思いつきで計算を進めると混乱してしまう。左辺の $\frac{x+y}{2}$ と右辺の分子・分母の和を見て，加法定理から導かれる和積の公式に思い当たると楽になる。

$\frac{x+y}{2} = \alpha$ とおいて，右辺を $\alpha$ と $x$ で表すと和積公式を用いなくても解ける（〔**解法 2**〕）。さらに $\frac{x-y}{2} = \beta$ とおくと簡明である（〔**解法 3**〕）。

(2) もし反例が見つかれば，それだけで証明する必要がなくなるので，反例がないか調べてみることから始める。

---

## 解法 1

(1) $\dfrac{\sin x + \sin y}{\cos x + \cos y} = \dfrac{2\sin\dfrac{x+y}{2}\cos\dfrac{x-y}{2}}{2\cos\dfrac{x+y}{2}\cos\dfrac{x-y}{2}}$

$\qquad\qquad\qquad = \dfrac{\sin\dfrac{x+y}{2}}{\cos\dfrac{x+y}{2}} = \tan\dfrac{x+y}{2}$

$\therefore\quad \tan\dfrac{x+y}{2} = \dfrac{\sin x + \sin y}{\cos x + \cos y}$ （証明終）

(2) $x=y=0,\ z=\pi$ とすると

$$\cos x+\cos y+\cos z=1+1-1=1\neq 0$$

であり

$$\tan\frac{x+y+z}{3}=\tan\frac{\pi}{3}=\sqrt{3}$$

$$\frac{\sin x+\sin y+\sin z}{\cos x+\cos y+\cos z}=\frac{0+0+0}{1}=0$$

よって，$\cos x+\cos y+\cos z\neq 0$ を満たすすべての実数 $x,\ y,\ z$ に対して

$$\tan\frac{x+y+z}{3}=\frac{\sin x+\sin y+\sin z}{\cos x+\cos y+\cos z}$$

は成り立たない。反例は $\quad x=y=0,\ z=\pi$ ……(答)

## 解法 2

(1) $\dfrac{x+y}{2}=\alpha$ とおくと $\quad y=2\alpha-x$

$$\frac{\sin x+\sin y}{\cos x+\cos y}=\frac{\sin x+\sin(2\alpha-x)}{\cos x+\cos(2\alpha-x)}$$

$$=\frac{(1-\cos 2\alpha)\sin x+\sin 2\alpha\cos x}{(1+\cos 2\alpha)\cos x+\sin 2\alpha\sin x}\quad(\because\ \text{加法定理より})$$

$$=\frac{2\sin^2\alpha\sin x+2\sin\alpha\cos\alpha\cos x}{2\cos^2\alpha\cos x+2\sin\alpha\cos\alpha\sin x}\quad(\because\ \text{2倍角の公式より})$$

$$=\frac{2\sin\alpha(\sin\alpha\sin x+\cos\alpha\cos x)}{2\cos\alpha(\cos\alpha\cos x+\sin\alpha\sin x)}$$

$$=\frac{\sin\alpha}{\cos\alpha}=\tan\alpha=\tan\frac{x+y}{2}\quad\text{(証明終)}$$

## 解法 3

(1) $\dfrac{x+y}{2}=\alpha,\ \dfrac{x-y}{2}=\beta$ とおくと $\quad x=\alpha+\beta,\ y=\alpha-\beta$

$$\frac{\sin x+\sin y}{\cos x+\cos y}=\frac{\sin(\alpha+\beta)+\sin(\alpha-\beta)}{\cos(\alpha+\beta)+\cos(\alpha-\beta)}$$

$$=\frac{\sin\alpha\cos\beta+\cos\alpha\sin\beta+\sin\alpha\cos\beta-\cos\alpha\sin\beta}{\cos\alpha\cos\beta-\sin\alpha\sin\beta+\cos\alpha\cos\beta+\sin\alpha\sin\beta}$$

$$(\because\ \text{加法定理より})$$

$$=\frac{2\sin\alpha\cos\beta}{2\cos\alpha\cos\beta}=\frac{\sin\alpha}{\cos\alpha}$$

$$=\tan\alpha=\tan\frac{x+y}{2}\quad\text{(証明終)}$$

# 31 2010年度 〔2〕 Level C

連立方程式

$$\begin{cases} 2^x + 3^y = 43 \\ \log_2 x - \log_3 y = 1 \end{cases}$$

を考える。

(1) この連立方程式を満たす自然数 $x$, $y$ の組を求めよ。

(2) この連立方程式を満たす正の実数 $x$, $y$ は，(1)で求めた自然数の組以外に存在しないことを示せ。

---

**ポイント** (1) 連立方程式を解くのであるが，解を直接求めるのは困難である。自然数の解を求めるのであるから，$y$（または $x$）のとりうる値の範囲を考え，具体的に自然数 $x$, $y$ を絞り込んで，それらが連立方程式を満たすかどうかを調べる。

(2) $2^x$, $3^y$, $\log_2 x$, $\log_3 y$ が単調に増加することを用いる。(1)で求めた $y$（または $x$）の値以外のときを考えると，2式を同時に満たす $x$ $(y)$ が存在しないことを示す。

$\log_3 y = t$ とおいて，$x$ と $y$ を $t$ で表し，$2^x + 3^y$ が $t$ について単調に増加することを用いて示すこともできる。

---

## 解法 1

(1) $\begin{cases} 2^x + 3^y = 43 \quad \cdots\cdots① \\ \log_2 x - \log_3 y = 1 \quad \cdots\cdots② \end{cases}$

①より

$$3^y = 43 - 2^x \leq 43 - 2^1 \quad (\because\ x \geq 1)$$
$$= 41$$

これを満たす自然数 $y$ は $y = 1,\ 2,\ 3$

よって $3^y = 3,\ 3^2,\ 3^3$ すなわち $3^y = 3,\ 9,\ 27$

これと①より

$$(2^x,\ 3^y) = (40,\ 3),\ (34,\ 9),\ (16,\ 27)$$

ここで，$2^x = 40$, $34$ を満たす自然数 $x$ は存在しない。

$2^x = 16$ を満たす自然数 $x$ は $x = 4$

したがって $x = 4$, $y = 3$

このとき

$$\log_2 x - \log_3 y = \log_2 4 - \log_3 3 = 2 - 1 = 1$$

より，②を満たす。

$$\therefore \quad x = 4, \quad y = 3 \quad \cdots\cdots (答)$$

(2) (i) $y > 3$ のとき

①より　　$2^x = 43 - 3^y < 43 - 3^3 = 16 = 2^4$

すなわち，$2^x < 2^4$ より

$$x < 4 \quad \cdots\cdots ③$$

②より　　$\log_2 x = 1 + \log_3 y > 1 + \log_3 3 = 2$

すなわち，$\log_2 x > 2$ より

$$x > 2^2 = 4 \quad \cdots\cdots ④$$

③，④をともに満たす $x$ は存在しない。

(ii) $0 < y < 3$ のとき

①より　　$2^x = 43 - 3^y > 43 - 3^3 = 16 = 2^4$

すなわち，$2^x > 2^4$ より

$$x > 4 \quad \cdots\cdots ⑤$$

②より　　$\log_2 x = 1 + \log_3 y < 1 + \log_3 3 = 2$

すなわち，$\log_2 x < 2$ より

$$x < 2^2 = 4 \quad \cdots\cdots ⑥$$

⑤，⑥をともに満たす $x$ は存在しない。

(iii) $y = 3$ のとき

(1)より　　$x = 4$

(i)～(iii)より，連立方程式を満たす正の実数 $x$, $y$ は，(1)で求めた自然数の組以外に存在しない。

(証明終)

〔注〕 次のように，$x$ のとりうる値の範囲について考えてもよい。

(1) ①より

$$2^x = 43 - 3^y \leqq 43 - 3^1 \quad (\because \quad y \geqq 1)$$
$$= 40$$

これを満たす自然数 $x$ は　　$x = 1, 2, 3, 4, 5$

よって　　$2^x = 2, 4, 8, 16, 32$

これと①より　　$(2^x, 3^y) = (2, 41), (4, 39), (8, 35), (16, 27), (32, 11)$

$y$ は自然数であるから，$3^y = 27$ より　　$y = 3$

このとき　　$x = 4$

(2) (i) $x > 4$ のとき

①より　　$3^y = 43 - 2^x < 43 - 2^4 = 27 = 3^3$　　$\therefore \quad y < 3$

②より　　$\log_3 y = \log_2 x - 1 > \log_2 4 - 1 = 1$　　$\therefore \quad y > 3$

これらをともに満たす $y$ は存在しない。

(ii) $0 < x < 4$ のとき

(i)と同様に，①より $y > 3$，②より $y < 3$ となるから，このような $y$ は存在しない。

---

**解法 2**

(2) $\log_3 y = t$ とおくと　　$y = 3^t$

また，②から　　$\log_2 x = 1 + \log_3 y = 1 + t$

より　　$x = 2^{1+t}$

よって　　$2^x + 3^y = 2^{2^{1+t}} + 3^{3^t}$

$f(t) = 2^{2^{1+t}} + 3^{3^t}$ とおくと，$f(t)$ は単調に増加し

$$f(1) = 2^{2^2} + 3^{3} = 43$$

したがって，$f(t) = 2^x + 3^y = 43$ を満たすのは　　$t = 1$

すなわち，$x = 4$，$y = 3$ だけである。

ゆえに，連立方程式を満たす正の実数 $x$，$y$ は，(1)で求めた自然数の組以外に存在しない。　　　　　　　　　　　　　　　　　　　　　　　　　　　　　（証明終）

# 32 2006年度 〔2〕 Level B

自然数 $m$, $n$ と $0<a<1$ を満たす実数 $a$ を，等式

$$\log_2 6 = m + \frac{1}{n+a}$$

が成り立つようにとる。以下の問いに答えよ。

(1) 自然数 $m$, $n$ を求めよ。

(2) 不等式 $a>\dfrac{2}{3}$ が成り立つことを示せ。

---

**ポイント** (1) 与式の右辺がどういう意味の式であるかを考える。$m$, $n$, $a$ の条件から，$m$ は $\log_2 6$ の整数部分，$n$ は $n+a=\dfrac{1}{\log_2 6 - m}$ の整数部分であることがわかる。したがって，$\log_2 6$ を整数で評価し，その後 $\dfrac{1}{\log_2 6 - m}$ も整数で評価することを考える。$\dfrac{1}{n+a}=\log_2\dfrac{3}{2}\Longleftrightarrow n+a=\log_{\frac{3}{2}}2$ となることから，$\log_{\frac{3}{2}}2$ の値を評価してもよい。

(2) $a-\dfrac{2}{3}>0$ を示す方法と，$\log_2 6 - m\left(=\dfrac{1}{n+a}\right)<\dfrac{1}{n+\dfrac{2}{3}}$ を示す方法が考えられる。(1)で $m$, $n$ が求まっているから，後者の方法でも特に複雑にはならない。

---

## 解法 1

(1) $$\log_2 6 = m + \frac{1}{n+a} \quad \cdots\cdots ①$$

において，$m$ は自然数で

$$1 \leq n < n+a \quad (\because\ 0<a<1)$$

より

$$0 < \frac{1}{n+a} < 1$$

であるから，$m$ は $\log_2 6$ の整数部分である。
$\log_2 2^2 < \log_2 6 < \log_2 2^3$ より

$$2 < \log_2 6 < 3$$

ゆえに　$m = 2$ ……(答)

このとき，①より

$$\frac{1}{n+a} = \log_2 6 - 2 = \log_2 \frac{6}{2^2} = \log_2 \frac{3}{2}$$

ここで，$\left(\frac{3}{2}\right)^2 > 2$ より，$\frac{3}{2} > \sqrt{2}$ が成り立つから

$$\frac{1}{n+a} = \log_2 \frac{3}{2} > \log_2 \sqrt{2} = \frac{1}{2}$$

よって，$\frac{1}{2} < \frac{1}{n+a} < 1$ より

$$1 < n+a < 2$$

$n$ は自然数で，$0 < a < 1$ であるから　　$n = 1$　……(答)

(2)　(1)より

$$a = \frac{1}{\log_2 6 - m} - n = \frac{1}{\log_2 3 + \log_2 2 - 2} - 1 = \frac{1}{\log_2 3 - 1} - 1$$

よって

$$a - \frac{2}{3} = \frac{1}{\log_2 3 - 1} - \frac{5}{3} = \frac{3 - 5(\log_2 3 - 1)}{3(\log_2 3 - 1)} = \frac{8 - 5\log_2 3}{3(\log_2 3 - 1)}$$

$$= \frac{\log_2 2^8 - \log_2 3^5}{3(\log_2 3 - 1)} = \frac{\log_2 256 - \log_2 243}{3(\log_2 3 - 1)}$$

$$> 0 \quad (\because \quad \log_2 3 - 1 > \log_2 2 - 1 = 0)$$

$$\therefore \quad a > \frac{2}{3} \hspace{5cm} \text{(証明終)}$$

〔注〕　$a > \frac{2}{3} \Longleftrightarrow 0 < \frac{1}{1+a} < \frac{3}{5}$ であることから，$\frac{1}{1+a} < \frac{3}{5}$ を示すことを目標に，次のように解いてもよい。

(1)より　　　$\log_2 6 = 2 + \dfrac{1}{1+a}$

$$\frac{1}{1+a} = \log_2 6 - 2 = \log_2 \frac{3}{2}$$

ここで　　$\left(\dfrac{3}{2}\right)^5 = \dfrac{243}{32} < 8 = 2^3$

ゆえに　　$\dfrac{3}{2} < 2^{\frac{3}{5}}$

よって　　$\dfrac{1}{1+a} < \log_2 2^{\frac{3}{5}} = \dfrac{3}{5}$

$1 + a > 0$ であるから

$$5 < 3(1+a) \quad \therefore \quad a > \frac{2}{3}$$

## 解法 2

(1) （$m=2$ を求めるまでは〔解法1〕に同じ）

①より，$\dfrac{1}{n+a}=\log_2 6-2=\log_2\dfrac{3}{2}$ であるから

$$n+a=\dfrac{1}{\log_2\dfrac{3}{2}}=\log_{\frac{3}{2}}2$$

$\log_{\frac{3}{2}}\dfrac{3}{2}<\log_{\frac{3}{2}}2<\log_{\frac{3}{2}}\left(\dfrac{3}{2}\right)^2\left(=\log_{\frac{3}{2}}\dfrac{9}{4}\right)$ が成り立つから

$$1<\log_{\frac{3}{2}}2<2$$

$$\therefore\quad 1<n+a<2$$

$n$ は自然数で，$0<a<1$ であるから　　$n=1$　……（答）

(2) (1)より

$$a=\log_{\frac{3}{2}}2-1=\log_{\frac{3}{2}}\left(2\times\dfrac{2}{3}\right)=\log_{\frac{3}{2}}\dfrac{4}{3}$$

であるから

$$3a=\log_{\frac{3}{2}}\left(\dfrac{4}{3}\right)^3=\log_{\frac{3}{2}}\dfrac{64}{27}$$

ここで

$$\dfrac{64}{27}>\left(\dfrac{3}{2}\right)^2\quad\left(\because\quad\dfrac{64}{27}=\dfrac{256}{108},\ \left(\dfrac{3}{2}\right)^2=\dfrac{243}{108}\right)$$

であるから

$$3a=\log_{\frac{3}{2}}\dfrac{64}{27}>\log_{\frac{3}{2}}\left(\dfrac{3}{2}\right)^2=2$$

よって　　$a>\dfrac{2}{3}$　　　　　　　　　　　　　　　　　（証明終）

# 33 2005年度 〔1〕 Level A

次の問いに答えよ。

(1) 不等式 $10^{2x} \leqq 10^{6-x}$ をみたす実数 $x$ の範囲を求めよ。

(2) $10^{2x} \leqq y \leqq 10^{5x}$ と $y \leqq 10^{6-x}$ を同時にみたす整数の組 $(x, y)$ の個数を求めよ。

> **ポイント** (1) 累乗の大小関係について
> $0 < a < 1$ のとき $\quad a^p \leqq a^q \Longleftrightarrow p \geqq q$
> $1 < a$ のとき $\qquad a^p \leqq a^q \Longleftrightarrow p \leqq q$
> (2) $x$ のとりうる値の範囲を求め,その範囲に含まれる整数 $x$ に対して,それぞれ $y$ の値の個数を数える。

## 解 法

(1) $10 > 1$ であるから $10^{2x} \leqq 10^{6-x}$ より

$$2x \leqq 6 - x$$

$\therefore \quad x \leqq 2 \quad \cdots\cdots(答)$

(2) $\begin{cases} 10^{2x} \leqq y \leqq 10^{5x} & \cdots\cdots① \\ y \leqq 10^{6-x} & \cdots\cdots② \end{cases}$

①より,$2x \leqq 5x$ であるから

$$x \geqq 0 \quad \cdots\cdots③$$

①,②より $\quad 10^{2x} \leqq y \leqq 10^{6-x}$

すなわち $10^{2x} \leqq 10^{6-x}$ であるから,(1)より

$$x \leqq 2 \quad \cdots\cdots④$$

③,④より $\quad 0 \leqq x \leqq 2$

これを満たす整数 $x$ に対して,①,②を満たす整数 $y$ の個数を考える。

$x = 0$ のとき

$\quad 10^0 \leqq y \leqq 10^0$ かつ $y \leqq 10^6$

$\quad$ より $\quad y = 1$

$\quad$ よって $\quad$ 1個

$x = 1$ のとき

$\quad 10^2 \leqq y \leqq 10^5$ かつ $y \leqq 10^5$

より　　$10^2 \leqq y \leqq 10^5$

よって　　$10^5 - 10^2 + 1 = 99901$ 個

$x = 2$ のとき

$10^4 \leqq y \leqq 10^{10}$　かつ　$y \leqq 10^4$

より　　$y = 10^4$

よって　　1 個

したがって，求める整数の組 $(x, y)$ の個数は

　　　$1 + 99901 + 1 = 99903$ 個　……（答）

〔注〕　$10^{2x} \leqq y \leqq 10^{5x}$　かつ　$y \leqq 10^{6-x}$

　　を満たす領域を図示すると，下図の網目部分（境界線を含む）になる。

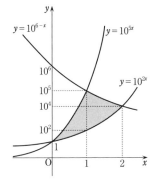

# §7 微分法と積分法

## 34 2022年度 〔3〕 Level B

以下の問いに答えよ。

(1) 実数 $\alpha$, $\beta$ に対し,

$$\int_\alpha^\beta (x-\alpha)(x-\beta)\,dx = \frac{(\alpha-\beta)^3}{6}$$

が成り立つことを示せ。

(2) $a$, $b$ を $b > a^2$ を満たす定数とし,座標平面上に点 $A(a, b)$ をとる。さらに,点 A を通り,傾きが $k$ の直線を $l$ とし,直線 $l$ と放物線 $y = x^2$ で囲まれた部分の面積を $S(k)$ とする。$k$ が実数全体を動くとき,$S(k)$ の最小値を求めよ。

---

**ポイント** (1) よく知られた公式であるが,証明の仕方についてはしっかりおさえておこう。普通に $(x-\alpha)(x-\beta)$ を展開して計算してもよいが,$x-\beta = (x-\alpha)-(\beta-\alpha)$ と考えて

$$\int (x-p)^n\,dx = \frac{1}{n+1}(x-p)^{n+1} + C \quad (C \text{ は積分定数,} n \text{ は自然数})$$

を用いて示すのが常法である。

(2) 直線と放物線で囲まれた部分の面積の最小値を求める典型問題である。放物線 $y = x^2$ と直線 $y = k(x-a)+b$ が2つの共有点をもつことを確認した上で,共有点の $x$ 座標を $\alpha$, $\beta$ とおいて,$S(k)$ を(1)の公式を用いてまず $\alpha$, $\beta$ で表し,次に $k$, $a$, $b$ の式に変形する。このとき $S(k)$ は,$\alpha$, $\beta$ を解とする2次方程式の判別式を用いて表すことができることは,おさえておきたい。

---

### 解 法 1

(1)
$$\int_\alpha^\beta (x-\alpha)(x-\beta)\,dx = \int_\alpha^\beta (x-\alpha)\{(x-\alpha)-(\beta-\alpha)\}\,dx$$

$$= \int_\alpha^\beta \{(x-\alpha)^2 - (\beta-\alpha)(x-\alpha)\}\,dx$$

$$= \left[\frac{1}{3}(x-\alpha)^3 - \frac{1}{2}(\beta-\alpha)(x-\alpha)^2\right]_\alpha^\beta$$

$$= \frac{1}{3}(\beta-\alpha)^3 - \frac{1}{2}(\beta-\alpha)^3$$

$$= -\frac{(\beta - \alpha)^3}{6}$$

$$= \frac{(\alpha - \beta)^3}{6}$$
（証明終）

(2)　点 $(a,\ b)$ を通り，傾きが $k$ の直線 $l$ の方程式は

$y = k(x-a) + b$

放物線 $y = x^2$ と直線 $l$ の方程式を連立して

$x^2 = k(x-a) + b \iff x^2 - kx + ka - b = 0$　……①

2 次方程式①の判別式を $D$ とすると

$D = k^2 - 4(ka - b)$　……②

ここで，$b > a^2$ であるから

$D = k^2 - 4ka + 4b > k^2 - 4ka + 4a^2$

$= (k - 2a)^2 \geqq 0$

よって，$D > 0$ が成り立つから，①は $k$ の値によらず異なる2つの実数解をもつ。
この2つの実数解を $\alpha,\ \beta\ (\alpha < \beta)$ とおくと

$$\alpha = \frac{k - \sqrt{D}}{2},\quad \beta = \frac{k + \sqrt{D}}{2}\quad ……③$$

さらに，①の左辺は

$x^2 - kx + ka - b = (x - \alpha)(x - \beta)$　……④

と表すことができる。このとき，$l$ と $y = x^2$ は異なる2点で交わり，$l$ と $y = x^2$ で囲まれた部分は右図の網目部分のようになるから

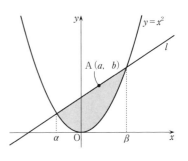

$$S(k) = \int_\alpha^\beta \{k(x-a) + b - x^2\}\,dx$$

$$= -\int_\alpha^\beta (x^2 - kx + ka - b)\,dx$$

$$= -\int_\alpha^\beta (x - \alpha)(x - \beta)\,dx\quad (④より)$$

$$= -\frac{(\alpha - \beta)^3}{6}\quad ((1)の結果より)$$

$$= \frac{(\beta - \alpha)^3}{6} = \frac{(\sqrt{D})^3}{6}\quad (③より)$$

$$= \frac{1}{6}D^{\frac{3}{2}} = \frac{1}{6}(k^2 - 4ak + 4b)^{\frac{3}{2}}\quad (②より)$$

$$= \frac{1}{6}\{(k - 2a)^2 + 4b - 4a^2\}^{\frac{3}{2}}$$

よって，$S(k)$ は $k = 2a$ のとき最小となり，最小値は

$$S(2a) = \frac{1}{6}\{4(b-a^2)\}^{\frac{3}{2}} = \frac{4}{3}(b-a^2)^{\frac{3}{2}} \quad \cdots\cdots (答)$$

〔注〕 $\beta - \alpha$ は判別式 $D$ を用いて $\beta - \alpha = \sqrt{D}$ として求めたが，解と係数の関係を用いて次のように計算してもよい。

①より，解と係数の関係から

$$\alpha + \beta = k, \quad \alpha\beta = ka - b$$

よって

$$(\beta - \alpha)^2 = (\alpha + \beta)^2 - 4\alpha\beta$$
$$= k^2 - 4(ka - b)$$

$\alpha < \beta \ (\beta - \alpha > 0)$ より $\beta - \alpha = \sqrt{k^2 - 4ka + 4b}$

## 解法 2

(1) $(x - \alpha)(x - \beta)$ を普通に展開して積分を計算する。

$$\int_\alpha^\beta (x-\alpha)(x-\beta)\,dx = \int_\alpha^\beta \{x^2 - (\alpha+\beta)x + \alpha\beta\}\,dx$$

$$= \left[\frac{1}{3}x^3 - \frac{1}{2}(\alpha+\beta)x^2 + \alpha\beta x\right]_\alpha^\beta$$

$$= \frac{1}{3}(\beta^3 - \alpha^3) - \frac{1}{2}(\alpha+\beta)(\beta^2 - \alpha^2) + \alpha\beta(\beta - \alpha)$$

$$= \frac{1}{6}(\beta-\alpha)\{2(\alpha^2 + \alpha\beta + \beta^2) - 3(\alpha+\beta)^2 + 6\alpha\beta\}$$

$$= \frac{1}{6}(\beta-\alpha)(-\alpha^2 + 2\alpha\beta - \beta^2)$$

$$= -\frac{(\beta-\alpha)^3}{6} = \frac{(\alpha-\beta)^3}{6} \quad \text{(証明終)}$$

# 35

$a$ を実数とする。$C$ を放物線 $y = x^2$ とする。

⑴　点 A $(a, -1)$ を通るような $C$ の接線は，ちょうど 2 本存在することを示せ。

⑵　点 A $(a, -1)$ から $C$ に 2 本の接線を引き，その接点を P，Q とする。直線 PQ の方程式は $y = 2ax + 1$ であることを示せ。

⑶　点 A $(a, -1)$ と直線 $y = 2ax + 1$ の距離を $L$ とする。$a$ が実数全体を動くとき，$L$ の最小値とそのときの $a$ の値を求めよ。

---

**ポイント**　⑴　放物線 $C$ 上の点を $(p, p^2)$ などとおいて，この点における接線の方程式を求め，これが点 A $(a, -1)$ を通るとして $p$ についての 2 次方程式を導く。この方程式が異なる 2 つの実数解をもつことを示す。
　⑵　⑴で得た 2 次方程式の 2 つの実数解を $\alpha, \beta$ とおいて，解と係数の関係を用いる。直線 PQ の方程式を $\alpha, \beta$ で表す。
　⑶　点と直線の距離の公式を用いて $L$ を $a$ で表す。適当に置き換えることにより，相加・相乗平均の関係を用いることができるように変形する。

---

## 解　法　1

⑴　$C : y = x^2$ より $y' = 2x$ であるから，$C$ 上の点 $(p, p^2)$ における接線の方程式は
$$y = 2p(x - p) + p^2 \quad \therefore \quad y = 2px - p^2 \quad \cdots\cdots(*)$$
これが点 A $(a, -1)$ を通るから
$$-1 = 2pa - p^2 \quad \therefore \quad p^2 - 2ap - 1 = 0 \quad \cdots\cdots①$$
この $p$ についての 2 次方程式①の判別式を $D$ とすると
$$\frac{D}{4} = a^2 + 1 > 0$$
であるから，①は異なる 2 つの実数解をもつ。点 A を通る $C$ の接線の本数はこの実数解の個数と一致するので，点 A を通るような $C$ の接線は，ちょうど 2 本存在する。

（証明終）

〔注〕　点 A を通る接線の本数は，この実数解の個数（＝接点の個数）と同じであることを確認しておくのが望ましい。本問では放物線（2 次関数のグラフ）の接線であるから明らかであるが，4 次関数のグラフなどでは，1 本の接線が複数の点において接することがあり（右図参照），接線の本数と接点

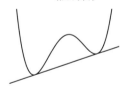

| の個数が一致しないことがあるので注意しよう。

(2) ①の 2 つの実数解を $\alpha$, $\beta$ $(\alpha \neq \beta)$ とおいて，
P $(\alpha, \alpha^2)$，Q $(\beta, \beta^2)$ と表すことにすると，直線 PQ の
方程式は

$$y = \frac{\beta^2 - \alpha^2}{\beta - \alpha}(x - \alpha) + \alpha^2$$

より $\quad y = (\beta + \alpha)(x - \alpha) + \alpha^2$

$\quad \therefore \quad y = (\alpha + \beta)x - \alpha\beta$

ここで，①において解と係数の関係より

$\quad \alpha + \beta = 2a, \quad \alpha\beta = -1$

であるから，直線 PQ の方程式は，$y = 2ax + 1$ である。 (証明終)

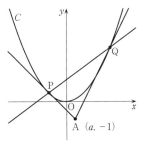

(3) $y = 2ax + 1 \Longleftrightarrow 2ax - y + 1 = 0$ であるので，点 A $(a, -1)$ と直線 $y = 2ax + 1$ の距離 $L$ は

$$L = \frac{|2a^2 - (-1) + 1|}{\sqrt{(2a)^2 + (-1)^2}} = \frac{2a^2 + 2}{\sqrt{4a^2 + 1}}$$

$\sqrt{4a^2 + 1} = t$ とおくと，$t \geqq 1$ であり

$$4a^2 + 1 = t^2 \quad \therefore \quad a^2 = \frac{t^2 - 1}{4}$$

よって $\quad L = \dfrac{2 \cdot \dfrac{t^2 - 1}{4} + 2}{t} = \dfrac{t^2 + 3}{2t} = \dfrac{1}{2}\left(t + \dfrac{3}{t}\right)$

ここで，$t > 0$，$\dfrac{3}{t} > 0$ より，相加・相乗平均の関係を用いると

$$L = \frac{1}{2}\left(t + \frac{3}{t}\right) \geqq \sqrt{t \cdot \frac{3}{t}} = \sqrt{3}$$

等号は，$t = \dfrac{3}{t}$ $(t \geqq 1)$ より $t = \sqrt{3}$ のときに成立し，このとき

$$a^2 = \frac{3 - 1}{4} = \frac{1}{2} \quad \therefore \quad a = \pm\frac{1}{\sqrt{2}}$$

したがって，$L$ の最小値は $\sqrt{3}$，そのときの $a$ の値は $\pm\dfrac{1}{\sqrt{2}}$ である。 ……(答)

### 解法 2

(2) 接点 P を $(x_1, y_1)$ （ただし，$y_1 = x_1{}^2$）とおくと，〔解法 1〕(1)の（＊）より，接線の方程式は

$$y = 2x_1 x - x_1{}^2 \quad \text{すなわち} \quad y = 2x_1 x - y_1$$

と表される。これが点 A $(a, -1)$ を通るから

$$-1 = 2x_1 a - y_1 \quad \therefore \quad y_1 = 2ax_1 + 1 \quad \cdots\cdots ⑦$$

同様に，接点 Q を $(x_2, y_2)$（ただし，$y_2 = x_2{}^2$, $x_1 \neq x_2$）とおくと

$$y_2 = 2ax_2 + 1 \quad \cdots\cdots ⑦$$

⑦，⑦より，直線 $y = 2ax + 1$ は 2 点 P $(x_1, y_1)$，Q $(x_2, y_2)$ を通る。2 点 P，Q を通る直線はただ 1 つであるから，求める直線の方程式は $y = 2ax + 1$ である。

（証明終）

(3)　$L = \dfrac{2a^2 + 2}{\sqrt{4a^2 + 1}}$ において，$2a^2 + 2 = s$ とおくと，$s \geqq 2$ を満たし

$$4a^2 + 1 = 2(s - 2) + 1 = 2s - 3$$

であるから，$L \neq 0$ より

$$\frac{1}{L} = \frac{\sqrt{2s - 3}}{s} = \sqrt{\frac{2}{s} - \frac{3}{s^2}} = \sqrt{-3\left(\frac{1}{s} - \frac{1}{3}\right)^2 + \frac{1}{3}}$$

$s \geqq 2 \iff 0 < \dfrac{1}{s} \leqq \dfrac{1}{2}$ より，$\dfrac{1}{L}$ は $\dfrac{1}{s} = \dfrac{1}{3}$ すなわち $s = 3$ のとき，最大値 $\dfrac{1}{\sqrt{3}}$ をとる。

$2a^2 + 2 = 3 \iff a^2 = \dfrac{1}{2}$ より，$L$ は $a = \pm\dfrac{1}{\sqrt{2}}$ のとき最小値 $\sqrt{3}$ をとる。 ……(答)

---

**参考**　極・極線

　本問のように，放物線 $C$ 外の点 A から $C$ に 2 本の接線が引けるとき，その接点 P，Q を結ぶ直線 PQ のことを，点 A を「極」とする放物線 $C$ の「極線」という。

　本問の放物線 $C$ を円 $C : x^2 + y^2 = r^2$ に置き換えた円 $C$ の極・極線について，次のような命題が成り立つ（この内容は，「数学Ⅱ」の参考書等でしばしば取り上げられている）。

　　　「極 A $(a, b)$ とするとき，円 $C : x^2 + y^2 = r^2$ の極線の方程式は $ax + by = r^2$ である」

　証明：点 P $(x_1, y_1)$ とおくと，点 P における接線は，公式より

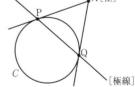

$$x_1 x + y_1 y = r^2$$

これが点 A $(a, b)$ を通るから

$$x_1 a + y_1 b = r^2$$

同様に，点 Q $(x_2, y_2)$ とおくと

$$x_2 a + y_2 b = r^2$$

これらは直線 $ax + by = r^2$ が点 P $(x_1, y_1)$，Q $(x_2, y_2)$ を通ることを示しているから，直線 PQ の方程式は $ax + by = r^2$ である。

　この円の極・極線と同様に，2 次曲線（楕円，双曲線，放物線）についても極・極線が定義される。本問は放物線の極・極線を題材に出題されている。

# 36

$a$ を $0 \leq a < 2\pi$ を満たす実数とする。関数
$$f(x) = 2x^3 - (6 + 3\sin a) x^2 + (12\sin a) x + \sin^3 a + 6\sin a + 5$$
について，以下の問いに答えよ。

(1) $f(x)$ はただ 1 つの極大値をもつことを示し，その極大値 $M(a)$ を求めよ。

(2) $0 \leq a < 2\pi$ における $M(a)$ の最大値とそのときの $a$ の値，最小値とそのときの $a$ の値をそれぞれ求めよ。

---

**ポイント** (1) $f'(x)$ を求め，$f(x)$ の増減を調べる。

(2) (1)で求めた極大値 $M(a)$ は $\sin a$ に関する 2 次関数となるから，$\sin a$ のとりうる値の範囲をおさえて，$M(a)$ の最大値と最小値を求めることができる。

---

## 解 法

(1) $\sin a = t$ とおくと，$0 \leq a < 2\pi$ より  $-1 \leq t \leq 1$
このとき
$$f(x) = 2x^3 - (6 + 3t) x^2 + 12tx + t^3 + 6t + 5$$
$$f'(x) = 6x^2 - 2(6 + 3t) x + 12t$$
$$= 6\{x^2 - (t + 2) x + 2t\}$$
$$= 6(x - t)(x - 2)$$

$f'(x) = 0$ とすると $x = t$, 2 であり，$t < 2$ であるから $f(x)$ の増減は右の表のようになる。
よって，$f(x)$ は $x = t$ ($= \sin a$) のとき，ただ 1 つの極大値をもつ。    (証明終)

| $x$ | $\cdots$ | $t$ | $\cdots$ | $2$ | $\cdots$ |
|---|---|---|---|---|---|
| $f'(x)$ | $+$ | $0$ | $-$ | $0$ | $+$ |
| $f(x)$ | ↗ | 極大 | ↘ | 極小 | ↗ |

極大値は
$$f(t) = 2t^3 - (6 + 3t) \cdot t^2 + 12t \cdot t + t^3 + 6t + 5$$
$$= 6t^2 + 6t + 5 \quad (-1 \leq t \leq 1)$$
すなわち
$$M(a) = 6\sin^2 a + 6\sin a + 5 \quad \cdots\cdots(\text{答})$$

(2)　$f(t) = 6\left(t + \dfrac{1}{2}\right)^2 + \dfrac{7}{2}$　$(-1 \leqq t \leqq 1)$

$y = f(t)$ のグラフは右図のようになるから，$f(t)$

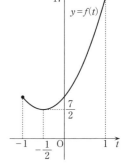

$(= M(a))$ は $t = 1$ のとき最大値 17，$t = -\dfrac{1}{2}$ のとき最小値

$\dfrac{7}{2}$ をとる。

$0 \leqq a < 2\pi$ より

$t = \sin a = 1$ のとき　　$a = \dfrac{\pi}{2}$

$t = \sin a = -\dfrac{1}{2}$ のとき　　$a = \dfrac{7}{6}\pi,\ \dfrac{11}{6}\pi$

であるから，$M(a)$ は

　　$a = \dfrac{\pi}{2}$ のとき最大値 17，$a = \dfrac{7}{6}\pi,\ \dfrac{11}{6}\pi$ のとき最小値 $\dfrac{7}{2}$　……(答)

をとる。

# 37 2017年度〔1〕（理系数学と類似） Level A

$b$, $c$ を実数，$q$ を正の実数とする。放物線 $P : y = -x^2 + bx + c$ の頂点の $y$ 座標が $q$ のとき，放物線 $P$ と $x$ 軸で囲まれた部分の面積 $S$ を $q$ を用いてあらわせ。

---

**ポイント** 放物線と $x$ 軸で囲まれた部分の面積を求めるのであるから，放物線と $x$ 軸の共有点の $x$ 座標を $\alpha$, $\beta$ とするとき，公式

$$\int_\alpha^\beta (x-\alpha)(x-\beta)\,dx = -\frac{(\beta-\alpha)^3}{6}$$

を利用する方針で考えてみよう。$\beta - \alpha$ を頂点の $y$ 座標 $q$ を用いて表すことができれば解決する。また，放物線を $x$ 軸方向に平行移動しても求める面積は変わらないことに着目して，考えやすい放物線に変換して求めてもよい。

---

## 解法 1

放物線 $P$ は

$$y = -\left(x - \frac{b}{2}\right)^2 + \frac{b^2}{4} + c$$

と変形できるから，頂点の $y$ 座標 $q$ は

$$q = \frac{b^2}{4} + c \quad \cdots\cdots①$$

よって，$P$ と $x$ 軸との共有点の $x$ 座標は，$y = 0$ として

$$-\left(x - \frac{b}{2}\right)^2 + q = 0 \qquad \left(x - \frac{b}{2}\right)^2 = q$$

$q > 0$ より

$$x - \frac{b}{2} = \pm\sqrt{q} \qquad \therefore \quad x = \frac{b}{2} \pm \sqrt{q}$$

$q > 0$ より，$P$ と $x$ 軸との共有点は 2 個存在するから，共有点の $x$ 座標を $\alpha$, $\beta$（$\alpha < \beta$）とすると

$$\alpha = \frac{b}{2} - \sqrt{q}, \quad \beta = \frac{b}{2} + \sqrt{q}$$

また，$\alpha$, $\beta$ は，$-x^2 + bx + c = -\left(x - \frac{b}{2}\right)^2 + q = 0$ の 2 つの解だから

$$-x^2 + bx + c = -(x-\alpha)(x-\beta)$$

したがって，$S$ は図の網目部分の面積であるから

$$S = \int_\alpha^\beta (-x^2 + bx + c)\, dx = \int_\alpha^\beta \{-(x-\alpha)(x-\beta)\}\, dx$$

$$= -\left\{ -\frac{(\beta-\alpha)^3}{6} \right\} = \frac{(\beta-\alpha)^3}{6}$$

ここで, $\beta - \alpha = \left(\dfrac{b}{2} + \sqrt{q}\right) - \left(\dfrac{b}{2} - \sqrt{q}\right) = 2\sqrt{q}$ であるから

$$S = \frac{(2\sqrt{q})^3}{6} = \frac{4}{3} q\sqrt{q} \quad \cdots\cdots(答)$$

〔注1〕 $\alpha,\ \beta$ は, $-x^2 + bx + c = 0 \Longleftrightarrow x^2 - bx - c = 0$ から, 解の公式を用いて

$$x = \frac{b \pm \sqrt{b^2 + 4c}}{2} = \frac{b \pm \sqrt{4q}}{2} \quad (\because \quad ①)$$

$$= \frac{b}{2} \pm \sqrt{q}$$

として求めてもよい。

〔注2〕 解と係数の関係から, $\alpha + \beta = b$, $\alpha\beta = -c$ が成り立つから

$$(\beta - \alpha)^2 = (\alpha + \beta)^2 - 4\alpha\beta = b^2 - 4(-c) = b^2 + 4c$$

$$= 4q$$

$\beta - \alpha > 0$ より, $\beta - \alpha = 2\sqrt{q}$ として求めてもよい。

## 解 法 2

面積 $S$ は, 放物線 $P$ を $x$ 軸方向に平行移動しても変わらないので, $P$ を頂点が $(0,\ q)$ となるように平行移動した放物線 $y = -x^2 + q$ と $x$ 軸で囲まれた部分の面積を求めればよい。

$y = -x^2 + q$ と $x$ 軸との共有点の $x$ 座標は, $y = 0$ として

$x^2 = q$ より $\quad x = \pm\sqrt{q} \quad (\because \quad q > 0)$

$q > 0$ より, 共有点は 2 個存在し, $(-\sqrt{q},\ 0)$, $(\sqrt{q},\ 0)$ である。

$$S = \int_{-\sqrt{q}}^{\sqrt{q}} (-x^2 + q)\, dx = 2\int_0^{\sqrt{q}} (-x^2 + q)\, dx$$

$$= 2\left[ -\frac{1}{3}x^3 + qx \right]_0^{\sqrt{q}} = 2\left( -\frac{1}{3}q\sqrt{q} + q\sqrt{q} \right)$$

$$= \frac{4}{3} q\sqrt{q} \quad \cdots\cdots(答)$$

# 38 2015年度〔2〕 Level B

直線 $l : y = kx + m$ $(k > 0)$ が円 $C_1 : x^2 + (y-1)^2 = 1$ と放物線 $C_2 : y = -\dfrac{1}{2}x^2$ の両方に接している。このとき，以下の問いに答えよ。

(1) $k$ と $m$ を求めよ。

(2) 直線 $l$ と放物線 $C_2$ および $y$ 軸とで囲まれた図形の面積を求めよ。

> **ポイント** (1) 直線 $l$ と円 $C_1$ が接する条件を表すのに，点と直線の距離の公式を用いる方法と，判別式を用いる方法が考えられる。また，$l$ と放物線 $C_2$ が接する条件を表すのに，判別式を用いる方法と，微分法を用いる方法がある。
> (2) 図を描いて，面積を求めるべき図形を確認し，積分法によって計算する。

## 解 法 1

(1) $l : y = kx + m$ $(k > 0)$ ……①
$C_1 : x^2 + (y-1)^2 = 1$

①より
$$kx - y + m = 0$$
$l$ と $C_1$ が接するから，$C_1$ の中心 $(0, 1)$ と $l$ の距離が $C_1$ の半径 1 に等しい。よって
$$\frac{|0 - 1 + m|}{\sqrt{k^2 + (-1)^2}} = 1$$
$$|m - 1| = \sqrt{k^2 + 1}$$
両辺ともに正または 0 であるから，2 乗すると
$$(m-1)^2 = k^2 + 1 \quad \cdots\cdots②$$
①と $C_2 : y = -\dfrac{1}{2}x^2$ より $y$ を消去して
$$kx + m = -\frac{1}{2}x^2 \quad \text{すなわち} \quad x^2 + 2kx + 2m = 0 \quad \cdots\cdots③$$
③の判別式を $D$ とすると，$l$ と $C_2$ が接するから
$$\frac{D}{4} = k^2 - 2m = 0$$
$$\therefore \quad m = \frac{k^2}{2} \quad \cdots\cdots④$$

④を②に代入して

$$\left(\frac{k^2}{2}-1\right)^2=k^2+1 \qquad k^4-8k^2=0$$

よって

$$k^2(k^2-8)=0$$

$k>0$ であるから，$k^2=8$ より $\qquad k=2\sqrt{2}$

このとき，④より $\qquad m=4$

したがって $\qquad k=2\sqrt{2}, \quad m=4$ ……（答）

(2) (1)より

$$l : y=2\sqrt{2}\,x+4$$

$l$ と $C_2$ の接点の $x$ 座標は，③の重解であるから

$$x=-k=-2\sqrt{2}$$

よって，求める面積は，右図の網目部分の面積であるから

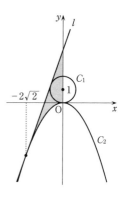

$$\int_{-2\sqrt{2}}^{0}\left\{2\sqrt{2}\,x+4-\left(-\frac{1}{2}x^2\right)\right\}dx$$

$$=\frac{1}{2}\int_{-2\sqrt{2}}^{0}(x^2+4\sqrt{2}\,x+8)\,dx$$

$$=\frac{1}{2}\left[\frac{x^3}{3}+2\sqrt{2}\,x^2+8x\right]_{-2\sqrt{2}}^{0}$$

$$=-\frac{1}{2}\left(-\frac{16\sqrt{2}}{3}+16\sqrt{2}-16\sqrt{2}\right)$$

$$=\frac{8\sqrt{2}}{3} \quad ……（答）$$

〔注〕 積分計算は次のようにしてもよい。

$$\frac{1}{2}\int_{-2\sqrt{2}}^{0}(x^2+4\sqrt{2}\,x+8)\,dx=\frac{1}{2}\int_{-2\sqrt{2}}^{0}(x+2\sqrt{2})^2dx$$

$$=\frac{1}{2}\left[\frac{1}{3}(x+2\sqrt{2})^3\right]_{-2\sqrt{2}}^{0}$$

$$=\frac{1}{2}\cdot\frac{1}{3}(2\sqrt{2})^3=\frac{8\sqrt{2}}{3}$$

$$\int (x+a)^2dx=\frac{1}{3}(x+a)^3+C \quad （C は積分定数）$$

を用いる。一般的には

$$\int (px+q)^2dx=\frac{1}{3p}(px+q)^3+C \quad （p\neq 0, \ C は積分定数）$$

なので注意する。

## 解法 2

(1) (微分法，点と直線の距離の公式を用いる解法)

放物線 $C_2 : y = -\dfrac{1}{2}x^2$ 上の点 $\left(t,\ -\dfrac{1}{2}t^2\right)$ における接線は，$y' = -x$ より

$$y = -t(x-t) - \frac{1}{2}t^2$$

$$= -tx + \frac{1}{2}t^2 \quad \cdots\cdots \circledast$$

これが直線 $l : y = kx + m$ に一致すると考えて

$$k = -t,\ m = \frac{1}{2}t^2$$

このとき，$k > 0$ より $t < 0$ である。

$\circledast$ が円 $C_1$（中心 $(0,\ 1)$，半径 $1$）に接するとき，中心 $(0,\ 1)$ と $\circledast$ の距離が半径 $1$ に等しいから，$\circledast$ を $2tx + 2y - t^2 = 0$ と変形して

$$\frac{|2 - t^2|}{\sqrt{4t^2 + 4}} = 1 \qquad |2 - t^2| = \sqrt{4t^2 + 4}$$

両辺ともに正または $0$ であるから，$2$ 乗すると

$$(2 - t^2)^2 = 4t^2 + 4 \qquad t^2(t^2 - 8) = 0$$

$t < 0$ であるから，$t^2 = 8$ より $\qquad t = -2\sqrt{2}$

よって $\qquad k = 2\sqrt{2},\ m = \dfrac{1}{2} \cdot (-2\sqrt{2})^2 = 4 \quad \cdots\cdots$(答)

## 解法 3

(1) (判別式，微分法を用いる解法)

$y = kx + m,\ x^2 + (y-1)^2 = 1$ より，$y$ を消去して

$$x^2 + (kx + m - 1)^2 = 1$$

$$(k^2 + 1)x^2 + 2k(m-1)x + m^2 - 2m = 0$$

判別式を $D_1$ とすると，$l$ と $C_1$ が接するから

$$\frac{D_1}{4} = k^2(m-1)^2 - (k^2+1)(m^2-2m) = 0$$

$$\therefore\ k^2 = m(m-2) \quad \cdots\cdots ⑦$$

$y = -\dfrac{1}{2}x^2$ より，$y' = -x$ であるから，$C_2$ と $l$ の接点を $\left(t,\ -\dfrac{1}{2}t^2\right)$ とすると，$l$ の方程式は

$$y + \frac{1}{2}t^2 = -t(x-t) \quad \text{すなわち} \quad y = -tx + \frac{1}{2}t^2$$

これが，$y = kx + m$ と一致するから

$$-t = k \quad \text{かつ} \quad \frac{1}{2}t^2 = m$$

$$\therefore \quad m = \frac{1}{2}k^2 \quad \cdots\cdots \text{①}$$

⑦，①と $k > 0$，$m > 0$ より　　$k = 2\sqrt{2}$，$m = 4$ ……(答)

# 39 2014 年度 〔3〕 Level B

関数 $f(x) = px^3 + qx^2 + rx + s$ は，$x=0$ のとき極大値 $M$ をとり，$x=\alpha$ のとき極小値 $m$ をとるという。ただし $\alpha \neq 0$ とする。このとき，$p$，$q$，$r$，$s$ を $\alpha$，$M$，$m$ で表せ。

> **ポイント** $f(x)$ が $x=0$ で極大値 $M$ をとるならば，$f(0)=M$，$f'(0)=0$ であり，$x=\alpha$ で極小値 $m$ をとるならば，$f(\alpha)=m$，$f'(\alpha)=0$ である。この 4 式から，$p$，$q$，$r$，$s$ を $\alpha$，$M$，$m$ で表す。逆に，このとき，$f(x)$ が $x=0$ で極大値をとり，$x=\alpha$ で極小値をとることを確認する。
>
> また，$f'(x)=0$ の 2 つの解が $x=0$，$\alpha$ であることから，$f'(x)=3px(x-\alpha)$ と表されること，$\int_0^\alpha f'(x)\,dx = f(\alpha) - f(0)$ が成り立つことを利用して解くこともできる。

## 解法 1

$f(x) = px^3 + qx^2 + rx + s$ より
$$f'(x) = 3px^2 + 2qx + r$$
$f(x)$ が $x=0$ で極大値 $M$ をとるから
$$f(0) = M \quad かつ \quad f'(0) = 0$$
$f(0)=s$，$f'(0)=r$ であるから　　$s=M$，$r=0$
このとき
$$f(x) = px^3 + qx^2 + M, \quad f'(x) = 3px^2 + 2qx$$
また，$f(x)$ は $x=\alpha$ で極小値 $m$ をとるから
$$f(\alpha) = m \quad かつ \quad f'(\alpha) = 0$$
よって
$$\begin{cases} p\alpha^3 + q\alpha^2 + M = m & \cdots\cdots① \\ 3p\alpha^2 + 2q\alpha = 0 & \cdots\cdots② \end{cases}$$
②より　　$\alpha(3p\alpha + 2q) = 0$
$\alpha \neq 0$ より　　$3p\alpha + 2q = 0$
すなわち　　$q = -\dfrac{3}{2}p\alpha$　$\cdots\cdots③$
③を①に代入して
$$p\alpha^3 - \frac{3}{2}p\alpha^3 + M = m \qquad \frac{1}{2}p\alpha^3 = M - m$$
$\alpha \neq 0$ より　　$p = \dfrac{2(M-m)}{\alpha^3}$

これと③より　　$q = -\dfrac{3(M-m)}{\alpha^2}$

このとき

$$f(x) = \dfrac{2(M-m)}{\alpha^3}x^3 - \dfrac{3(M-m)}{\alpha^2}x^2 + M$$

$$f'(x) = \dfrac{6(M-m)}{\alpha^3}x^2 - \dfrac{6(M-m)}{\alpha^2}x = \dfrac{6(M-m)}{\alpha^3}x(x-\alpha)$$

ここで，$M-m>0$ である。

したがって，$f(x)$ の増減は下のようになり，$f(x)$ は，$x=0$ のとき極大値 $M$ をとり，$x=\alpha$ のとき極小値 $m$ をとる。

（$\alpha>0$ のとき）

| $x$ | $\cdots$ | 0 | $\cdots$ | $\alpha$ | $\cdots$ |
|---|---|---|---|---|---|
| $f'(x)$ | + | 0 | − | 0 | + |
| $f(x)$ | ↗ | 極大 $M$ | ↘ | 極小 $m$ | ↗ |

（$\alpha<0$ のとき）

| $x$ | $\cdots$ | $\alpha$ | $\cdots$ | 0 | $\cdots$ |
|---|---|---|---|---|---|
| $f'(x)$ | − | 0 | + | 0 | − |
| $f(x)$ | ↘ | 極小 $m$ | ↗ | 極大 $M$ | ↘ |

ゆえに　　$p = \dfrac{2(M-m)}{\alpha^3}$，$q = -\dfrac{3(M-m)}{\alpha^2}$，$r=0$，$s=M$　……（答）

〔注1〕　$0$，$\alpha$（$\alpha\neq0$）は，$f'(x)=0$ すなわち $3px^2+2qx+r=0$ の異なる2つの実数解になるから，$p\neq0$ で，解と係数の関係より

$$0+\alpha = -\dfrac{2q}{3p}, \quad 0\cdot\alpha = \dfrac{r}{3p}$$

$$\therefore \quad \alpha = -\dfrac{2q}{3p}, \quad r=0$$

これと，$f(0)=M$，$f(\alpha)=m$ から求めてもよい。

〔注2〕　「$f(0)=M$ かつ $f'(0)=0$ かつ $f(\alpha)=m$ かつ $f'(\alpha)=0$ である」ことは，「$f(x)$ が $x=0$ のとき極大値をとり，$x=\alpha$ のとき極小値をとる」ための必要条件であるが十分条件ではない。したがって，$p$, $q$, $r$, $s$ を $\alpha$, $M$, $m$ で表した後，題意を満たすことの確認をすべきである。

## 解法 2

$f(x) = px^3 + qx^2 + rx + s$ より

$$f'(x) = 3px^2 + 2qx + r　……㋐$$

$f(x)$ は $x=0$，$\alpha$（$\alpha\neq0$）のときに極値をとるので，$f'(x)=0$ の2つの解は $x=0$，$\alpha$ であるから

$$f'(x) = 3px(x-\alpha) = 3px^2 - 3p\alpha x$$

㋐と係数を比較して

$$-3p\alpha = 2q　……㋑, \quad r=0$$

ここで，$f(0)=M$，$f(\alpha)=m$ より

$$\int_0^\alpha f'(x)\,dx = f(\alpha) - f(0) = m - M$$

一方

$$\int_0^\alpha f'(x)\,dx = \int_0^\alpha 3px(x-\alpha)\,dx$$

$$= 3p\left\{-\frac{(\alpha-0)^3}{6}\right\} = -\frac{1}{2}p\alpha^3$$

であるから，$-\dfrac{1}{2}p\alpha^3 = m - M \ (\alpha \neq 0)$ より

$$p = \frac{2(M-m)}{\alpha^3}$$

㋑より $\qquad q = -\dfrac{3}{2}p\alpha = -\dfrac{3(M-m)}{\alpha^2}$

また $\qquad s = f(0) = M$

ゆえに $\qquad p = \dfrac{2(M-m)}{\alpha^3}, \quad q = -\dfrac{3(M-m)}{\alpha^2}, \quad r = 0, \quad s = M$

以下，$f(x)$ の増減を調べ，$f(x)$ は $x=0$ のとき極大値 $M$ をとり，$x=\alpha$ のとき極小値 $m$ をとることを確認するのは〔**解法1**〕と同じ。

# 40

曲線 $y=x^2+x+4-|3x|$ と直線 $y=mx+4$ で囲まれる部分の面積が最小となるように定数 $m$ の値を定めよ。

---

**ポイント**　まずは，$|3x|=\begin{cases} 3x & (x\geqq0) \\ -3x & (x<0) \end{cases}$ に注意して，$y=x^2+x+4-|3x|$ のグラフを描く。そして，このグラフと直線 $y=mx+4$ の共有点を調べ，曲線と直線で囲まれる部分を確認する。このとき，傾き $m$ の値によって状況が異なり，$m$ を 3 つの区間に分けて面積 $S(m)$ を表すことになる。それぞれの区間で $S(m)$ を最小にする $m$ の値と最小値を求め，それらの中で $S(m)$ が最も小さい値をとるときの $m$ の値を定める。

　　面積を求める定積分は，公式

$$\int_\alpha^\beta (x-\alpha)(x-\beta)\,dx = -\frac{(\beta-\alpha)^3}{6}$$

を用いる。

---

## 解 法

$$y=x^2+x+4-|3x| \quad \cdots\cdots①$$
$$=\begin{cases} x^2+x+4-3x & (x\geqq0) \\ x^2+x+4+3x & (x<0) \end{cases}$$
$$=\begin{cases} x^2-2x+4 & (x\geqq0) \quad \cdots\cdots② \\ x^2+4x+4 & (x<0) \quad \cdots\cdots③ \end{cases}$$
$$=\begin{cases} (x-1)^2+3 & (x\geqq0) \\ (x+2)^2 & (x<0) \end{cases}$$

• $x\geqq0$ のとき

　②と直線 $y=mx+4$ ……④ の共有点の $x$ 座標は

$$x^2-2x+4=mx+4$$
$$x\{x-(m+2)\}=0$$
$$x=0,\ m+2$$

　$x\geqq0$ より

　　　$m\leqq-2$ のとき　　$x=0$

　　　$-2<m$ のとき　　$x=0,\ m+2$

• $x<0$ のとき

　③と④の共有点の $x$ 座標は

$$x^2+4x+4=mx+4$$

$$x\{x-(m-4)\}=0$$

$$x=0,\ m-4$$

$x<0$ より

$m<4$ のとき    $x=m-4,\ 0$

$4\leqq m$ のとき    $x=0$

①と④で囲まれる部分の面積を $S(m)$ とすると

(i) $m\leqq-2$ のとき

$S(m)$ は図(i)の網目部分の面積だから

$$S(m)=\int_{m-4}^{0}\{(mx+4)-(x^2+4x+4)\}\,dx$$

$$=-\int_{m-4}^{0}x\{x-(m-4)\}\,dx$$

$$=\frac{1}{6}\{-(m-4)\}^3$$

$$=-\frac{1}{6}(m-4)^3$$

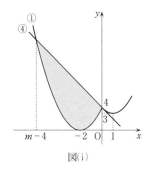

図(i)

$m\leqq-2$ より

$$S(m)\geqq-\frac{1}{6}(-2-4)^3=36 \quad (S(m)\ \text{の最小値は}\ 36)$$

(ii) $-2<m<4$ のとき

$S(m)$ は図(ii)の網目部分の面積だから

$$S(m)=\int_{m-4}^{0}\{(mx+4)-(x^2+4x+4)\}\,dx$$

$$+\int_{0}^{m+2}\{(mx+4)-(x^2-2x+4)\}\,dx$$

$$=-\frac{1}{6}(m-4)^3-\int_{0}^{m+2}x\{x-(m+2)\}\,dx$$

$$=-\frac{1}{6}(m-4)^3+\frac{1}{6}(m+2)^3$$

図(ii)

$$=\frac{1}{6}\{(m+2)-(m-4)\}\{(m+2)^2+(m+2)(m-4)+(m-4)^2\}$$

$$=3m^2-6m+12$$

$$=3(m-1)^2+9$$

よって，$S(m)$ は $m=1$ で最小値 9 をとる。

(iii)　$4 \leqq m$ のとき

$S(m)$ は図(iii)の網目部分の面積だから

$$S(m) = \int_0^{m+2} \{(mx+4) - (x^2 - 2x + 4)\}\,dx$$

$$= \frac{1}{6}(m+2)^3$$

$4 \leqq m$ より

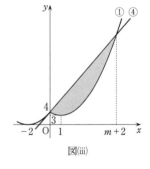

図(iii)

$$S(m) \geqq \frac{1}{6}(4+2)^3 = 36 \quad (S(m) \text{ の最小値は } 36)$$

(i)〜(iii)より，$S(m)$ の最小値は $9$ で，求める $m$ の値は

$$m = 1 \quad \cdots\cdots (答)$$

〔注〕　$y = x^2 - 2x + 4$ より　　$y' = 2x - 2$

$y = x^2 + 4x + 4$ より　　$y' = 2x + 4$

であるから，放物線 $y = x^2 - 2x + 4$，$y = x^2 + 4x + 4$ の点 $(0, 4)$ における接線の傾きはそれぞれ $-2$，$4$ である。このことからも，$m \leqq -2$，$-2 < m < 4$，$4 \leqq m$ に場合分けして考える必要のあることがわかる。

# 41 2009 年度 〔1〕 Level A

曲線 $C : y = x^3 - kx$ （$k$ は実数）を考える。$C$ 上に点 $\mathrm{A}(a, a^3 - ka)$ （$a \neq 0$）をとる。次の問いに答えよ。

(1) 点 A における $C$ の接線を $l_1$ とする。$l_1$ と $C$ の A 以外の交点を B とする。B の $x$ 座標を求めよ。

(2) 点 B における $C$ の接線を $l_2$ とする。$l_1$ と $l_2$ が直交するとき，$a$ と $k$ がみたす条件を求めよ。

(3) $l_1$ と $l_2$ が直交する $a$ が存在するような $k$ の値の範囲を求めよ。

---

**ポイント** (1) $l_1$ の方程式を求め，これと $C$ の方程式を連立させて解く。

(2) $l_2$ の傾きを求め，これと $l_1$ の傾きとの積を考える。

(3) (2)で求めた条件を用いる。$a$ の 4 次方程式となるが，$X = a^2$ とおくと，$X$ の 2 次方程式になる。$a$ は 0 でない実数であるから，$X > 0$，すなわち，この 2 次方程式が正の解をもつ条件を考えればよい。

---

## 解 法

(1) $y = x^3 - kx$ より $y' = 3x^2 - k$

$l_1$ の方程式は

$$y - (a^3 - ka) = (3a^2 - k)(x - a)$$

$$\therefore \quad l_1 : y = (3a^2 - k)x - 2a^3$$

これと $C$ の方程式より，$y$ を消去し

$$x^3 - kx = (3a^2 - k)x - 2a^3$$

とすると

$$x^3 - 3a^2 x + 2a^3 = 0$$

$$(x - a)^2 (x + 2a) = 0$$

$$\therefore \quad x = a, \ -2a$$

$a \neq 0$ より，$a \neq -2a$ で，B は A 以外の交点であるから，B の $x$ 座標は

$$-2a \quad \cdots\cdots（答）$$

(2)　$l_1$ の傾きは　　$3a^2-k$

　　　$l_2$ の傾きは　　$3(-2a)^2-k=12a^2-k$

　よって，求める条件は

　　　　$(3a^2-k)(12a^2-k)=-1$　……①　……(答)

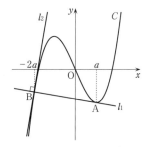

(3)　①において，$a^2=X$ とおくと，$a\neq0$ より $X>0$ で

　　　$(3X-k)(12X-k)=-1$

　　　$36X^2-15kX+k^2+1=0$　……②

①を満たす $a$（$a\neq0$）が存在する条件は，$X$ の2次方程式②が正の解をもつことである。

$f(X)=36X^2-15kX+k^2+1$ とおくと

$$f(X)=36\left(X-\frac{5}{24}k\right)^2-\frac{9}{16}k^2+1$$

より，放物線 $y=f(X)$ の軸は $X=\dfrac{5}{24}k$，また $f(0)=k^2+1>0$ である。

よって，②の判別式を $D$ とおくと，求める条件は

$$\begin{cases} D=225k^2-144(k^2+1)\geqq0 & \cdots\cdots③ \\ \dfrac{5}{24}k>0 & \cdots\cdots④ \end{cases}$$

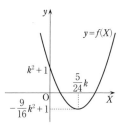

③より　　　$81k^2-144\geqq0$　　　$(3k+4)(3k-4)\geqq0$

　　　　　$k\leqq-\dfrac{4}{3},\ \dfrac{4}{3}\leqq k$　……③′

④より　　　$k>0$　……④′

③′かつ④′より，求める $k$ の範囲は　　　$k\geqq\dfrac{4}{3}$　……(答)

〔注〕　2次方程式 $36X^2-15kX+k^2+1=0$ が正の解をもつ条件は，次のように考えることもできる。

　　〔1〕　$f(0)=k^2+1>0$ であるから，放物線 $y=f(X)$ の頂点の座標 $\left(\dfrac{5}{24}k,\ -\dfrac{9}{16}k^2+1\right)$ について

$$\begin{cases} \dfrac{5}{24}k>0 & \therefore\ \ k>0 \\ -\dfrac{9}{16}k^2+1\leqq0 & k^2\geqq\dfrac{16}{9} & \therefore\ \ k\leqq-\dfrac{4}{3},\ \dfrac{4}{3}\leqq k \end{cases}$$

として求めてもよい。

　　〔2〕　解と係数の関係から　　　$\alpha+\beta=\dfrac{5}{12}k$，$\alpha\beta=\dfrac{k^2+1}{36}$

$\alpha\beta=\dfrac{k^2+1}{36}>0$ であるから，正の解をもつときは $\alpha>0$，$\beta>0$ でなければならない。

よって $\alpha+\beta=\dfrac{5}{12}k>0$

これと判別式 $D=81k^2-144\geqq0$ から求めてもよい。

**参考** 3次関数のグラフと接線

(1)では曲線 $C:y=x^3-kx$ と $C$ 上の点 $\mathrm{A}(a,\ a^3-ka)\ (a\neq0)$ における接線 $l_1$, および $l_1$ と $C$ の A 以外の交点 B について出題されたが, このことに関する基本的な性質を次にまとめておこう。

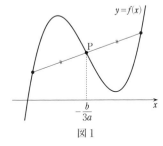

図1

(ⅰ) 3次関数 $f(x)=ax^3+bx^2+cx+d$ のグラフは点 $\mathrm{P}\left(-\dfrac{b}{3a},\ f\left(-\dfrac{b}{3a}\right)\right)$ に関して対称である。この点 P は, 変曲点 (曲線が「上に凸から下に凸」または「下に凸から上に凸」に変わる点) とよばれる点で, $x$ 座標が $f''(x)=0$ を満たす点である。なお, $f''(x)$ は $f'(x)$ を $x$ で微分したものである。

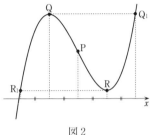

図2

(ⅱ) 3次関数が極大値と極小値をもつとき, 図2のように, 変曲点を P, 極大点, 極小点をそれぞれ Q, R, 3次関数が極大値, 極小値と同じ値をとる点をそれぞれ $\mathrm{Q}_1$, $\mathrm{R}_1$ とすると, これらの点 $\mathrm{R}_1$, Q, P, R, $\mathrm{Q}_1$ に対応する $x$ 軸上の5個の点は, この順で等間隔に並ぶ。

(ⅲ) 3次関数のグラフ $C$ 上の点 A における接線を $l_1$, $l_1$ と $C$ の A 以外の交点を B, 変曲点を P とする (図3)。A, P, B に対応する $x$ 軸上の点をそれぞれ A′, P′, B′ とすると, A′P′ : P′B′ = 1 : 2 が成り立つ。

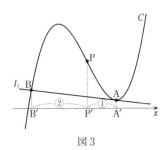

図3

(ⅰ)は「数学Ⅲ」で学習する内容であるが, (ⅱ), (ⅲ)は「数学Ⅱ」で学習する事柄で示すことができる。

本問の場合は $C:f(x)=x^3-kx$ であるから, $f''(x)=6x$ であるので, (ⅰ)より, 変曲点 $\mathrm{P}(0,\ 0)$ となり, $C$ は $\mathrm{P}(0,\ 0)$ に関して対称である。

さらに, $\mathrm{A}(a,\ f(a))$ であり, $\mathrm{A}'(a,\ 0)$, $\mathrm{P}'(0,\ 0)$ とすると, (ⅲ)より, A′P′ : P′B′ = 1 : 2 であるから, P′B′ = $2a$ であり, B の $x$ 座標は $-2a$ であることを確かめることができる。

また, 〔解法〕で B の $x$ 座標を求める際, 3次方程式

$$x^3-kx=(3a^2-k)x-2a^3 \iff x^3-3a^2x+2a^3=0$$

の $x=a$ (接点 A の $x$ 座標) 以外の解を求めることになるが, 求める解を $\beta$ とすると, $a\ (a\neq0)$ が2重解であることに着目して, 3次方程式の解と係数の関係より

$$a^2\beta=-2a^3 \quad (\text{または } 2a+\beta=0)$$

から, $\beta=-2a$ を導くと簡明である。

# 42

$a$ を正の定数とし,
$$f(x) = \bigl|\,|x-3a|-a\,\bigr|, \quad g(x) = -x^2 + 6ax - 5a^2 + a$$
を考える。

(1)　方程式 $f(x)=a$ の解を求めよ。

(2)　$y=f(x)$ のグラフと $y=g(x)$ のグラフで囲まれた部分の面積 $S$ を求めよ。

---

**ポイント**　(1)　絶対値記号をはずさなければならない。内側の絶対値記号を先にはずす
方法と, 外側の絶対値記号を先にはずす方法があるが, 前者の方がはずしやすい。場
合分けを丁寧に行う。グラフの折り返しと平行移動を用いる方法や, $c \geqq 0$ のとき,
「$|X|=c \Longleftrightarrow X=\pm c$」であることを用いて, 方程式 $f(x)=a$ の絶対値記号をはずす
方法もある。
　(2)　$y=f(x)$ と $y=g(x)$ の共有点の $x$ 座標を求め, グラフで囲まれた部分を確認し,
積分法を用いて面積を計算する。このとき, (1)と同様, $g(x)=a$ の解を求めると考え
やすくなる。

---

## 解法 1

(1)　$f(x) = \bigl|\,|x-3a|-a\,\bigr| \quad (a>0)$

$$= \begin{cases} |x-3a-a| & (3a \leqq x \text{ のとき}) \\ |-(x-3a)-a| & (x<3a \text{ のとき}) \end{cases}$$

$$= \begin{cases} |x-4a| & (3a \leqq x \text{ のとき}) \\ |x-2a| & (x<3a \text{ のとき}) \end{cases}$$

$$= \begin{cases} x-4a & (4a \leqq x \text{ のとき}) \\ -x+4a & (3a \leqq x<4a \text{ のとき}) \\ x-2a & (2a \leqq x<3a \text{ のとき}) \\ -x+2a & (x<2a \text{ のとき}) \end{cases}$$

よって, $f(x)=a$ とすると
$4a \leqq x$ のとき
　$x-4a=a$ より　　$x=5a$
$3a \leqq x<4a$ のとき
　$-x+4a=a$ より　　$x=3a$

$2a \leqq x < 3a$ のとき

　$x - 2a = a$ より　　$x = 3a$　これは $2a \leqq x < 3a$ を満たさない。

$x < 2a$ のとき

　$-x + 2a = a$ より　　$x = a$

　$\therefore$　$x = a$, $3a$, $5a$　……(答)

(2)　(1)より，$y = f(x)$ のグラフは図1のようになる。

$g(x) = a$ とすると

$$-x^2 + 6ax - 5a^2 + a = a$$

$$(x - a)(x - 5a) = 0$$

　$\therefore$　$x = a$, $5a$

よって，$y = g(x)$ のグラフと直線 $y = a$ の共有点の座標は

　　$(a, a)$, $(5a, a)$

であり，$y = f(x)$ のグラフと $y = g(x)$ のグラフで囲まれた部分は図2の網目部分になる。

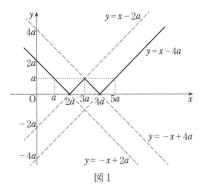

図1

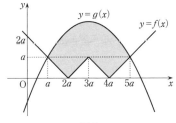

図2

面積 $S$ を，$y = f(x)$ のグラフと直線 $y = a$ で囲まれた部分（2つの直角二等辺三角形）と，$y = g(x)$ のグラフと直線 $y = a$ で囲まれた部分の面積の和として考えて

$$S = 2 \cdot \frac{1}{2} \cdot 2a \cdot a + \int_a^{5a} \{g(x) - a\}\, dx$$

$$= 2a^2 - \int_a^{5a} (x - a)(x - 5a)\, dx$$

$$= 2a^2 + \frac{1}{6}(5a - a)^3$$

$$= \frac{32}{3}a^3 + 2a^2　……(答)$$

## 解法 2

(1) （$y=f(x)$ のグラフと直線 $y=a$ の共有点を調べる解法）

$y=x-3a$ のグラフを $x$ 軸で折り返して　　$y=|x-3a|$　（図3）

これを $y$ 軸方向に $-a$ 平行移動して　　$y=|x-3a|-a$　（図4）

さらに $x$ 軸で折り返して　　$y=\big||x-3a|-a\big|$　（図5）

のグラフが得られる。求める解は，このグラフと直線 $y=a$ との共有点の $x$ 座標であるから，図5より

$$x=a,\ 3a,\ 5a\ \ \cdots\cdots(答)$$

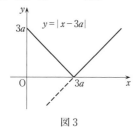

図3

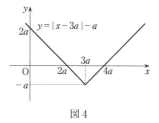

図4

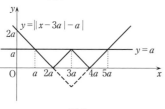

図5

## 解法 3

(1) （絶対値記号を含む方程式としての解法）

$f(x)=a$ より　　$\big||x-3a|-a\big|=a$

$a>0$ であるから

　　$|x-3a|-a=\pm a$　すなわち　$|x-3a|=2a,\ 0$

$2a>0$ であるから

　　$x-3a=\pm 2a,\ 0$

　$\therefore$　$x=a,\ 3a,\ 5a\ \ \cdots\cdots(答)$

参考 次のように場合分けをし，外側から絶対値記号をはずすこともできる。

正の実数 $a$ に対して

$$|x-3a| \geqq a \Longleftrightarrow \lceil x-3a \leqq -a \text{ または } a \leqq x-3a \rfloor$$

$$\Longleftrightarrow \lceil x \leqq 2a \text{ または } 4a \leqq x \rfloor$$

$$|x-3a| < a \Longleftrightarrow -a < x-3a < a$$

$$\Longleftrightarrow 2a < x < 4a$$

が成り立つことに注意すれば，$a>0$ のとき

$$\bigl||x-3a|-a\bigr| = \begin{cases} |x-3a|-a & (x \leqq 2a \text{ または } 4a \leqq x \text{ のとき}) \\ -|x-3a|+a & (2a < x < 4a \text{ のとき}) \end{cases}$$

$$= \begin{cases} x-3a-a = x-4a & (4a \leqq x \text{ のとき}) \\ -(x-3a)-a = -x+2a & (x \leqq 2a \text{ のとき}) \\ -(x-3a)+a = -x+4a & (3a \leqq x < 4a \text{ のとき}) \\ x-3a+a = x-2a & (2a < x < 3a \text{ のとき}) \end{cases}$$

# 43 2006 年度 〔1〕　　　　　　　　　　　　　　　　　Level A

$a$ を実数とし，関数

$$f(x) = x^3 - 3ax + a$$

を考える。$0 \leqq x \leqq 1$ において

$$f(x) \geqq 0$$

となるような $a$ の範囲を求めよ。

---

**ポイント**　「$0 \leqq x \leqq 1$ において $f(x) \geqq 0$」ということは，「($0 \leqq x \leqq 1$ における $f(x)$ の最小値) $\geqq 0$」ということである。$f(x)$ は 3 次関数であるから，微分法を用いて $f(x)$ の増減を調べる。また，$f(x) \geqq 0$ を $x^3 \geqq 3ax - a$ と変形して，$y = x^3$ と $y = 3ax - a$ のグラフの上下関係を調べる方法もある。

---

## 解法 1

$f(x) = x^3 - 3ax + a$ より

$$f'(x) = 3(x^2 - a)$$

(i)　$a \leqq 0$ のとき

$f'(x) \geqq 0$ であるから，$f(x)$ は単調に増加する。

よって，$f(0) = a \geqq 0$ であればよいので

$$a = 0$$

(ii)　$0 < a < 1$ のとき

$f'(x) = 3(x^2 - a) = 0$ とすると，$x = \pm\sqrt{a}$ より，$0 \leqq x \leqq 1$ における $f(x)$ の増減表は右のようになる。よって

$$
\begin{array}{|c|c|c|c|c|c|}
\hline
x & 0 & \cdots & \sqrt{a} & \cdots & 1 \\
\hline
f'(x) & & - & 0 & + & \\
\hline
f(x) & & \searrow & 極小 & \nearrow & \\
\hline
\end{array}
$$

$$
\begin{aligned}
f(\sqrt{a}) &= a\sqrt{a} - 3a\sqrt{a} + a \\
&= -2a\sqrt{a} + a \\
&= -a(2\sqrt{a} - 1) \geqq 0
\end{aligned}
$$

であればよいから，$a\left(\sqrt{a} - \dfrac{1}{2}\right) \leqq 0$，$a > 0$ より

$$\sqrt{a} \leqq \dfrac{1}{2} \quad \text{すなわち} \quad 0 < a \leqq \dfrac{1}{4}$$

これは $0 < a < 1$ を満たす。

(iii)　$1 \leqq a$ のとき

$0 \leqq x \leqq 1$ において，$f'(x) \leqq 0$ であるから，$f(x)$ は単調に減少する。

よって    $f(1)=1-2a\geqq0$  すなわち  $a\leqq\dfrac{1}{2}$

これは $1\leqq a$ に反する。

(i)～(iii)より    $0\leqq a\leqq\dfrac{1}{4}$  ……(答)

〔注〕「$f(0)\geqq0$ かつ $f(1)\geqq0$」であることが「$0\leqq x\leqq1$ において $f(x)\geqq0$」であるための必要条件であるから

$f(0)=a\geqq0$, $f(1)=1-2a\geqq0$ より    $0\leqq a\leqq\dfrac{1}{2}$

このとき，(iii)の場合を考える必要がなくなるから少々簡明に解くことができる。

## 解法 2

$f(x)=x^3-3ax+a\geqq0$ より    $x^3\geqq a(3x-1)$
よって，$0\leqq x\leqq1$ において
$$y=x^3 \quad\text{……①}$$
のグラフが
$$y=a(3x-1) \quad\text{……②}$$
のグラフより下にはないような $a$ の範囲を求めればよい。

①より    $y'=3x^2$
であるから，①上の点 $(t,\ t^3)$ における接線の方程式は
$$y-t^3=3t^2(x-t)$$
∴  $y=3t^2x-2t^3 \quad\text{……③}$

②は定点 $\left(\dfrac{1}{3},\ 0\right)$ を通るから，③が $\left(\dfrac{1}{3},\ 0\right)$ を通るときを考えると
$$0=t^2-2t^3 \qquad t^2(2t-1)=0$$
∴  $t=0,\ \dfrac{1}{2}$

したがって，点 $\left(\dfrac{1}{3},\ 0\right)$ を通る接線の傾きとそのときの接点の座標は

$t=0$ のとき    傾きは $0$ で接点 $(0,\ 0)$

$t=\dfrac{1}{2}$ のとき    傾きは $\dfrac{3}{4}$ で接点 $\left(\dfrac{1}{2},\ \dfrac{1}{8}\right)$

②の傾きは $3a$ であるから，右図より

$$0\leqq3a\leqq\dfrac{3}{4} \qquad \therefore\ \ 0\leqq a\leqq\dfrac{1}{4} \quad\text{……(答)}$$

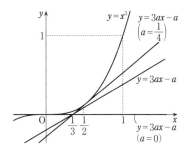

# 44

$f(x) = 2x^3 + x^2 - 3$ とおく。

(1) 関数 $f(x)$ の増減表を作り，$y = f(x)$ のグラフの概形を描け。

(2) 直線 $y = mx$ が曲線 $y = f(x)$ と相異なる3点で交わるような実数 $m$ の範囲を求めよ。

---

**ポイント** (1) 微分法を用いて解く。

(2) $y = mx$ は原点を通り，傾き $m$ の直線であるから，これを原点を中心に回転させ，(1)で描いたグラフと相異なる3点で交わるときの傾きを求める。直線 $y = mx$ が曲線 $y = f(x)$ の接線になるときの $m$ を求めることが目標となる。3次関数のグラフの接線の方程式をつくる方法と，3次方程式が重解をもつときを考える方法がある。

---

## 解法 1

(1)　$f'(x) = 6x^2 + 2x$
$$= 2x(3x + 1)$$

$f'(x) = 0$ とすると，$x = -\dfrac{1}{3}$, $0$ であるから，$f(x)$ の増減表，$y = f(x)$ のグラフの概形は次のようになる。

| $x$ | $\cdots$ | $-\dfrac{1}{3}$ | $\cdots$ | $0$ | $\cdots$ |
|---|---|---|---|---|---|
| $f'(x)$ | $+$ | $0$ | $-$ | $0$ | $+$ |
| $f(x)$ | ↗ | $-\dfrac{80}{27}$ | ↘ | $-3$ | ↗ |

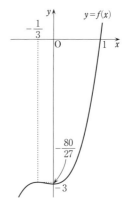

(2) 点 $(a,\ f(a))$ における曲線 $y=f(x)$ の接線の方程式は

$$y-(2a^3+a^2-3)=(6a^2+2a)(x-a)$$

$$\therefore\quad y=(6a^2+2a)x-(4a^3+a^2+3)\quad\cdots\cdots\text{①}$$

これが原点を通るとき

$$0=-(4a^3+a^2+3)$$

ここで，$g(a)=4a^3+a^2+3$ とおくと，$g(-1)=0$ であるから，因数定理より $g(a)$ は $a+1$ で割り切れるので，割り算を行うことにより

$$(a+1)(4a^2-3a+3)=0$$

$$4a^2-3a+3=4\left(a-\frac{3}{8}\right)^2+\frac{39}{16}>0\ \text{より}$$

$$a=-1\quad\cdots\cdots\text{②}$$

よって，原点を通り，$y=f(x)$ に接する直線の方程式は，①，②より

$$y=4x$$

したがって，原点を通る直線 $y=mx$ が曲線 $y=f(x)$ と相異なる 3 点で交わるような実数 $m$ の範囲は，右上図より

$$m>4\quad\cdots\cdots\text{(答)}$$

**解法 2**

(2) （3 次方程式が重解をもつときを考える解法）
直線 $y=mx$ と曲線 $y=f(x)$ が接するときは

$$mx=f(x)\quad\text{すなわち}\quad 2x^3+x^2-mx-3=0\quad\cdots\cdots\text{Ⓐ}$$

が重解をもつから，Ⓐの解を $\alpha,\ \alpha,\ \beta$（$\alpha$ は実数）とすると，3 次方程式の解と係数の関係より

$$\begin{cases} 2\alpha+\beta=-\dfrac{1}{2} & \cdots\cdots\text{Ⓑ} \\[2mm] \alpha^2+2\alpha\beta=-\dfrac{m}{2} & \cdots\cdots\text{Ⓒ} \\[2mm] \alpha^2\beta=\dfrac{3}{2} & \cdots\cdots\text{Ⓓ} \end{cases}$$

Ⓑより $\beta=-2\alpha-\dfrac{1}{2}\quad\cdots\cdots\text{Ⓑ}'$

これをⒹに代入して整理すると

$$4\alpha^3+\alpha^2+3=0\qquad(\alpha+1)(4\alpha^2-3\alpha+3)=0$$

$\alpha$ は実数であるから    $\alpha = -1$

⑧′,ⓒより    $\beta = \dfrac{3}{2}$,  $m = 4$

よって,$m = 4$ のとき,$y = mx$ と $y = f(x)$ が接するから,求める $m$ の範囲は〔**解法 1**〕と同様に考えて,グラフより

$m > 4$  ……(答)

# 45 2004 年度 〔1〕 Level B

3 次関数 $f(x)=x^3+3ax^2+bx+c$ に関して以下の問いに答えよ。

⑴ $f(x)$ が極値をもつための条件を，$f(x)$ の係数を用いて表せ。

⑵ $f(x)$ が $x=\alpha$ で極大，$x=\beta$ で極小になるとき，点 $(\alpha,\ f(\alpha))$ と点 $(\beta,\ f(\beta))$ を結ぶ直線の傾き $m$ を $f(x)$ の係数を用いて表せ。また，$y=f(x)$ のグラフは平行移動によって $y=x^3+\dfrac{3}{2}mx$ のグラフに移ることを示せ。

---

**ポイント** ⑴ 3 次関数が極値をもつとき，極大値と極小値をそれぞれ 1 つずつもつ。このときの $x$ の値は，$f'(x)=0$ の異なる 2 つの実数解であることから条件を導く。

⑵ $\alpha,\ \beta$ は $f'(x)=0$ の解である。これより，$\alpha,\ \beta$ と $f(x)$ の係数との関係式をつくることができる。これを用いて，$m=\dfrac{f(\beta)-f(\alpha)}{\beta-\alpha}$ より $\alpha,\ \beta$ を消去する。また，$y=f(x)$ を $x$ 軸方向に $p$，$y$ 軸方向に $q$ だけ平行移動すると，$y=f(x-p)+q$ となるから，これが $y=x^3+\dfrac{3}{2}mx$ と一致するとして，具体的に $p,\ q$ を求めるとよい。

$f(\beta)-f(\alpha)=\displaystyle\int_\alpha^\beta f'(x)\,dx$ を利用する方法や，条件を満たす平行移動を予想する方法もある。

---

## 解法 1

⑴ 3 次関数 $f(x)=x^3+3ax^2+bx+c$ が極値をもつための条件は
$$f'(x)=3x^2+6ax+b=0 \quad \cdots\cdots①$$
が異なる 2 つの実数解をもつことである。
よって，①の判別式を $D$ とすると
$$\frac{D}{4}=9a^2-3b>0$$
∴ $b<3a^2$ ……(答)

⑵ $\alpha,\ \beta$ は①の解であるから，解と係数の関係より
$$\alpha+\beta=-2a,\ \alpha\beta=\frac{b}{3} \quad \cdots\cdots②$$
よって

$$m = \frac{f(\beta) - f(\alpha)}{\beta - \alpha} \quad (\alpha \neq \beta)$$

$$= \frac{\beta^3 - \alpha^3 + 3a(\beta^2 - \alpha^2) + b(\beta - \alpha)}{\beta - \alpha}$$

$$= \frac{(\beta - \alpha)(\beta^2 + \beta\alpha + \alpha^2) + 3a(\beta - \alpha)(\beta + \alpha) + b(\beta - \alpha)}{\beta - \alpha}$$

$$= \beta^2 + \alpha\beta + \alpha^2 + 3a(\alpha + \beta) + b$$

$$= (\alpha + \beta)^2 - \alpha\beta + 3a(\alpha + \beta) + b$$

$$= 4a^2 - \frac{b}{3} - 6a^2 + b \quad (\because ②)$$

$$= -2a^2 + \frac{2}{3}b \quad \cdots\cdots ③ \quad \cdots\cdots(答)$$

また，$y = f(x)$ のグラフを $x$ 軸方向に $p$，$y$ 軸方向に $q$ だけ平行移動したグラフの方程式は

$$y = f(x - p) + q$$

$$= (x - p)^3 + 3a(x - p)^2 + b(x - p) + c + q$$

$$= (x^3 - 3px^2 + 3p^2x - p^3) + 3a(x^2 - 2px + p^2) + b(x - p) + c + q$$

$$= x^3 - 3(p - a)x^2 + (3p^2 - 6ap + b)x - p^3 + 3ap^2 - bp + c + q$$

これが，$y = x^3 + \dfrac{3}{2}mx$ と一致するとして，それぞれの右辺の係数を比較すると

$$\begin{cases} -3(p - a) = 0 & \cdots\cdots ④ \\[2mm] 3p^2 - 6ap + b = \dfrac{3}{2}m & \cdots\cdots ⑤ \\[2mm] -p^3 + 3ap^2 - bp + c + q = 0 & \cdots\cdots ⑥ \end{cases}$$

④より　　$p = a$

このとき，⑤は $-3a^2 + b = \dfrac{3}{2}m$ となり，③より成り立つ。

さらに，⑥より

$$-a^3 + 3a^3 - ab + c + q = 0$$

$$\therefore \quad q = -2a^3 + ab - c$$

よって，$y = f(x)$ のグラフは，$x$ 軸方向に $a$，$y$ 軸方向に $-2a^3 + ab - c$ だけ平行移動することによって，$y = x^3 + \dfrac{3}{2}mx$ のグラフに移る。　　　　　　　（証明終）

## 解 法 2

(2) （$f'(x)$ を利用する解法）

$\alpha$, $\beta$ は①の解であるから，解と係数の関係より

$$\alpha + \beta = -2a, \quad \alpha\beta = \frac{b}{3} \quad \cdots\cdots ②$$

$$f'(x) = 3(x-\alpha)(x-\beta)$$

とおけるから

$$f(\beta) - f(\alpha) = \int_{\alpha}^{\beta} f'(x)\,dx = \int_{\alpha}^{\beta} 3(x-\alpha)(x-\beta)\,dx$$

$$= 3\left\{ -\frac{(\beta-\alpha)^3}{6} \right\} = -\frac{1}{2}(\beta-\alpha)^3$$

よって

$$m = \frac{f(\beta) - f(\alpha)}{\beta - \alpha} = -\frac{1}{2}(\beta-\alpha)^2 = -\frac{1}{2}\{(\alpha+\beta)^2 - 4\alpha\beta\}$$

$$= -2a^2 + \frac{2}{3}b \quad \cdots\cdots (*) \quad (\because \quad ②) \quad \cdots\cdots (答)$$

また

$$f'(x) = 3x^2 + 6ax + b = 3(x+a)^2 - 3a^2 + b$$

$$= 3(x+a)^2 + \frac{3}{2}m \quad (\because \quad (*))$$

両辺を $x$ で不定積分すると

$$f(x) = (x+a)^3 + \frac{3}{2}mx + C_1 \quad (C_1 は定数)$$

$$= (x+a)^3 + \frac{3}{2}m(x+a) + C_2 \quad \left( C_2 = C_1 - \frac{3}{2}am \text{ とおいた} \right)$$

ここで，$f(0) = a^3 + \frac{3}{2}am + C_2 = c$ であるから

$$C_2 = -a^3 - \frac{3}{2}am + c$$

ゆえに

$$f(x) = (x+a)^3 + \frac{3}{2}m(x+a) - a^3 - \frac{3}{2}am + c$$

したがって，$y = f(x)$ のグラフは，$x$ 軸方向に $a$，$y$ 軸方向に $a^3 + \frac{3}{2}am - c$ だけ平行移動することによって，$y = x^3 + \frac{3}{2}mx$ のグラフに移る。 （証明終）

**解 法 3**

(2) （条件を満たす平行移動を予想することにより示す解法）

$\left(m = -2a^2 + \dfrac{2}{3}b \quad \cdots\cdots \text{⑦} \text{ を求めるところまでは〔解法1〕に同じ}\right)$

$g(x) = x^3 + \dfrac{3}{2}mx$ とおく。

$$g'(x) = 3x^2 + \dfrac{3}{2}m = 0 \quad \cdots\cdots \text{①}$$

とすると, ⑦と(1)の結果より

$$x^2 = -\dfrac{m}{2} = a^2 - \dfrac{b}{3} = \dfrac{1}{3}(3a^2 - b) > 0$$

であるから, $g'(x) = 0$ は異なる2つの実数解（$\alpha'$, $\beta'$ とする）をもつ。

このとき, $y = f(x)$ 上の点 $P\left(\dfrac{\alpha+\beta}{2}, f\left(\dfrac{\alpha+\beta}{2}\right)\right)$, $y = g(x)$ 上の点 $P'\left(\dfrac{\alpha'+\beta'}{2}, g\left(\dfrac{\alpha'+\beta'}{2}\right)\right)$

をとり, 点Pを点P′に移す平行移動 $h$ を考える。

〔解法1〕の②から $\alpha + \beta = -2a$, ①から $\alpha' + \beta' = 0$（∵ 解と係数の関係）であり,

$g(0) = 0$ であるので

$\qquad P(-a, f(-a))$, $P'(0, 0)$

よって, $h$ は, $x$ 軸方向に $a$, $y$ 軸方向に $-f(-a)$ 移動する平行移動である。

ここで, $y = f(x)$ に平行移動 $h$ を施すと

$\qquad y + f(-a) = f(x-a)$

$\qquad y = (x-a)^3 + 3a(x-a)^2 + b(x-a) + c - f(-a)$

$\qquad \quad = x^3 - 3ax^2 + 3a^2x - a^3 + 3ax^2 - 6a^2x + 3a^3 + bx - ab + c - (-a^3 + 3a^3 - ab + c)$

$\qquad \quad = x^3 + (-3a^2 + b)x = x^3 + \dfrac{3}{2}mx \quad (\because \ \text{⑦})$

したがって, $f(x)$ のグラフは $x$ 軸方向に $a$, $y$ 軸方向に $-f(-a)$ だけ平行移動する

ことによって, $y = x^3 + \dfrac{3}{2}mx$ のグラフに移る。　　　　　　　　　　（証明終）

参考 〔解法 3〕において，$y=f(x)$ 上の点 $\mathrm{P}(-a,\ f(-a))$，$y=g(x)$ 上の点 $\mathrm{P}'(0,\ 0)$ を用いたが，この点 P，P' はそれぞれ $y=f(x)$，$y=g(x)$ の「変曲点」とよばれる点である。変曲点は「数学Ⅲ」で学習する項目であるが，知っていると役に立つので，以下，このことの概略について述べる。

一般に曲線 $y=f(x)$ 上の点 $\mathrm{P}(p,\ f(p))$ が変曲点であるとき

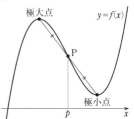

- $x=p$ の前後で曲線が「上に凸から下に凸」または「下に凸から上に凸」に変わる（これが変曲点の定義である）。
- $f''(p)=0$ を満たす（$f''(x)$ は $f'(x)$ を $x$ で微分した関数）。
- $y=f(x)$ が 3 次関数のときは，変曲点はただ 1 つ存在し，曲線は変曲点に関して対称である（極大点と極小点をもつ場合は，変曲点は極大点と極小点を結ぶ線分の中点である）。

本問では，$y=f(x)$ の変曲点 P は，$y''=6x+6a=0$ より $x=-a$ だから，$\mathrm{P}(-a,\ f(-a))$，$y=g(x)$ の変曲点 P' は，$y''=6x=0$ より $x=0$ だから，$\mathrm{P}'(0,\ 0)$ であり，条件を満たす平行移動は P を P' に移すものである。

なお，曲線 $y=f(x)$ が上に凸であるところでは，接線の傾き $f'(x)$ が減少の状態にあり，$\{f'(x)\}'=f''(x)<0$ を満たし，逆に下に凸であるところでは，接線の傾き $f'(x)$ が増加の状態にあり，$\{f'(x)\}'=f''(x)>0$ を満たしている。

このことから，変曲点はこの点の前後で $f''(x)$ の符号が変化する点であり，変曲点 $\mathrm{P}(p,\ f(p))$ では $f''(p)=0$ を満たすことがわかる。

# 46

　放物線 $C:y=-x^2+2x+1$ と $x$ 軸の共有点を A $(a,\ 0)$，B $(b,\ 0)$ とし，$C$ と直線 $y=mx$ の共有点を P $(\alpha,\ m\alpha)$，Q $(\beta,\ m\beta)$，原点を O とする。ただし $a<b$，$m\neq0$，$\alpha<\beta$ とする。線分 OP，OA と $C$ で囲まれた図形の面積と線分 OQ，OB と $C$ で囲まれた図形の面積が等しいとき $m$ の値を求めよ。

---

**ポイント**　問題どおりに図形の面積を求める式を作ると，かなりの計算量になりそうである。そこで，計算量を減らす工夫をする。図より，2つの面積に，ある図形の面積をそれぞれ加えると，（放物線 $C$ と $x$ 軸で囲まれた図形の面積）＝（放物線 $C$ と直線 $y=mx$ で囲まれた図形の面積）としてもよいことがわかる。このことに気づくと，公式
$$\int_{\alpha}^{\beta}(x-\alpha)(x-\beta)\,dx=-\frac{(\beta-\alpha)^3}{6}$$
を利用して，計算量を減らすことができる。

---

## 解 法

線分 OP，OA と $C$ で囲まれた図形の面積を $S_1$，線分 OQ，OB と $C$ で囲まれた図形の面積を $S_2$ とおく。さらに，$C$ と直線 $y=mx$ で囲まれた図形の $y\geqq0$ の部分の面積を $S$，$C$ と $x$ 軸で囲まれた図形の面積を $T_1$，$C$ と直線 $y=mx$ で囲まれた図形の面積を $T_2$ とすると，図1，図2より
　　　$S_1=S_2\Longleftrightarrow S_1+S=S_2+S\Longleftrightarrow T_1=T_2$
が成り立つ。

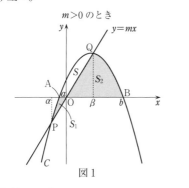

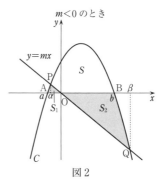

図1　　　　　　　　　　　図2

$T_1$，$T_2$ について
$-x^2+2x+1=0$，つまり $x^2-2x-1=0$ の解が $a$，$b$ で
　　　$a=1-\sqrt{2}$，$b=1+\sqrt{2}$　……①　（$\because$　$a<b$）

$-x^2+2x+1=mx$, つまり $x^2+(m-2)x-1=0$ の解が $\alpha$, $\beta$ で, この方程式の判別式を $D=(m-2)^2+4$ とすると

$$\alpha=\frac{-m+2-\sqrt{D}}{2}, \quad \beta=\frac{-m+2+\sqrt{D}}{2} \quad \cdots\cdots② \quad (\because \quad \alpha<\beta)$$

したがって

$$T_1=\int_a^b(-x^2+2x+1)\,dx=-\int_a^b(x-a)(x-b)\,dx$$

$$=\frac{(b-a)^3}{6}$$

$$T_2=\int_\alpha^\beta\{(-x^2+2x+1)-mx\}\,dx=-\int_\alpha^\beta(x-\alpha)(x-\beta)\,dx$$

$$=\frac{(\beta-\alpha)^3}{6}$$

$T_1=T_2$ であるから

$$\frac{(b-a)^3}{6}=\frac{(\beta-\alpha)^3}{6}$$

$$b-a=\beta-\alpha$$

①, ②より $\quad 2\sqrt{2}=\sqrt{D}$

両辺を 2 乗して

$$8=D=(m-2)^2+4$$

$$m(m-4)=0$$

$m\neq0$ より $\qquad m=4 \quad \cdots\cdots(答)$

〔注〕 次のように, 解と係数の関係を用いて $(b-a)^2$, $(\beta-\alpha)^2$ を求めることもできる。

$-x^2+2x+1=0$, つまり $x^2-2x-1=0$ の解が $a$, $b$ であるから

$$a+b=2, \quad ab=-1$$

$$(b-a)^2=(a+b)^2-4ab=8$$

$-x^2+2x+1=mx$, つまり $x^2+(m-2)x-1=0$ の解が $\alpha$, $\beta$ であるから

$$\alpha+\beta=-(m-2), \quad \alpha\beta=-1$$

$$(\beta-\alpha)^2=(\alpha+\beta)^2-4\alpha\beta=(m-2)^2+4$$

〔解法〕 と同様にして, $b-a=\beta-\alpha$ が成り立つから, $(b-a)^2=(\beta-\alpha)^2$ より

$$8=(m-2)^2+4$$

$$\therefore \quad m(m-4)=0$$

$m\neq0$ より $\qquad m=4$

# §8 ベクトル

## 47 2022 年度 〔1〕　　　　　　　　　　　　Level A

　三角形 ABC において，辺 AB を 2：1 に内分する点を M，辺 AC を 1：2 に内分する点を N とする。また，線分 BN と線分 CM の交点を P とする。

⑴　$\overrightarrow{\mathrm{AP}}$ を，$\overrightarrow{\mathrm{AB}}$ と $\overrightarrow{\mathrm{AC}}$ を用いて表せ。

⑵　辺 BC，CA，AB の長さをそれぞれ $a$，$b$，$c$ とするとき，線分 AP の長さを，$a$，$b$，$c$ を用いて表せ。

---

> **ポイント**　⑴　2 線分の交点の位置ベクトルの問題で，教科書レベルの基本問題である。$\overrightarrow{\mathrm{AP}}$ を $\overrightarrow{\mathrm{AB}}$，$\overrightarrow{\mathrm{AC}}$ を用いて 2 通りの方法で表し，ベクトルの 1 次独立性を用いるのが標準的な解法である。
> ⑵　⑴を用いて $|\overrightarrow{\mathrm{AP}}|^2$ を計算する。このとき $\overrightarrow{\mathrm{AB}}\cdot\overrightarrow{\mathrm{AC}}$ を $a$，$b$，$c$ を用いて表す必要があるが，余弦定理を用いればよい。$|\overrightarrow{\mathrm{BC}}|^2 = |\overrightarrow{\mathrm{AC}} - \overrightarrow{\mathrm{AB}}|^2$ から求めることもできる。

---

### 解 法 1

⑴　条件より　　$\overrightarrow{\mathrm{AM}} = \dfrac{2}{3}\overrightarrow{\mathrm{AB}}$，$\overrightarrow{\mathrm{AN}} = \dfrac{1}{3}\overrightarrow{\mathrm{AC}}$

BP：PN $= s：1-s$ とおくと

$$\overrightarrow{\mathrm{AP}} = (1-s)\overrightarrow{\mathrm{AB}} + s\overrightarrow{\mathrm{AN}}$$

$$= (1-s)\overrightarrow{\mathrm{AB}} + \frac{1}{3}s\overrightarrow{\mathrm{AC}}$$

CP：PM $= t：1-t$ とおくと

$$\overrightarrow{\mathrm{AP}} = t\overrightarrow{\mathrm{AM}} + (1-t)\overrightarrow{\mathrm{AC}}$$

$$= \frac{2}{3}t\overrightarrow{\mathrm{AB}} + (1-t)\overrightarrow{\mathrm{AC}}$$

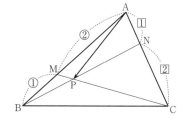

$\overrightarrow{\mathrm{AB}}$，$\overrightarrow{\mathrm{AC}}$ は 1 次独立（$\overrightarrow{\mathrm{AB}} \not\parallel \overrightarrow{\mathrm{AC}}$，$\overrightarrow{\mathrm{AB}} \neq \vec{0}$，$\overrightarrow{\mathrm{AC}} \neq \vec{0}$）であるから

$$1-s = \frac{2}{3}t,\quad \frac{1}{3}s = 1-t$$

この連立方程式を解くと，$\dfrac{3}{2}(1-s) = 1 - \dfrac{1}{3}s$ より　　$s = \dfrac{3}{7}$，$t = \dfrac{6}{7}$

よって　　$\overrightarrow{AP}=\dfrac{4}{7}\overrightarrow{AB}+\dfrac{1}{7}\overrightarrow{AC}$ ……(答)

(2)　条件より $|\overrightarrow{BC}|=a,\ |\overrightarrow{CA}|=b,\ |\overrightarrow{AB}|=c$ であるから

$$|\overrightarrow{AP}|^2=\dfrac{1}{7^2}|4\overrightarrow{AB}+\overrightarrow{AC}|^2=\dfrac{1}{7^2}(16|\overrightarrow{AB}|^2+8\overrightarrow{AB}\cdot\overrightarrow{AC}+|\overrightarrow{AC}|^2)$$

ここで，余弦定理より，$a^2=b^2+c^2-2bc\cos A$ が成り立つから

$$\overrightarrow{AB}\cdot\overrightarrow{AC}=|\overrightarrow{AB}||\overrightarrow{AC}|\cos A=bc\cos A$$
$$=\dfrac{1}{2}(b^2+c^2-a^2)\ \ \cdots\cdots(*)$$

よって　　$|\overrightarrow{AP}|^2=\dfrac{1}{7^2}\left\{16c^2+8\cdot\dfrac{1}{2}(b^2+c^2-a^2)+b^2\right\}=\dfrac{1}{7^2}(-4a^2+5b^2+20c^2)$

これより　　$AP=\dfrac{1}{7}\sqrt{-4a^2+5b^2+20c^2}$ ……(答)

〔注〕 $(*)$ の $\overrightarrow{AB}\cdot\overrightarrow{AC}=\dfrac{1}{2}(b^2+c^2-a^2)$ については
$$|\overrightarrow{BC}|^2=|\overrightarrow{AC}-\overrightarrow{AB}|^2=|\overrightarrow{AC}|^2-2\overrightarrow{AB}\cdot\overrightarrow{AC}+|\overrightarrow{AB}|^2$$
すなわち
$$a^2=b^2-2\overrightarrow{AB}\cdot\overrightarrow{AC}+c^2$$
から導くこともできる。

**解法 2**

(1)　（3点が同一直線上にある条件を用いる解法）
$BP:PN=s:1-s$ とおくと
$$\overrightarrow{AP}=(1-s)\overrightarrow{AB}+s\overrightarrow{AN}$$
ここで，$\overrightarrow{AM}=\dfrac{2}{3}\overrightarrow{AB}\Longleftrightarrow\overrightarrow{AB}=\dfrac{3}{2}\overrightarrow{AM},\ \overrightarrow{AN}=\dfrac{1}{3}\overrightarrow{AC}$ であるから
$$\overrightarrow{AP}=\dfrac{3}{2}(1-s)\overrightarrow{AM}+\dfrac{1}{3}s\overrightarrow{AC}$$
点Pは直線 MC 上にあるから
$$\dfrac{3}{2}(1-s)+\dfrac{1}{3}s=1$$
これより　　$s=\dfrac{3}{7}$

よって　　$\overrightarrow{AP}=\dfrac{4}{7}\overrightarrow{AB}+\dfrac{1}{7}\overrightarrow{AC}$ ……(答)

〔注〕 まず $\overrightarrow{AP}=(1-s)\overrightarrow{AB}+s\overrightarrow{AN}$ を導いたあと，この式の右辺を $\overrightarrow{AM}$ と $\overrightarrow{AC}$ を用いて表すのがポイントである。

# 48 2021 年度 〔2〕（理系数学と共通） Level A

　空間内に，同一平面上にない4点 O，A，B，C がある。$s$, $t$ を $0<s<1$, $0<t<1$ をみたす実数とする。線分 OA を $1:1$ に内分する点を $A_0$, 線分 OB を $1:2$ に内分する点を $B_0$, 線分 AC を $s:(1-s)$ に内分する点を P，線分 BC を $t:(1-t)$ に内分する点を Q とする。さらに4点 $A_0$, $B_0$, P，Q が同一平面上にあるとする。

(1)　$t$ を $s$ を用いて表せ。

(2)　$|\overrightarrow{OA}|=1$, $|\overrightarrow{OB}|=|\overrightarrow{OC}|=2$, $\angle AOB=120°$, $\angle BOC=90°$, $\angle COA=60°$,
　$\angle POQ=90°$ であるとき，$s$ の値を求めよ。

> **ポイント**　(1)　空間において，4点 $A_0$, $B_0$, P，Q が同一平面上にある条件から，$s$ と $t$ の関係式を導く。なお，点 N が3点 K，L，M を通る平面上にある条件は，$k$, $l$, $m$ を実数として
> $$\overrightarrow{KN}=l\overrightarrow{KL}+m\overrightarrow{KM} \Longleftrightarrow \overrightarrow{ON}=k\overrightarrow{OK}+l\overrightarrow{OL}+m\overrightarrow{OM} \quad (k+l+m=1)$$
> が成り立つことである。
> (2)　与えられた条件から，$\overrightarrow{OA}$, $\overrightarrow{OB}$, $\overrightarrow{OC}$ についての内積の値をそれぞれ求めることができるので，これを用いて，$\overrightarrow{OP}\cdot\overrightarrow{OQ}=0$ を計算する。

## 解 法

(1)　$\overrightarrow{OA}=\vec{a}$, $\overrightarrow{OB}=\vec{b}$, $\overrightarrow{OC}=\vec{c}$ とおくと，与えられた条件より

$$\overrightarrow{OA_0}=\frac{1}{2}\vec{a}, \quad \overrightarrow{OB_0}=\frac{1}{3}\vec{b}$$

$$\overrightarrow{OP}=(1-s)\vec{a}+s\vec{c} \quad (0<s<1)$$

点 Q は3点 $A_0$, $B_0$, P を通る平面上にあるから，$l$, $m$ を実数として

$$\overrightarrow{A_0Q}=l\overrightarrow{A_0B_0}+m\overrightarrow{A_0P}$$

と表せる。よって

$$\overrightarrow{OQ}-\overrightarrow{OA_0}=l(\overrightarrow{OB_0}-\overrightarrow{OA_0})+m(\overrightarrow{OP}-\overrightarrow{OA_0})$$

であるから

$$\overrightarrow{OQ}=(1-l-m)\overrightarrow{OA_0}+l\overrightarrow{OB_0}+m\overrightarrow{OP}$$

これを $\vec{a}$, $\vec{b}$, $\vec{c}$ を用いて表すと

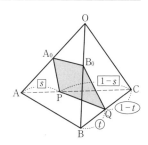

$$\overrightarrow{OQ} = \frac{1}{2}(1-l-m)\,\vec{a} + \frac{1}{3}l\vec{b} + m\{(1-s)\,\vec{a} + s\vec{c}\}$$

$$= \left\{\frac{1}{2}(1-l-m) + m(1-s)\right\}\vec{a} + \frac{1}{3}l\vec{b} + ms\vec{c}$$

また，$\overrightarrow{OQ} = (1-t)\,\vec{b} + t\vec{c}$ $(0<t<1)$ と表せるので

$$\overrightarrow{OQ} = (1-t)\,\vec{b} + t\vec{c} = \left\{\frac{1}{2}(1-l-m) + m(1-s)\right\}\vec{a} + \frac{1}{3}l\vec{b} + ms\vec{c}$$

$\vec{a}$, $\vec{b}$, $\vec{c}$ は 1 次独立 $(\vec{a} \neq \vec{0}$, $\vec{b} \neq \vec{0}$, $\vec{c} \neq \vec{0}$ かつ $\vec{a}$, $\vec{b}$, $\vec{c}$ は同一平面上にない) だから

$$\begin{cases} \dfrac{1}{2}(1-l-m) + m(1-s) = 0 & \therefore \quad 1-l+m-2ms = 0 \quad \cdots\cdots① \\[2mm] 1-t = \dfrac{1}{3}l & \therefore \quad l = 3(1-t) \quad \cdots\cdots② \\[2mm] t = ms \qquad s \neq 0 \text{ より} & m = \dfrac{t}{s} \quad \cdots\cdots③ \end{cases}$$

②，③を①に代入して

$$1 - 3(1-t) + \frac{t}{s} - 2t = 0 \qquad -2s + st + t = 0$$

$$\therefore \quad (s+1)\,t = 2s \quad \cdots\cdots④$$

$0<s<1$ より $s+1 \neq 0$ だから

$$t = \frac{2s}{s+1} \quad \cdots\cdots(答)$$

(2) 与えられた条件より，$|\vec{a}| = 1$, $|\vec{b}| = |\vec{c}| = 2$ であり

$$\vec{a}\cdot\vec{b} = 1\cdot2\cdot\cos120° = -1, \quad \vec{b}\cdot\vec{c} = 0, \quad \vec{c}\cdot\vec{a} = 2\cdot1\cdot\cos60° = 1$$

$$\overrightarrow{OP}\cdot\overrightarrow{OQ} = \{(1-s)\,\vec{a} + s\vec{c}\}\cdot\{(1-t)\,\vec{b} + t\vec{c}\}$$

$$= (1-s)(1-t)\,\vec{a}\cdot\vec{b} + (1-s)\,t\vec{a}\cdot\vec{c} + s(1-t)\,\vec{b}\cdot\vec{c} + st|\vec{c}|^2$$

$$= -(1-s)(1-t) + (1-s)t + 4st$$

$$= 2(s+1)\,t + s - 1$$

$\overrightarrow{OP}\cdot\overrightarrow{OQ} = 0$ なので $\quad 2(s+1)\,t + s - 1 = 0$

④より $\quad 2\cdot2s + s - 1 = 0$

$$s = \frac{1}{5}, \quad t = \frac{2s}{s+1} = \frac{1}{3}$$

これらは $0<s<1$, $0<t<1$ を満たす。

したがって $\quad s = \dfrac{1}{5} \quad \cdots\cdots(答)$

# 49 2019 年度 〔3〕（理系数学と共通） Level C

座標空間内の2つの球面

$$S_1 : (x-1)^2 + (y-1)^2 + (z-1)^2 = 7$$

と

$$S_2 : (x-2)^2 + (y-3)^2 + (z-3)^2 = 1$$

を考える。$S_1$ と $S_2$ の共通部分を $C$ とする。このとき以下の問いに答えよ。

(1) $S_1$ との共通部分が $C$ となるような球面のうち，半径が最小となる球面の方程式を求めよ。

(2) $S_1$ との共通部分が $C$ となるような球面のうち，半径が $\sqrt{3}$ となる球面の方程式を求めよ。

---

**ポイント** (1) 球面 $S_1$，球面 $S_2$ の中心をそれぞれ $D_1$，$D_2$ とし，$D_1$，$D_2$ を通る平面で切ったときの断面を考えよう。$S_1$ と $S_2$ の交点の1つを P とし，P から線分 $D_1D_2$ に垂線 PH を引くと，断面は右図のようになる。このとき，$S_1$ と $S_2$ の共通部分 $C$ は半径が PH の円である。$S_1$ との共通部分が $C$ となるような球面は，直線 $D_1D_2$ 上に中心があり，円 $C$ を含むから，(半径)≧PH を満たすことがわかるので，求める球面の中心や半径は明らかであろう。

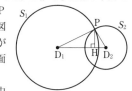

また，2つの円 $f(x, y) = 0$，$g(x, y) = 0$ が交点をもつとき，この交点を通る円（または直線）は $k$ を定数として，$f(x, y) + kg(x, y) = 0$ と表されるという，いわゆる「円束」の考え方を空間（球面）に拡張すると，2つの球面 $S_1$，$S_2$ の共通部分 $C$ を通る球面の方程式は $(x-1)^2 + (y-1)^2 + (z-1)^2 - 7 + k\{(x-2)^2 + (y-3)^2 + (z-3)^2 - 1\} = 0$（$k$ は定数）と表されることになる。この方程式を利用して解くこともできるが，このとき，$S_1$ と $S_2$ の方程式を連立して得られる $2x + 4y + 4z - 25 = 0$ を $S_2$ の方程式の代わりに用いると計算が楽になる。

(2) 題意の球面の中心を $D_3$ とすると，$D_3$ は直線 $D_1H$ 上にあり，$PD_3 = \sqrt{3}$ を満たすことから，$D_3$ の座標を確定しよう。$D_3$ は2通りの場合があることに注意。

また，(1)で求めた定数 $k$ を用いた方程式を使って，半径が $\sqrt{3}$ になるような $k$ の値を求めて解くこともできる。

### 解法 1

(1) $S_1$ は中心 $(1, 1, 1)$，半径 $\sqrt{7}$，$S_2$ は中心 $(2, 3, 3)$，

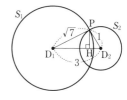

半径 1 の球面を表し，$S_1$，$S_2$ の中心をそれぞれ $D_1$，$D_2$ と

すると

$$D_1D_2 = \sqrt{1^2 + 2^2 + 2^2} = 3$$

$\sqrt{7} + 1 > 3 > \sqrt{7} - 1$ であるから，$S_1$ と $S_2$ は交わることがわ

かる。

$D_1$ と $D_2$ を含む平面で切ったときの断面は上図のようになる。

断面上で $S_1$ と $S_2$ の交点の 1 つを P とし，P から線分 $D_1D_2$ に垂線 PH を引く。

$HD_1 = x$ とおくと

$$(PH^2 =) (\sqrt{7})^2 - x^2 = 1^2 - (3-x)^2 \qquad \therefore \quad x = \frac{5}{2}$$

このことから $\quad HD_1 = \dfrac{5}{2}$，$HD_2 = 3 - \dfrac{5}{2} = \dfrac{1}{2}$，$PH = \dfrac{\sqrt{3}}{2}$

$S_1$ と $S_2$ の共通部分 $C$ は H を中心とする半径 $PH = \dfrac{\sqrt{3}}{2}$ の円であり，$S_1$ との共通部分

が $C$ となる球面はこの円を含むので，球面の半径を $r$ とすると $r \geqq \dfrac{\sqrt{3}}{2}$ が成り立つか

ら，半径が最小となる球面は中心が H，$r = \dfrac{\sqrt{3}}{2}$ である。

H は線分 $D_1D_2$ を $HD_1 : HD_2 = \dfrac{5}{2} : \dfrac{1}{2} = 5 : 1$ に内分する点だから，O を原点として

$$\overrightarrow{OH} = \frac{1}{6}(\overrightarrow{OD_1} + 5\overrightarrow{OD_2}) = \frac{1}{6}\{(1, 1, 1) + 5(2, 3, 3)\} = \left(\frac{11}{6}, \frac{8}{3}, \frac{8}{3}\right)$$

よって，求める球面の方程式は

$$\left(x - \frac{11}{6}\right)^2 + \left(y - \frac{8}{3}\right)^2 + \left(z - \frac{8}{3}\right)^2 = \frac{3}{4} \quad \cdots\cdots (\text{答})$$

(2) 題意の球面を $S_3$，その中心を $D_3$ とすると，$D_3$

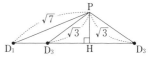

は直線 $D_1H$ 上にあり，$PD_3 = \sqrt{3}$ を満たすから，$D_1$，

H を含む平面で切ったときの断面は右図のようになり，

$D_3$ は 2 通りの場合がある。

$HD_1 = \dfrac{5}{2}$，$HD_3 = \sqrt{(\sqrt{3})^2 - \left(\dfrac{\sqrt{3}}{2}\right)^2} = \dfrac{3}{2}$ より $HD_1 : HD_3 = 5 : 3$ であるから

$$\overrightarrow{HD_3} = \pm \frac{3}{5}\overrightarrow{HD_1}$$

$$\overrightarrow{OD_3} = \overrightarrow{OH} + \overrightarrow{HD_3} = \overrightarrow{OH} \pm \frac{3}{5}(\overrightarrow{OD_1} - \overrightarrow{OH})$$

$$= \begin{cases} \dfrac{1}{5}(3\overrightarrow{OD_1} + 2\overrightarrow{OH}) = \dfrac{1}{5}\left\{3\,(1,\ 1,\ 1) + 2\left(\dfrac{11}{6},\ \dfrac{8}{3},\ \dfrac{8}{3}\right)\right\} \\ \qquad\qquad\qquad = \left(\dfrac{4}{3},\ \dfrac{5}{3},\ \dfrac{5}{3}\right) \\ \dfrac{1}{5}(-3\overrightarrow{OD_1} + 8\overrightarrow{OH}) = \dfrac{1}{5}\left\{-3\,(1,\ 1,\ 1) + 8\left(\dfrac{11}{6},\ \dfrac{8}{3},\ \dfrac{8}{3}\right)\right\} \\ \qquad\qquad\qquad = \left(\dfrac{7}{3},\ \dfrac{11}{3},\ \dfrac{11}{3}\right) \end{cases}$$

($D_3$ は線分 $D_1H$ を $2:3$ に内分する点，または $8:3$ に外分する点であると考えても
よい)

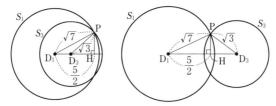

したがって，求める球面の方程式は

$$\left.\begin{array}{l} \left(x - \dfrac{4}{3}\right)^2 + \left(y - \dfrac{5}{3}\right)^2 + \left(z - \dfrac{5}{3}\right)^2 = 3 \\[2mm] \left(x - \dfrac{7}{3}\right)^2 + \left(y - \dfrac{11}{3}\right)^2 + \left(z - \dfrac{11}{3}\right)^2 = 3 \end{array}\right\} \quad \cdots\cdots(\text{答})$$

## 解法 2

(1) 〔解法1〕と同様にして，$S_1$ と $S_2$ は交わることがわかるから，共通部分 $C$ は $S_1$ と $S_2$ の方程式を連立して

$$(x-1)^2+(y-1)^2+(z-1)^2=7 \quad \cdots\cdots ①$$
$$(x-2)^2+(y-3)^2+(z-3)^2=1 \quad \cdots\cdots ②$$

① $-$ ② より　　$2x+4y+4z=25$

であるから，$C$ は

$$\begin{cases} (x-1)^2+(y-1)^2+(z-1)^2=7 \\ 2x+4y+4z=25 \end{cases}$$

を満たす円である。

したがって，$S_1$ との共通部分が $C$ であるような球面の方程式は $k$ を定数として

$$(x-1)^2+(y-1)^2+(z-1)^2-7+k(2x+4y+4z-25)=0 \quad \cdots\cdots (*)$$

と表せる。これを変形して

$$x^2-2x+y^2-2y+z^2-2z-4+k(2x+4y+4z-25)=0$$
$$\{x+(k-1)\}^2+\{y+(2k-1)\}^2+\{z+(2k-1)\}^2=(k-1)^2+2(2k-1)^2+4+25k$$
$$\therefore \quad \{x+(k-1)\}^2+\{y+(2k-1)\}^2+\{z+(2k-1)\}^2=9k^2+15k+7 \quad \cdots\cdots ③$$

$9k^2+15k+7=9\left(k+\dfrac{5}{6}\right)^2+\dfrac{3}{4}>0$ より，③は球面を表し，半径は

$$\sqrt{9k^2+15k+7} \quad \cdots\cdots ④$$

であるから，半径が最小となるのは $k=-\dfrac{5}{6}$ のときである。

よって，③より，求める球面の方程式は

$$\left(x-\dfrac{11}{6}\right)^2+\left(y-\dfrac{8}{3}\right)^2+\left(z-\dfrac{8}{3}\right)^2=\dfrac{3}{4} \quad \cdots\cdots (答)$$

(2) 半径が $\sqrt{3}$ であるから，④より　　$\sqrt{9k^2+15k+7}=\sqrt{3}$

$$9k^2+15k+4=0 \quad (3k+1)(3k+4)=0 \quad \therefore \quad k=-\dfrac{1}{3},\ -\dfrac{4}{3}$$

よって，③より，求める球面の方程式は

$$\left.\begin{array}{l} \left(x-\dfrac{4}{3}\right)^2+\left(y-\dfrac{5}{3}\right)^2+\left(z-\dfrac{5}{3}\right)^2=3 \\ \left(x-\dfrac{7}{3}\right)^2+\left(y-\dfrac{11}{3}\right)^2+\left(z-\dfrac{11}{3}\right)^2=3 \end{array}\right\} \quad \cdots\cdots (答)$$

〔**注**〕 (1) (＊)において，$S_1$ との共通部分が $C$（$S_1$ と $S_2$ の共通部分）である球面の方程式を

$$(x-1)^2+(y-1)^2+(z-1)^2-7+k\{(x-2)^2+(y-3)^2+(z-3)^2-1\}=0$$

$$(k \text{ は定数})$$

としてもよい。これは $k\neq-1$ のとき球面を表し

$$\left(x-\frac{2k+1}{k+1}\right)^2+\left(y-\frac{3k+1}{k+1}\right)^2+\left(z-\frac{3k+1}{k+1}\right)^2=\frac{k^2-k+7}{(k+1)^2}$$

と変形できるから，$k+1=l$ とおくと，〔**解法1**〕と同様に考えて，半径が最小になるのは

$$\frac{k^2-k+7}{(k+1)^2}=\frac{(l-1)^2-(l-1)+7}{l^2}=\frac{9}{l^2}-\frac{3}{l}+1=9\left(\frac{1}{l}-\frac{1}{6}\right)^2+\frac{3}{4}$$

より，$\dfrac{1}{l}=\dfrac{1}{6}\Longleftrightarrow k=5$ のときであり，球面の方程式は

$$\left(x-\frac{11}{6}\right)^2+\left(y-\frac{8}{3}\right)^2+\left(z-\frac{8}{3}\right)^2=\frac{3}{4}$$

となる。

(2)も同様に，$\dfrac{k^2-k+7}{(k+1)^2}=(\sqrt{3})^2\Longleftrightarrow 2k^2+7k-4=0$ より，$k=-4,\ \dfrac{1}{2}$ となるので

$$\left(x-\frac{7}{3}\right)^2+\left(y-\frac{11}{3}\right)^2+\left(z-\frac{11}{3}\right)^2=3,\ \left(x-\frac{4}{3}\right)^2+\left(y-\frac{5}{3}\right)^2+\left(z-\frac{5}{3}\right)^2=3$$

を得る。

# 50 2018 年度 〔3〕 (理系数学と共通) Level C

座標空間に 6 点

   A $(0,\ 0,\ 1)$, B $(1,\ 0,\ 0)$, C $(0,\ 1,\ 0)$,
   D $(-1,\ 0,\ 0)$, E $(0,\ -1,\ 0)$, F $(0,\ 0,\ -1)$

を頂点とする正八面体 ABCDEF がある。$s$, $t$ を $0<s<1$, $0<t<1$ を満たす実数とする。線分 AB, AC をそれぞれ $1-s:s$ に内分する点を P, Q とし, 線分 FD, FE をそれぞれ $1-t:t$ に内分する点を R, S とする。

⑴ 4 点 P, Q, R, S が同一平面上にあることを示せ。

⑵ 線分 PQ の中点を L とし, 線分 RS の中点を M とする。$s$, $t$ が $0<s<1$, $0<t<1$ の範囲を動くとき, 線分 LM の長さの最小値 $m$ を求めよ。

⑶ 正八面体 ABCDEF の 4 点 P, Q, R, S を通る平面による切り口の面積を $X$ とする。線分 LM の長さが⑵の値 $m$ をとるとき, $X$ を最大とするような $s$, $t$ の値と, そのときの $X$ の値を求めよ。

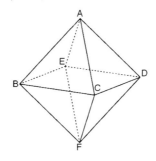

**ポイント** あまり見慣れない正八面体に関する問題で，戸惑った受験生も多いと思われるが，(1)・(2)はベクトルの計算を正確に行えば決して難しくはない。なお，正八面体は底面が正方形で側面が正三角形の四角錐2つを互いの底面どうしで貼り合わせた立体と考えればよい。

(1) 4点が同一平面上にあることを示すには，本問では平面の2つの辺が平行であることを示すのが簡明である。

(2) $\overrightarrow{\text{LM}}$ の成分を $s$，$t$ で表せばよい。

(3) P，Q，R，S を通る平面は，辺 BE，CD と交点をもち，このことから切り口は六角形となる。この六角形の形状を考えればよいが，例えば正八面体を辺 BC が正面にくる方向から眺めると，右のような図が得られる。これが理解のための助けになるだろう。

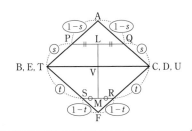

---

## 解 法 1

(1)　A $(0,\ 0,\ 1)$，B $(1,\ 0,\ 0)$，C $(0,\ 1,\ 0)$，
　　　D $(-1,\ 0,\ 0)$，E $(0,\ -1,\ 0)$，F $(0,\ 0,\ -1)$

P，Q は AB，AC をそれぞれ $1-s:s$ $(0<s<1)$ に内分する点だから

$$\overrightarrow{\text{OP}} = s\overrightarrow{\text{OA}} + (1-s)\overrightarrow{\text{OB}}$$

$$\overrightarrow{\text{OQ}} = s\overrightarrow{\text{OA}} + (1-s)\overrightarrow{\text{OC}}$$

R，S は FD，FE をそれぞれ $1-t:t$ $(0<t<1)$ に内分する点だから

$$\overrightarrow{\text{OR}} = t\overrightarrow{\text{OF}} + (1-t)\overrightarrow{\text{OD}}$$

$$\overrightarrow{\text{OS}} = t\overrightarrow{\text{OF}} + (1-t)\overrightarrow{\text{OE}}$$

よって

$$\overrightarrow{\text{PQ}} = \overrightarrow{\text{OQ}} - \overrightarrow{\text{OP}} = (1-s)\overrightarrow{\text{OC}} - (1-s)\overrightarrow{\text{OB}}$$
$$= (1-s)(\overrightarrow{\text{OC}} - \overrightarrow{\text{OB}}) = (1-s)\overrightarrow{\text{BC}} \quad \cdots\cdots ①$$

$$\overrightarrow{\text{SR}} = \overrightarrow{\text{OR}} - \overrightarrow{\text{OS}} = (1-t)\overrightarrow{\text{OD}} - (1-t)\overrightarrow{\text{OE}}$$
$$= (1-t)(\overrightarrow{\text{OD}} - \overrightarrow{\text{OE}}) = (1-t)\overrightarrow{\text{ED}} \quad \cdots\cdots ②$$

$s\neq1$，$t\neq1$ より $\overrightarrow{\text{PQ}}\,/\!/\,\overrightarrow{\text{BC}}$，$\overrightarrow{\text{SR}}\,/\!/\,\overrightarrow{\text{ED}}$ であるが，四角形 BCDE は正方形だから $\overrightarrow{\text{BC}}\,/\!/\,\overrightarrow{\text{ED}}$ であるので，$\overrightarrow{\text{PQ}}\,/\!/\,\overrightarrow{\text{SR}}$ が成り立つ。

したがって，4点 P，Q，R，S は同一平面上にある。　　　　　　(証明終)

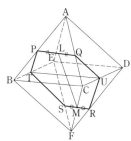

(2) $\quad \overrightarrow{OP} = s\overrightarrow{OA} + (1-s)\overrightarrow{OB}$

$\qquad = s(0, 0, 1) + (1-s)(1, 0, 0)$

$\qquad = (1-s, 0, s)$

$\quad \overrightarrow{OQ} = s\overrightarrow{OA} + (1-s)\overrightarrow{OC}$

$\qquad = s(0, 0, 1) + (1-s)(0, 1, 0)$

$\qquad = (0, 1-s, s)$

$\quad \overrightarrow{OR} = t\overrightarrow{OF} + (1-t)\overrightarrow{OD}$

$\qquad = t(0, 0, -1) + (1-t)(-1, 0, 0) = (t-1, 0, -t)$

$\quad \overrightarrow{OS} = t\overrightarrow{OF} + (1-t)\overrightarrow{OE}$

$\qquad = t(0, 0, -1) + (1-t)(0, -1, 0) = (0, t-1, -t)$

よって

$$\overrightarrow{OL} = \frac{1}{2}(\overrightarrow{OP} + \overrightarrow{OQ}) = \frac{1}{2}(1-s, 1-s, 2s) \left.\begin{array}{c} \\ \\ \end{array}\right\} \quad \cdots\cdots ③$$

$$\overrightarrow{OM} = \frac{1}{2}(\overrightarrow{OR} + \overrightarrow{OS}) = \frac{1}{2}(t-1, t-1, -2t)$$

$$\therefore \quad \overrightarrow{LM} = \overrightarrow{OM} - \overrightarrow{OL} = \frac{1}{2}(s+t-2, s+t-2, -2(s+t))$$

$s+t=u$ とおくと

$$\overrightarrow{LM} = \frac{1}{2}(u-2, u-2, -2u) \quad \cdots\cdots ④$$

であるから

$$|\overrightarrow{LM}|^2 = \frac{1}{2^2}\{(u-2)^2 + (u-2)^2 + (-2u)^2\}$$

$$= \frac{1}{2}(3u^2 - 4u + 4) = \frac{3}{2}\left(u - \frac{2}{3}\right)^2 + \frac{4}{3}$$

$0 < s < 1$, $0 < t < 1$ より $0 < u < 2$ であるから, $|\overrightarrow{LM}|^2$ は $u = \dfrac{2}{3}$ のとき最小値 $\dfrac{4}{3}$ をとる。

よって，LM の最小値は $\qquad m = \dfrac{2}{\sqrt{3}} = \dfrac{2\sqrt{3}}{3} \quad \cdots\cdots(答)$

(3) (2)より $m = \dfrac{2\sqrt{3}}{3}$ のとき $\qquad u = s + t = \dfrac{2}{3} \quad \cdots\cdots ⑤$

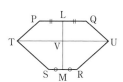

である。

4点P，Q，R，Sを通る平面を $\alpha$ とする。$\alpha$ は辺BE，CD
と交わるから，その交点をそれぞれT，Uとし，TU と LM
の交点をVとする。

直線 TU は，PQ を含む平面 $\alpha$ と BC を含む平面 BCDE の交線であり，PQ∥BC であるから TU∥BC である。四角形 BCDE は一辺の長さが $\sqrt{2}$ の正方形であるから

$$\text{TU} = \text{BC} = \sqrt{2}, \quad \text{TU∥PQ}$$

④より，$\overrightarrow{\text{LM}} = \dfrac{1}{2}(u-2, \ u-2, \ -2u)$，$\overrightarrow{\text{BC}} = \overrightarrow{\text{OC}} - \overrightarrow{\text{OB}}$

$= (-1, \ 1, \ 0)$ であるから

$$\overrightarrow{\text{LM}} \cdot \overrightarrow{\text{BC}} = \dfrac{1}{2}\{-(u-2) + (u-2) + 0\} = 0$$

よって　　$\overrightarrow{\text{LM}} \perp \overrightarrow{\text{BC}}$

LV，MV の長さは，点 L，M と平面 BCDE（$z=0$）の距離にそれぞれ比例することに注意すると，③より $\text{L}\left(\dfrac{1-s}{2}, \ \dfrac{1-s}{2}, \ s\right)$，$\text{M}\left(\dfrac{t-1}{2}, \ \dfrac{t-1}{2}, \ -t\right)$ の $z$ 座標がそれぞれ $s$，$-t$ であるから，$\text{LV} : \text{MV} = s : t$ が成り立つ。

よって，⑤より

$$\text{LV} = \dfrac{s}{s+t} \cdot \text{LM} = \dfrac{s}{s+t} \cdot m = \dfrac{3}{2}s \cdot \dfrac{2\sqrt{3}}{3} = \sqrt{3}\,s$$

$$\text{MV} = \dfrac{t}{s} \cdot \text{LV} = \dfrac{t}{s} \cdot \sqrt{3}\,s = \sqrt{3}\,t$$

①，②より

$$\text{PQ} = (1-s)\,\text{BC} = \sqrt{2}\,(1-s)$$

$$\text{SR} = (1-t)\,\text{ED} = \sqrt{2}\,(1-t)$$

以上より，四角形 PQUT，SRUT はいずれも台形であるから，切り口の面積はこの 2 つの台形の面積の和であるので

$$X = \dfrac{1}{2}(\text{PQ} + \text{TU}) \cdot \text{LV} + \dfrac{1}{2}(\text{SR} + \text{TU}) \cdot \text{MV}$$

$$= \dfrac{1}{2}\{\sqrt{2}\,(1-s) + \sqrt{2}\} \cdot \sqrt{3}\,s + \dfrac{1}{2}\{\sqrt{2}\,(1-t) + \sqrt{2}\} \cdot \sqrt{3}\,t$$

$$= \dfrac{\sqrt{6}}{2}\{(2-s)\,s + (2-t)\,t\} = \dfrac{\sqrt{6}}{2}\{2(s+t) - s^2 - t^2\}$$

$$= \dfrac{\sqrt{6}}{2}\left\{2 \cdot \dfrac{2}{3} - s^2 - \left(\dfrac{2}{3} - s\right)^2\right\} \quad (\because \ ⑤)$$

$$= -\sqrt{6}\left(s^2 - \dfrac{2}{3}s - \dfrac{4}{9}\right) = -\sqrt{6}\left(s - \dfrac{1}{3}\right)^2 + \dfrac{5\sqrt{6}}{9}$$

よって，$X$ は $s = \dfrac{1}{3}$ すなわち $s = t = \dfrac{1}{3}$ のとき，最大値 $\dfrac{5\sqrt{6}}{9}$ をとる。 ……(答)

## 解法 2

(1), (2)は，$\overrightarrow{OD} = -\overrightarrow{OB}$, $\overrightarrow{OE} = -\overrightarrow{OC}$, $\overrightarrow{OF} = -\overrightarrow{OA}$ が成り立つことを用いて次のように解くこともできる。

(1) $\overrightarrow{OD} = -\overrightarrow{OB}$, $\overrightarrow{OE} = -\overrightarrow{OC}$, $\overrightarrow{OF} = -\overrightarrow{OA}$ が成り立つから

$$\overrightarrow{PQ} = \overrightarrow{OQ} - \overrightarrow{OP}$$
$$= \{s\overrightarrow{OA} + (1-s)\overrightarrow{OC}\} - \{s\overrightarrow{OA} + (1-s)\overrightarrow{OB}\}$$
$$= (1-s)(\overrightarrow{OC} - \overrightarrow{OB})$$

$1-s \neq 0$ より $\overrightarrow{OC} - \overrightarrow{OB} = \dfrac{1}{1-s}\overrightarrow{PQ}$

$$\overrightarrow{SR} = \overrightarrow{OR} - \overrightarrow{OS}$$
$$= \{t\overrightarrow{OF} + (1-t)\overrightarrow{OD}\} - \{t\overrightarrow{OF} + (1-t)\overrightarrow{OE}\}$$
$$= (1-t)(\overrightarrow{OD} - \overrightarrow{OE}) = -(1-t)(\overrightarrow{OB} - \overrightarrow{OC})$$
$$= \dfrac{1-t}{1-s}\overrightarrow{PQ}$$

$1-t \neq 0$ より $\overrightarrow{PQ} /\!/ \overrightarrow{SR}$ が成り立つので，4点P，Q，R，Sは同一平面上にある。

(証明終)

(2) $\overrightarrow{OL} = \dfrac{1}{2}(\overrightarrow{OP} + \overrightarrow{OQ})$

$$= \dfrac{1}{2}\{s\overrightarrow{OA} + (1-s)\overrightarrow{OB} + s\overrightarrow{OA} + (1-s)\overrightarrow{OC}\}$$
$$= s\overrightarrow{OA} + (1-s)\dfrac{\overrightarrow{OB} + \overrightarrow{OC}}{2}$$

$\overrightarrow{OM} = \dfrac{1}{2}(\overrightarrow{OR} + \overrightarrow{OS})$

$$= \dfrac{1}{2}\{t\overrightarrow{OF} + (1-t)\overrightarrow{OD} + t\overrightarrow{OF} + (1-t)\overrightarrow{OE}\}$$
$$= t\overrightarrow{OF} + (1-t)\dfrac{\overrightarrow{OD} + \overrightarrow{OE}}{2}$$
$$= -\left\{t\overrightarrow{OA} + (1-t)\dfrac{\overrightarrow{OB} + \overrightarrow{OC}}{2}\right\}$$

ここで，BC の中点を I とすると，$\overrightarrow{OI} = \dfrac{\overrightarrow{OB} + \overrightarrow{OC}}{2}$ であるから

$$\overrightarrow{LM} = \overrightarrow{OM} - \overrightarrow{OL}$$
$$= -\{t\overrightarrow{OA} + (1-t)\overrightarrow{OI}\} - \{s\overrightarrow{OA} + (1-s)\overrightarrow{OI}\}$$

$$= -(s+t)\overrightarrow{OA} + (s+t-2)\overrightarrow{OI}$$

$|\overrightarrow{OA}|=1$, $|\overrightarrow{OI}|=\dfrac{1}{\sqrt{2}}$, $\overrightarrow{OA}\cdot\overrightarrow{OI}=\overrightarrow{OA}\cdot\dfrac{\overrightarrow{OB}+\overrightarrow{OC}}{2}=\dfrac{1}{2}(\overrightarrow{OA}\cdot\overrightarrow{OB}+\overrightarrow{OA}\cdot\overrightarrow{OC})=0$ であるか

ら

$$|\overrightarrow{LM}|^2 = (s+t)^2|\overrightarrow{OA}|^2 - 2(s+t)(s+t-2)\overrightarrow{OA}\cdot\overrightarrow{OI} + (s+t-2)^2|\overrightarrow{OI}|^2$$

$$= (s+t)^2 + \dfrac{1}{2}(s+t-2)^2 = \dfrac{3}{2}(s+t)^2 - 2(s+t) + 2$$

$$= \dfrac{3}{2}\left\{(s+t) - \dfrac{2}{3}\right\}^2 + \dfrac{4}{3}$$

$0<s<1$, $0<t<1$ より $0<s+t<2$ であるから，$|\overrightarrow{LM}|^2$ は $s+t=\dfrac{2}{3}$ のとき最小値 $\dfrac{4}{3}$ を

とる。

よって，LM の最小値は　　$m=\dfrac{2}{\sqrt{3}}=\dfrac{2\sqrt{3}}{3}$　……(答)

## 解法 3

(1)　条件より

$\qquad$AP $=(1-s)$ AB，AQ $=(1-s)$ AC

$\qquad$FR $=(1-t)$ FD，FS $=(1-t)$ FE

△ABC は正三角形だから AP $=$ AQ となるので，△APQ も正三角形となる。

よって　　PQ∥BC

同様に　　SR∥ED

四角形 BCDE は正方形だから BC∥ED であるので　　PQ∥SR

よって，4 点 P，Q，R，S は同一平面上にある。　　　　　　　　　(証明終)

(2)　BC，ED の中点をそれぞれ I，J とすると，L，M はそれぞれ線分 AI，FJ 上に
ある。

このとき四角形 AIFJ は一辺の長さが $\dfrac{\sqrt{3}}{2}$ AB $=\dfrac{\sqrt{6}}{2}$ のひし形であり（対角線の交点
は O）

$\qquad$IJ $=$ BE $=\sqrt{2}$，AF $=2$

右図より，LM の長さが最小になるのは，これが直線 AI と FJ
の距離に等しいとき，すなわち AI⊥LM，FJ⊥LM を満たすと
きであるから，I から直線 FJ に垂線 IH を引くと，$m=$ IH
（$m$ は LM の最小値）である。

ここで，∠FJO $=\theta$ とおくと

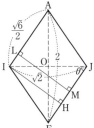

$$\sin\theta = \frac{\text{OF}}{\text{FJ}} = \frac{1}{\frac{\sqrt{6}}{2}} = \frac{\sqrt{6}}{3}$$

$$\cos\theta = \frac{\text{OJ}}{\text{FJ}} = \frac{\frac{\sqrt{2}}{2}}{\frac{\sqrt{6}}{2}} = \frac{\sqrt{3}}{3}$$

であるから

$$m = \text{IH} = \text{IJ}\sin\theta = \sqrt{2}\cdot\frac{\sqrt{6}}{3} = \frac{2\sqrt{3}}{3}$$

このときの $s$, $t$ の条件は

$$\text{AL}:\text{LI} = \text{AP}:\text{PB} = 1-s:s$$
$$\text{FM}:\text{MJ} = \text{FR}:\text{RD} = 1-t:t$$

より $\qquad \text{LI} = s\text{AI} = \dfrac{\sqrt{6}}{2}s, \quad \text{MJ} = t\text{FJ} = \dfrac{\sqrt{6}}{2}t$

であり

$$\text{HJ} = \text{LI} + \text{MJ} = \frac{\sqrt{6}}{2}s + \frac{\sqrt{6}}{2}t = \frac{\sqrt{6}}{2}(s+t)$$

一方

$$\text{HJ} = \text{IJ}\cos\theta = \sqrt{2}\cdot\frac{\sqrt{3}}{3} = \frac{\sqrt{6}}{3}$$

よって $\qquad \dfrac{\sqrt{6}}{2}(s+t) = \dfrac{\sqrt{6}}{3} \qquad \therefore \quad s+t = \dfrac{2}{3}$

したがって，LM の長さは $s+t = \dfrac{2}{3}$ のとき最小値 $\dfrac{2\sqrt{3}}{3}$ をとる。 ……(答)

(3) 〔解法1〕と同様に，平面 $\alpha$ と T，U を定め
ると，〔解法1〕と同様にして

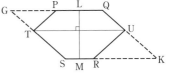

$$\text{TU} = \sqrt{2}, \quad \text{TU}\,/\!/\,\text{PQ}$$

対称性を考慮すると，△MPQ は MP＝MQ の二
等辺三角形で，L は PQ の中点であるから

$$\text{PQ}\perp\text{LM}$$

$\therefore \quad \text{TU}\perp\text{LM} \quad (\because \quad \text{PQ}\,/\!/\,\text{TU})$

直線 PQ と ST の交点を G，直線 SR と QU の交点を K とすると，平面
ABE∥平面 FCD であるから，これらの平面と平面 $\alpha$ の交線 PT∥UR が成り立ち，
同様に QU∥TS も成り立つから，四角形 GSKQ は平行四辺形であり

$$\triangle\text{GPT}\backsim\triangle\text{KRU}$$

また，PT∥UR より △BPT∽△DRU であるから

PT : RU = BP : DR = $s$ : $t$

ゆえに，△GPT と △KRU の相似比は PT : RU = $s$ : $t$ である。

ここで，平行四辺形 GSKQ の面積を $X'$ とおくと，TU⊥LM より

$$X' = \text{TU}\cdot\text{LM} = \sqrt{2}\cdot\frac{2\sqrt{3}}{3} = \frac{2\sqrt{6}}{3}$$

このとき，$\triangle\text{GPT} = \dfrac{\text{GP}}{\text{GQ}}\cdot\dfrac{\text{GT}}{\text{GS}}\cdot\triangle\text{GQS}$ であり

$$\frac{\text{GP}}{\text{GQ}} = \frac{\text{GQ}-\text{PQ}}{\text{GQ}} = 1 - \frac{\text{PQ}}{\text{BC}}$$

$$= 1-(1-s) = s \quad (\because\ \text{GQ} = \text{TU} = \text{BC})$$

GT : TS = GT : KU = $s$ : $t$

が成り立つから

$$\triangle\text{GPT} = s\cdot\frac{s}{s+t}\cdot\frac{X'}{2} = \frac{3}{4}s^2 X' \quad \left(\because\ s+t = \frac{2}{3}\right)$$

△GPT と △KRU の面積比は $s^2 : t^2$ であるから

$$\triangle\text{KRU} = \frac{3}{4}t^2 X'$$

よって

$$X = (\text{平行四辺形 GSKQ}) - \triangle\text{GPT} - \triangle\text{KRU}$$

$$= X' - \frac{3}{4}s^2 X' - \frac{3}{4}t^2 X'$$

$$= \left\{1 - \frac{3}{4}(s^2+t^2)\right\}X' = \left[1 - \frac{3}{4}\{(s+t)^2 - 2st\}\right]X'$$

$$= \frac{2\sqrt{6}}{3}\left(\frac{2}{3} + \frac{3}{2}st\right) \quad \left(\because\ s+t = \frac{2}{3},\ X' = \frac{2\sqrt{6}}{3}\right)$$

$X$ が最大となるのは $st$ が最大となるときで，$s>0$，$t>0$ より相加平均と相乗平均の関係を用いて

$$\frac{s+t}{2} \geq \sqrt{st} \quad \therefore\ st \leq \left(\frac{s+t}{2}\right)^2 = \frac{1}{9}$$

等号が成り立つのは $s=t$ のときであるから，$st$ は $s=t=\dfrac{1}{3}$ のとき最大値をとる。

よって，$X$ の最大値は

$$\frac{2\sqrt{6}}{3}\left(\frac{2}{3} + \frac{3}{2}\cdot\frac{1}{3}\cdot\frac{1}{3}\right) = \frac{5\sqrt{6}}{9} \quad \left(s=t=\frac{1}{3}\text{ のとき}\right) \quad \cdots\cdots\text{(答)}$$

# 51

平面上に長さ 2 の線分 AB を直径とする円 $C$ がある。2 点 A，B を除く $C$ 上の点 P に対し，AP＝AQ となるように線分 AB 上の点 Q をとる。また，直線 PQ と円 $C$ の交点のうち，P でない方を R とする。このとき，以下の問いに答えよ。

(1) △AQR の面積を $\theta = \angle\text{PAB}$ を用いて表せ。

(2) 点 P を動かして△AQR の面積が最大になるとき，$\overrightarrow{\text{AR}}$ を $\overrightarrow{\text{AB}}$ と $\overrightarrow{\text{AP}}$ を用いて表せ。

---

**ポイント** (1) まず AP の長さ，すなわち AQ の長さを $\theta$ で表し，次に，$\angle$QAR の大きさを $\theta$ で表す。これによって，AR の長さも $\theta$ で表すことができる。

$\triangle\text{AQR} = \dfrac{1}{2}\text{AQ}\cdot\text{AR}\sin\angle\text{QAR}$ を計算する。線分 AB が円の直径であることがポイントである。

(2) △AQR の面積が最大になるときの $\theta$ の値は容易にわかる。このとき，$\overrightarrow{\text{AR}}$ を $\overrightarrow{\text{AB}}$ と $\overrightarrow{\text{AP}}$ を用いて表すには，円 $C$ の中心を O としたときに OR∥PB に着目する方法や，三角形の相似を利用して PR：QR を求める方法などが考えられる。

---

## 解法 1

(1) 線分 AB は円 $C$ の直径であるから，$\angle\text{APB} = \dfrac{\pi}{2}$ より

$$\text{AQ} = \text{AP} = \text{AB}\cos\theta = 2\cos\theta$$

また，△APQ は AP＝AQ の二等辺三角形であるから

$$\angle\text{APQ} = \angle\text{AQP} = \dfrac{\pi - \theta}{2}$$

よって，円周角の性質から

$$\angle\text{QAR} = \angle\text{BAR} = \angle\text{BPR} = \angle\text{APB} - \angle\text{APQ}$$

$$= \dfrac{\pi}{2} - \dfrac{\pi - \theta}{2} = \dfrac{\theta}{2}$$

線分 AB は円 $C$ の直径であるから，$\angle\text{ARB} = \dfrac{\pi}{2}$ より

$$\text{AR} = \text{AB}\cos\angle\text{QAR} = 2\cos\dfrac{\theta}{2}$$

したがって，△AQR の面積を $S$ とすると

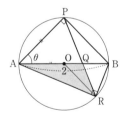

$$S = \frac{1}{2} AQ \cdot AR \sin \angle QAR$$

$$= \frac{1}{2} \cdot 2\cos\theta \cdot 2\cos\frac{\theta}{2} \cdot \sin\frac{\theta}{2}$$

$$= \cos\theta \sin\theta$$

$$= \frac{1}{2}\sin 2\theta \quad \cdots\cdots(答)$$

(2) $0 < \theta < \dfrac{\pi}{2}$ より $0 < 2\theta < \pi$ であるから，$S = \dfrac{1}{2}\sin 2\theta$ は，$2\theta = \dfrac{\pi}{2}$ すなわち $\theta = \dfrac{\pi}{4}$ のとき最大となる。このとき，円 $C$ の中心を O とすると，円周角と中心角の関係から

$$\angle BOR = 2\angle BAR = 2 \cdot \frac{\theta}{2} = \theta = \frac{\pi}{4}$$

また，$\angle ABP = \dfrac{\pi}{4}$ になるから，$\angle BOR = \angle ABP$ より

$$OR \, / \! / \, PB$$

$\overrightarrow{OR}$ と $\overrightarrow{PB}$ は同じ向きで，$|\overrightarrow{OR}| = 1$，$|\overrightarrow{PB}| = AB\cos\dfrac{\pi}{4} = \sqrt{2}$ となるから

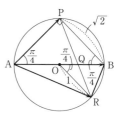

$$\overrightarrow{AR} = \overrightarrow{AO} + \overrightarrow{OR}$$

$$= \frac{1}{2}\overrightarrow{AB} + \frac{1}{\sqrt{2}}\overrightarrow{PB}$$

$$= \frac{1}{2}\overrightarrow{AB} + \frac{\sqrt{2}}{2}(\overrightarrow{AB} - \overrightarrow{AP})$$

$$= \frac{1+\sqrt{2}}{2}\overrightarrow{AB} - \frac{\sqrt{2}}{2}\overrightarrow{AP} \quad \cdots\cdots(答)$$

## 解法 2

(1) 〔解法1〕と同様にして $\quad AQ = 2\cos\theta$
円の中心を O とすると，円周角の性質から $\quad \angle ABR = \angle APR$
$\triangle APQ$ は $AP = AQ$，$\triangle OBR$ は $OB = OR$ で，いずれも二等辺三角形であるから

$$\triangle APQ \backsim \triangle OBR$$

$\therefore \quad \angle BOR = \angle PAQ = \theta$
よって，$\triangle AQR$ の面積を $S$ とすると

$$S = \frac{1}{2} AQ \cdot OR \sin\angle BOR$$

$$= \frac{1}{2} \cdot 2\cos\theta \cdot 1 \cdot \sin\theta$$

$$= \cos\theta \sin\theta = \frac{1}{2}\sin 2\theta \quad \cdots\cdots(答)$$

⑵ 〔解法1〕と同様にして，$S$ は $\theta = \dfrac{\pi}{4}$ のとき最大となる。

このとき，$\mathrm{AP} = 2\cos\dfrac{\pi}{4} = \sqrt{2}$ となるから，座標平面上で円 $C$ の中心を原点Oとし，

$\mathrm{A}(-1,\ 0)$，$\mathrm{B}(1,\ 0)$ とすると

$$\overrightarrow{\mathrm{AB}} = (2,\ 0),\ \overrightarrow{\mathrm{AP}} = |\overrightarrow{\mathrm{AP}}|\left(\cos\dfrac{\pi}{4},\ \sin\dfrac{\pi}{4}\right) = (1,\ 1)$$

$$\overrightarrow{\mathrm{OR}} = \left(\cos\left(-\dfrac{\pi}{4}\right),\ \sin\left(-\dfrac{\pi}{4}\right)\right) = \left(\dfrac{1}{\sqrt{2}},\ -\dfrac{1}{\sqrt{2}}\right)\ \left(\because\ \angle\mathrm{BOR} = \theta = \dfrac{\pi}{4}\right)$$

より

$$\overrightarrow{\mathrm{AR}} = \overrightarrow{\mathrm{OR}} - \overrightarrow{\mathrm{OA}} = \left(\dfrac{1}{\sqrt{2}} + 1,\ -\dfrac{1}{\sqrt{2}}\right)$$

$\overrightarrow{\mathrm{AR}} = s\overrightarrow{\mathrm{AB}} + t\overrightarrow{\mathrm{AP}}$（$s$，$t$ は実数）とおくと

$$\left(\dfrac{1}{\sqrt{2}} + 1,\ -\dfrac{1}{\sqrt{2}}\right) = s(2,\ 0) + t(1,\ 1)$$

であるから

$$2s + t = \dfrac{1}{\sqrt{2}} + 1,\ t = -\dfrac{1}{\sqrt{2}}$$

$$\therefore\quad s = \dfrac{1 + \sqrt{2}}{2}$$

よって　　$\overrightarrow{\mathrm{AR}} = \dfrac{1 + \sqrt{2}}{2}\overrightarrow{\mathrm{AB}} - \dfrac{\sqrt{2}}{2}\overrightarrow{\mathrm{AP}}$ ……(答)

## 解法 3

⑵ （三角形の相似を用いる解法）

〔解法1〕と同様にして，$S$ は $\theta = \dfrac{\pi}{4}$ のとき最大となる。

このとき

$$\mathrm{AQ} = \mathrm{AP} = \sqrt{2}$$
$$\mathrm{BQ} = \mathrm{AB} - \mathrm{AQ} = 2 - \sqrt{2}$$

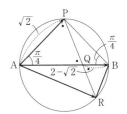

$\triangle\mathrm{APR}$ と $\triangle\mathrm{BQR}$ において，円周角の性質から

$$\angle\mathrm{PRA} = \angle\mathrm{PBA} = \angle\mathrm{PAB} = \angle\mathrm{PRB}$$

すなわち　　$\angle\mathrm{PRA} = \angle\mathrm{QRB}$

また

$$\angle\mathrm{APR} = \angle\mathrm{AQP} = \angle\mathrm{BQR}$$

であるから　　$\triangle\mathrm{APR} \infty \triangle\mathrm{BQR}$

よって　　$\mathrm{PR}:\mathrm{QR} = \mathrm{AP}:\mathrm{BQ} = \sqrt{2}:(2-\sqrt{2})$

したがって，Rは線分PQを $\sqrt{2}:(2-\sqrt{2})$ に外分する点であるから

$$\overrightarrow{AR} = \frac{-(2-\sqrt{2})\overrightarrow{AP} + \sqrt{2}\,\overrightarrow{AQ}}{\sqrt{2} - (2-\sqrt{2})}$$

$$= \frac{-\sqrt{2}(\sqrt{2}-1)\overrightarrow{AP} + \sqrt{2}\cdot\dfrac{\sqrt{2}}{2}\overrightarrow{AB}}{2(\sqrt{2}-1)}$$

$$= -\frac{\sqrt{2}}{2}\overrightarrow{AP} + \frac{1}{2(\sqrt{2}-1)}\overrightarrow{AB}$$

$$= \frac{\sqrt{2}+1}{2}\overrightarrow{AB} - \frac{\sqrt{2}}{2}\overrightarrow{AP} \quad \cdots\cdots(\text{答})$$

# 52

$a$, $b$, $c$ を実数とする。ベクトル $\vec{v_1} = (3, 0)$, $\vec{v_2} = (1, 2\sqrt{2})$ をとり，
$\vec{v_3} = a\vec{v_1} + b\vec{v_2}$ とおく。座標平面上のベクトル $\vec{p}$ に対する条件

( * )  $(\vec{v_1} \cdot \vec{p})\vec{v_1} + (\vec{v_2} \cdot \vec{p})\vec{v_2} + (\vec{v_3} \cdot \vec{p})\vec{v_3} = c\vec{p}$

を考える。ここで $\vec{v_i} \cdot \vec{p}$ $(i = 1, 2, 3)$ はベクトル $\vec{v_i}$ とベクトル $\vec{p}$ の内積を表す。このとき以下の問いに答えよ。

(1) 座標平面上の任意のベクトル $\vec{v} = (x, y)$ が，実数 $s$, $t$ を用いて $\vec{v} = s\vec{v_1} + t\vec{v_2}$ と表されることを，$s$ および $t$ の各々を $x$, $y$ の式で表すことによって示せ。

(2) $\vec{p} = \vec{v_1}$ と $\vec{p} = \vec{v_2}$ の両方が条件(*)をみたすならば，座標平面上のすべてのベクトル $\vec{v}$ に対して，$\vec{p} = \vec{v}$ が条件(*)をみたすことを示せ。

(3) 座標平面上のすべてのベクトル $\vec{v}$ に対して，$\vec{p} = \vec{v}$ が条件(*)をみたす。このような実数の組 $(a, b, c)$ をすべて求めよ。

---

**ポイント** (1) $\vec{v_1}$, $\vec{v_2}$ が 1 次独立であるときに成り立つ基本性質を示す問題である。実際に成分を代入して計算すればよい。

(2) $\vec{p} = \vec{v_1}$, $\vec{v_2}$ を(*)に代入した式を用いて，$\vec{p} = \vec{v} = s\vec{v_1} + t\vec{v_2}$ を(*)に代入した式が成り立つことを示す。成分を用いる必要はない。内容的には難しくないが，式が長くなるので，(*)を $\sum\limits_{k=1}^{3} (\vec{v_k} \cdot \vec{p})\vec{v_k} = c\vec{p}$ と表すとわかりやすくなる。

(3) (2)より $\vec{p} = \vec{v_1}$, $\vec{v_2}$ を(*)に代入した式を実際に計算して，$a$, $b$, $c$ を求める。このとき，$\vec{v_1}$ と $\vec{v_2}$ が 1 次独立であることを用いるとよい。成分計算を行って求めることもできる。

## 解 法

(1) $\vec{v} = s\vec{v_1} + t\vec{v_2}$ とおくと

$$(x,\ y) = s\,(3,\ 0) + t\,(1,\ 2\sqrt{2}\,)$$
$$= (3s + t,\ 2\sqrt{2}\,t)$$

これより $\begin{cases} x = 3s + t \\ y = 2\sqrt{2}\,t \end{cases}$

$$\therefore\ \ t = \frac{\sqrt{2}}{4}y,\ \ s = \frac{1}{3}x - \frac{\sqrt{2}}{12}y$$

よって,任意のベクトル $\vec{v} = (x,\ y)$ は

$$\vec{v} = \left(\frac{1}{3}x - \frac{\sqrt{2}}{12}y\right)\vec{v_1} + \frac{\sqrt{2}}{4}y\vec{v_2}$$

と表される。

したがって,任意のベクトル $\vec{v}$ は,実数 $s$,$t$ を用いて $\vec{v} = s\vec{v_1} + t\vec{v_2}$ と表される。

(証明終)


(2) $(\vec{v_1}\cdot\vec{p})\,\vec{v_1} + (\vec{v_2}\cdot\vec{p})\,\vec{v_2} + (\vec{v_3}\cdot\vec{p})\,\vec{v_3} = c\vec{p}$ を $\displaystyle\sum_{k=1}^{3} (\vec{v_k}\cdot\vec{p})\,\vec{v_k} = c\vec{p}$ ……( * )′

と表すと,$\vec{p} = \vec{v_1}$ と $\vec{p} = \vec{v_2}$ の両方が条件( * )′を満たすから

$$\sum_{k=1}^{3} (\vec{v_k}\cdot\vec{v_1})\,\vec{v_k} = c\vec{v_1} \quad\cdots\cdots\text{①}$$
$$\sum_{k=1}^{3} (\vec{v_k}\cdot\vec{v_2})\,\vec{v_k} = c\vec{v_2} \quad\cdots\cdots\text{②}$$

このとき(1)より,座標平面上の任意のベクトル $\vec{v}$ は,$\vec{v} = s\vec{v_1} + t\vec{v_2}$($s$,$t$ は実数)と表されるから

$$\sum_{k=1}^{3} (\vec{v_k}\cdot\vec{v})\,\vec{v_k} = \sum_{k=1}^{3} \{\vec{v_k}\cdot(s\vec{v_1} + t\vec{v_2})\}\,\vec{v_k}$$
$$= \sum_{k=1}^{3} (s\vec{v_k}\cdot\vec{v_1} + t\vec{v_k}\cdot\vec{v_2})\,\vec{v_k}$$
$$= s\sum_{k=1}^{3} (\vec{v_k}\cdot\vec{v_1})\,\vec{v_k} + t\sum_{k=1}^{3} (\vec{v_k}\cdot\vec{v_2})\,\vec{v_k}$$
$$= s\,(c\vec{v_1}) + t\,(c\vec{v_2}) \quad (\because\ \ \text{①,②より})$$
$$= c\,(s\vec{v_1} + t\vec{v_2})$$
$$= c\vec{v}$$

よって,すべてのベクトル $\vec{v}$ に対して,$\vec{p} = \vec{v}$ は条件( * )を満たす。 (証明終)

(3) 「すべてのベクトル $\vec{v}$ に対して，$\vec{p}=\vec{v}$ が条件(＊)を満たす」 ……③

ならば，$\vec{p}=\vec{v_1}$ も $\vec{p}=\vec{v_2}$ も条件(＊)を満たす。(2)よりこの逆も成り立つので，③と「①かつ②」は同値である。

①より $\quad (\vec{v_1}\cdot\vec{v_1})\,\vec{v_1}+(\vec{v_2}\cdot\vec{v_1})\,\vec{v_2}+(\vec{v_3}\cdot\vec{v_1})\,\vec{v_3}=c\vec{v_1}$ ……①′

②より $\quad (\vec{v_1}\cdot\vec{v_2})\,\vec{v_1}+(\vec{v_2}\cdot\vec{v_2})\,\vec{v_2}+(\vec{v_3}\cdot\vec{v_2})\,\vec{v_3}=c\vec{v_2}$ ……②′

ここで

$$\left.\begin{aligned} &\vec{v_1}\cdot\vec{v_1}=|\vec{v_1}|^2=9,\quad \vec{v_2}\cdot\vec{v_2}=|\vec{v_2}|^2=9,\quad \vec{v_1}\cdot\vec{v_2}=3\\ &\vec{v_3}\cdot\vec{v_1}=(a\vec{v_1}+b\vec{v_2})\cdot\vec{v_1}=a|\vec{v_1}|^2+b\vec{v_1}\cdot\vec{v_2}=9a+3b\\ &\vec{v_3}\cdot\vec{v_2}=(a\vec{v_1}+b\vec{v_2})\cdot\vec{v_2}=a\vec{v_1}\cdot\vec{v_2}+b|\vec{v_2}|^2=3a+9b \end{aligned}\right\}\quad \cdots\cdots④$$

であるから

①′より

$$9\vec{v_1}+3\vec{v_2}+(9a+3b)\,(a\vec{v_1}+b\vec{v_2})=c\vec{v_1}$$

$\therefore\quad \{9+(9a+3b)\,a\}\vec{v_1}+\{3+(9a+3b)\,b\}\vec{v_2}=c\vec{v_1}$

②′より

$$3\vec{v_1}+9\vec{v_2}+(3a+9b)\,(a\vec{v_1}+b\vec{v_2})=c\vec{v_2}$$

$\therefore\quad \{3+(3a+9b)\,a\}\vec{v_1}+\{9+(3a+9b)\,b\}\vec{v_2}=c\vec{v_2}$

$\vec{v_1}\neq\vec{0},\ \vec{v_2}\neq\vec{0},\ \vec{v_1}\not\parallel\vec{v_2}$ であるから

$$\begin{cases} 9+(9a+3b)\,a=c \quad\cdots\cdots⑤\\ 3+(9a+3b)\,b=0 \quad \therefore\quad 1+3ab+b^2=0 \quad\cdots\cdots⑥\\ 3+(3a+9b)\,a=0 \quad \therefore\quad 1+a^2+3ab=0 \quad\cdots\cdots⑦\\ 9+(3a+9b)\,b=c \quad\cdots\cdots⑧ \end{cases}$$

⑥－⑦より $\quad b^2-a^2=0$

$\therefore\quad b=\pm a$

⑦より

$b=a$ のとき，$1+4a^2=0$ となり，$a$ は実数であるから不適。

$b=-a$ のとき，$1-2a^2=0$ となり

$$a=\pm\frac{\sqrt{2}}{2},\quad b=\mp\frac{\sqrt{2}}{2}\quad\cdots\cdots⑨\quad \text{（複号同順）}$$

これと⑤より

$$c=9+(9a-3a)\,a=9+6a^2=9+6\cdot\frac{1}{2}=12\quad\cdots\cdots⑩$$

⑨，⑩は⑧を満たす。

よって

$$(a,\ b,\ c)=\left(\frac{\sqrt{2}}{2},\ -\frac{\sqrt{2}}{2},\ 12\right),\ \left(-\frac{\sqrt{2}}{2},\ \frac{\sqrt{2}}{2},\ 12\right)\quad\cdots\cdots\text{（答）}$$

〔注〕 ①′, ②′ を成分計算により求めると次のようになる。

$\vec{v_3} = a(3, 0) + b(1, 2\sqrt{2}) = (3a + b, 2\sqrt{2}\,b)$ と ①′, ②′, ④ より

$$\begin{cases} 9(3, 0) + 3(1, 2\sqrt{2}) + 3(3a + b)(3a + b, 2\sqrt{2}\,b) = (3c, 0) \\ 3(3, 0) + 9(1, 2\sqrt{2}) + 3(a + 3b)(3a + b, 2\sqrt{2}\,b) = (c, 2\sqrt{2}\,c) \end{cases}$$

成分を比較して

$$\begin{cases} 30 + 3(3a + b)^2 = 3c \\ 6\sqrt{2} + 3(3a + b) \cdot 2\sqrt{2}\,b = 0 \\ 18 + 3(a + 3b)(3a + b) = c \\ 18\sqrt{2} + 3(a + 3b) \cdot 2\sqrt{2}\,b = 2\sqrt{2}\,c \end{cases}$$

すなわち

$$\begin{cases} 10 + (3a + b)^2 = c & \cdots\cdots ㋐ \\ 1 + (3a + b)\,b = 0 & \cdots\cdots ㋑ \\ 18 + 3(a + 3b)(3a + b) = c & \cdots\cdots ㋒ \\ 9 + 3(a + 3b)\,b = c & \cdots\cdots ㋓ \end{cases}$$

㋒ － ㋓ より　　 $9 + 3(a + 3b) \cdot 3a = 0$

すなわち　　 $1 + (a + 3b)\,a = 0$　 $\cdots\cdots ㋔$

㋑ － ㋔ より　　 $b^2 - a^2 = 0$

　∴　 $b = \pm a$

以下, 〔解法〕と同様に計算を行えばよい。

参考　 $(\vec{v_1} \cdot \vec{p})\vec{v_1} + (\vec{v_2} \cdot \vec{p})\vec{v_2} + (\vec{v_3} \cdot \vec{p})\vec{v_3} = f(\vec{p})$ と表すことにすると,

(＊)は, $f(\vec{p}) = c\vec{p}$ と表されるから, (2)は

$$f(\vec{v_1}) = c\vec{v_1}, \ f(\vec{v_2}) = c\vec{v_2} \Longrightarrow f(\vec{v}) = c\vec{v} \quad (\vec{v} = s\vec{v_1} + t\vec{v_2})$$

が成り立つことを示す問題である。

$f(\vec{v}) = c\vec{v}$ は, $f(s\vec{v_1} + t\vec{v_2}) = c(s\vec{v_1} + t\vec{v_2}) = sf(\vec{v_1}) + tf(\vec{v_2})$ ($s$, $t$ は実数) と表されるから, 結局, 次の等式を示すことが本問の本質であるといえる。

$$f(s\vec{v_1} + t\vec{v_2}) = sf(\vec{v_1}) + tf(\vec{v_2}) \quad \cdots\cdots (＊＊)$$

(＊＊)を満たすような関数 $f$ のもつ性質のことを「線形性」という。

一般に, 関数や演算 $f$ が任意の $x$, $y$ に対して

$$f(sx + ty) = sf(x) + tf(y)$$

を満たすとき, $f$ は「線形性をもつ」という。本問はベクトルの内積が「線形性をもつ」という次の性質に基づいて構成されている。

$$\vec{v_k} \cdot (s\vec{v_1} + t\vec{v_2}) = s\vec{v_k} \cdot \vec{v_1} + t\vec{v_k} \cdot \vec{v_2}$$

なお, 〔解法〕では $\Sigma$ を用いて計算したが, $\Sigma$ という演算も線形性をもつ。すなわち

$$\sum_{k=1}^{n}(sx_k + ty_k) = s\sum_{k=1}^{n}x_k + t\sum_{k=1}^{n}y_k \quad (x_k = \vec{v_k} \cdot \vec{v_1}, \ y_k = \vec{v_k} \cdot \vec{v_2})$$

# 53 2009年度 〔2〕 Level B

平面上の三角形 OAB を考え,

$$\vec{a} = \overrightarrow{OA}, \quad \vec{b} = \overrightarrow{OB}, \quad t = \frac{|\vec{a}|}{2|\vec{b}|}$$

とおく。辺 OA を 1：2 に内分する点を C とし，$\overrightarrow{OD} = t\vec{b}$ となる点を D とする。$\overrightarrow{AD}$ と $\overrightarrow{OB}$ が直交し，$\overrightarrow{BC}$ と $\overrightarrow{OA}$ が直交するとき，次の問いに答えよ。

(1) ∠AOB を求めよ。

(2) $t$ の値を求めよ。

(3) AD と BC の交点を P とするとき，$\overrightarrow{OP}$ を $\vec{a}$, $\vec{b}$ を用いて表せ。

---

**ポイント** 条件は次の4つである。

$$\overrightarrow{OC} = \frac{1}{3}\vec{a}, \quad \overrightarrow{OD} = \frac{|\vec{a}|}{2|\vec{b}|}\vec{b}$$

$$\overrightarrow{AD} \cdot \overrightarrow{OB} = 0, \quad \overrightarrow{BC} \cdot \overrightarrow{OA} = 0$$

このとき，△OAB の垂心の位置ベクトルを求める問題である。

(1) ∠AOB は $\vec{a}$ と $\vec{b}$ のなす角であるから，上の条件のいくつかを使って，$\vec{a} \cdot \vec{b}$ を $|\vec{a}||\vec{b}|$ で表し，cos∠AOB を求める。

(2) (1)で用いなかった条件と，(1)で導いた条件から $|\vec{a}|$ を $|\vec{b}|$ で表す。

(3) $\overrightarrow{OP}$ を，$\vec{a}$ と $\vec{b}$ を用いて2通りに表し，比較する。

他の解法として，まず(1)で OD：OA を求め，これを利用して(2)で OA：OB，さらに(3)で AP：PD（または BP：PC）を図形的に求めていく方法も考えられる。

### 解 法 1

(1)　$\overrightarrow{AD} \perp \overrightarrow{OB}$ より　　$\overrightarrow{AD} \cdot \overrightarrow{OB} = 0$

$$\overrightarrow{AD} \cdot \overrightarrow{OB} = (\overrightarrow{OD} - \overrightarrow{OA}) \cdot \overrightarrow{OB}$$

$$= (t\vec{b} - \vec{a}) \cdot \vec{b}$$

$$= t|\vec{b}|^2 - \vec{a} \cdot \vec{b}$$

$$= \frac{|\vec{a}|}{2|\vec{b}|}|\vec{b}|^2 - \vec{a} \cdot \vec{b}$$

$$= \frac{1}{2}|\vec{a}||\vec{b}| - \vec{a} \cdot \vec{b}$$

よって　　$\dfrac{1}{2}|\vec{a}||\vec{b}| - \vec{a} \cdot \vec{b} = 0$

∴　$\vec{a} \cdot \vec{b} = \dfrac{1}{2}|\vec{a}||\vec{b}|$　……①

したがって　　$\cos\angle AOB = \dfrac{\vec{a} \cdot \vec{b}}{|\vec{a}||\vec{b}|} = \dfrac{\frac{1}{2}|\vec{a}||\vec{b}|}{|\vec{a}||\vec{b}|} = \dfrac{1}{2}$

$0° < \angle AOB < 180°$ より　　$\angle AOB = 60°$　……(答)

(2)　$\overrightarrow{BC} \perp \overrightarrow{OA}$ より　　$\overrightarrow{BC} \cdot \overrightarrow{OA} = 0$

$$\overrightarrow{BC} \cdot \overrightarrow{OA} = (\overrightarrow{OC} - \overrightarrow{OB}) \cdot \overrightarrow{OA}$$

$$= \left(\frac{1}{3}\vec{a} - \vec{b}\right) \cdot \vec{a}$$

$$= \frac{1}{3}|\vec{a}|^2 - \vec{a} \cdot \vec{b}$$

$$= \frac{1}{3}|\vec{a}|^2 - \frac{1}{2}|\vec{a}||\vec{b}|　(\because　①)$$

$$= \frac{1}{6}|\vec{a}|(2|\vec{a}| - 3|\vec{b}|)$$

よって　　$\dfrac{1}{6}|\vec{a}|(2|\vec{a}| - 3|\vec{b}|) = 0$

$|\vec{a}| \neq 0$ より　　$|\vec{a}| = \dfrac{3}{2}|\vec{b}|$

したがって　　$t = \dfrac{|\vec{a}|}{2|\vec{b}|} = \dfrac{\frac{3}{2}|\vec{b}|}{2|\vec{b}|} = \dfrac{3}{4}$　……(答)

(3) P は AD 上にあるから，$k$ を実数として

$$\overrightarrow{OP} = (1-k)\overrightarrow{OA} + k\overrightarrow{OD} = (1-k)\vec{a} + \frac{3}{4}k\vec{b} \quad \cdots\cdots ② \quad (\because \ (2))$$

と表せる。また，P は BC 上にあるから，$l$ を実数として

$$\overrightarrow{OP} = (1-l)\overrightarrow{OC} + l\overrightarrow{OB} = \frac{1-l}{3}\vec{a} + l\vec{b} \quad \cdots\cdots ③$$

と表せる。②，③より

$$(1-k)\vec{a} + \frac{3}{4}k\vec{b} = \frac{1-l}{3}\vec{a} + l\vec{b}$$

$\vec{a} \neq \vec{0}$，$\vec{b} \neq \vec{0}$，$\vec{a} \not\parallel \vec{b}$ であるから

$$1-k = \frac{1-l}{3} \quad \text{かつ} \quad \frac{3}{4}k = l$$

これを解いて，$1-k = \dfrac{1}{3} - \dfrac{1}{4}k$ より $\qquad k = \dfrac{8}{9}, \ l = \dfrac{2}{3}$

②より

$$\overrightarrow{OP} = \frac{1}{9}\vec{a} + \frac{2}{3}\vec{b} \quad \cdots\cdots (答)$$

〔注〕 (3)は次のように考えると，計算が簡明になる。

P は AD 上にあるから，$k$ を実数として

$$\overrightarrow{OP} = (1-k)\overrightarrow{OA} + k\overrightarrow{OD}$$
$$= 3(1-k)\overrightarrow{OC} + \frac{3}{4}k\overrightarrow{OB} \quad \left(\because \ \overrightarrow{OA} = 3\overrightarrow{OC}, \ \overrightarrow{OD} = \frac{3}{4}\overrightarrow{OB}\right)$$

ここで，P は CB 上にあるから

$$3(1-k) + \frac{3}{4}k = 1 \quad \therefore \quad k = \frac{8}{9}$$

P は AD 上にあるから，まず $\overrightarrow{OP}$ を $\overrightarrow{OA}$ と $\overrightarrow{OD}$ を用いて表し，次にこの式を $\overrightarrow{OA} = 3\overrightarrow{OC}$，$\overrightarrow{OD} = \dfrac{3}{4}\overrightarrow{OB}$ から，$\overrightarrow{OC}$ と $\overrightarrow{OB}$ で表すのがポイントである。あとはPがCB 上にあるから，次の性質を用いればよい。

「$\overrightarrow{OP} = s\overrightarrow{OC} + t\overrightarrow{OB}$（$s$，$t$ は実数）で定められる点Pが，直線 CB 上にあるとき，$s+t=1$ が成り立つ」

## 解法 2

（図形的な解法）

(1) $\quad OD = |t\vec{b}| = |t||\vec{b}| = \dfrac{|\vec{a}|}{2|\vec{b}|}|\vec{b}| = \dfrac{1}{2}|\vec{a}| = \dfrac{1}{2}OA$

$\angle ODA = 90°$ であるから

$$\cos\angle AOB = \frac{OD}{OA} = \frac{1}{2}$$

$0°<\angle\mathrm{AOB}<180°$ より 　　$\angle\mathrm{AOB}=60°$ ……(答)

(2) $\angle\mathrm{OCB}=90°$, $\angle\mathrm{AOB}=60°$, $\mathrm{OC}=\dfrac{1}{3}\mathrm{OA}$ であるから

$$\mathrm{OB}=2\mathrm{OC}=\dfrac{2}{3}\mathrm{OA}\qquad\therefore\quad\dfrac{\mathrm{OA}}{\mathrm{OB}}=\dfrac{3}{2}$$

よって　　$t=\dfrac{|\vec{a}|}{2|\vec{b}|}=\dfrac{\mathrm{OA}}{2\mathrm{OB}}=\dfrac{3}{4}$ ……(答)

(3) $\triangle\mathrm{OAD}$ と直線 BC について，メネラウスの定理により

$$\dfrac{\mathrm{OC}}{\mathrm{CA}}\cdot\dfrac{\mathrm{AP}}{\mathrm{PD}}\cdot\dfrac{\mathrm{DB}}{\mathrm{BO}}=1$$

$\overrightarrow{\mathrm{OD}}=t\vec{b}=\dfrac{3}{4}\overrightarrow{\mathrm{OB}}$ より　　$\dfrac{\mathrm{DB}}{\mathrm{BO}}=\dfrac{1}{4}$

$$\dfrac{1}{2}\cdot\dfrac{\mathrm{AP}}{\mathrm{PD}}\cdot\dfrac{1}{4}=1\qquad\therefore\quad\dfrac{\mathrm{AP}}{\mathrm{PD}}=8$$

よって，P は AD を $8:1$ に内分する点であるから

$$\overrightarrow{\mathrm{OP}}=\dfrac{\overrightarrow{\mathrm{OA}}+8\overrightarrow{\mathrm{OD}}}{9}=\dfrac{1}{9}\vec{a}+\dfrac{8}{9}\cdot\dfrac{3}{4}\vec{b}=\dfrac{1}{9}\vec{a}+\dfrac{2}{3}\vec{b}$$ ……(答)

〔注〕(3)は，次のように直角三角形の辺の比を考えて解くこともできる。

　　$\angle\mathrm{OCB}=90°$, $\angle\mathrm{BOC}=60°$, $\angle\mathrm{CAP}=30°$, $\mathrm{OC}=\dfrac{1}{3}\mathrm{OA}$ であるから

$$\mathrm{BC}=\sqrt{3}\,\mathrm{OC}=\dfrac{\sqrt{3}}{3}\mathrm{OA}$$

$$\mathrm{PC}=\dfrac{1}{\sqrt{3}}\mathrm{AC}=\dfrac{\sqrt{3}}{3}\cdot\dfrac{2}{3}\mathrm{OA}$$

$$\therefore\quad\mathrm{BC}:\mathrm{PC}=\dfrac{\sqrt{3}}{3}\mathrm{OA}:\dfrac{\sqrt{3}}{3}\cdot\dfrac{2}{3}\mathrm{OA}=3:2$$

よって，P は BC を $1:2$ に内分する点であるから

$$\overrightarrow{\mathrm{OP}}=\dfrac{2\overrightarrow{\mathrm{OB}}+\overrightarrow{\mathrm{OC}}}{3}=\dfrac{2}{3}\vec{b}+\dfrac{1}{3}\cdot\dfrac{1}{3}\vec{a}=\dfrac{1}{9}\vec{a}+\dfrac{2}{3}\vec{b}$$

参考 正射影ベクトル

ベクトル $\overrightarrow{\mathrm{OA}}=\vec{a}$, $\overrightarrow{\mathrm{OB}}=\vec{b}$ に対して，点 B から直線 OA に垂線 BH を引くとき，$\overrightarrow{\mathrm{OH}}$ のことを $\overrightarrow{\mathrm{OB}}$ の $\overrightarrow{\mathrm{OA}}$ への「正射影ベクトル」という。$\overrightarrow{\mathrm{OH}}$ は次のようにして求められる。

$\vec{a}$, $\vec{b}$ のなす角を $\theta$ $(0°\leqq\theta\leqq180°)$ とすると

$$\overrightarrow{\mathrm{OH}}=(|\vec{b}|\cos\theta)\vec{e}$$

　　　　（$\vec{e}$ は $\vec{a}$ と同じ向きの単位ベクトル）

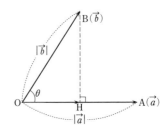

$$= |\vec{b}|\cos\theta \cdot \frac{\vec{a}}{|\vec{a}|} = \frac{|\vec{a}||\vec{b}|\cos\theta}{|\vec{a}|^2}\vec{a}$$

$$= \frac{\vec{a}\cdot\vec{b}}{|\vec{a}|^2}\vec{a}$$

この正射影ベクトルを用いると

(1) $\overrightarrow{\mathrm{OD}}$ は「$\vec{a}$ の $\vec{b}$ への正射影ベクトル」だから

$$\overrightarrow{\mathrm{OD}} = \frac{\vec{a}\cdot\vec{b}}{|\vec{b}|^2}\vec{b}$$

一方，$\overrightarrow{\mathrm{OD}} = \dfrac{|\vec{a}|}{2|\vec{b}|}\vec{b}$ であるから　　$\dfrac{\vec{a}\cdot\vec{b}}{|\vec{b}|^2} = \dfrac{|\vec{a}|}{2|\vec{b}|}$　　$\therefore$　$\dfrac{\vec{a}\cdot\vec{b}}{|\vec{a}||\vec{b}|} = \dfrac{1}{2}$

よって，$\cos\angle\mathrm{AOB} = \dfrac{1}{2}$ より　　　$\angle\mathrm{AOB} = 60°$

(2) $\overrightarrow{\mathrm{OC}}$ は「$\vec{b}$ の $\vec{a}$ への正射影ベクトル」だから

$$\overrightarrow{\mathrm{OC}} = \frac{\vec{a}\cdot\vec{b}}{|\vec{a}|^2}\vec{a} = \frac{|\vec{a}||\vec{b}|\cos 60°}{|\vec{a}|^2}\vec{a} = \frac{|\vec{b}|}{2|\vec{a}|}\vec{a}$$

一方，$\overrightarrow{\mathrm{OC}} = \dfrac{1}{3}\vec{a}$ であるから　　$\dfrac{|\vec{b}|}{2|\vec{a}|} = \dfrac{1}{3}$

$\therefore$　$\dfrac{|\vec{b}|}{|\vec{a}|} = \dfrac{2}{3}$

よって　　$t = \dfrac{|\vec{a}|}{2|\vec{b}|} = \dfrac{1}{2}\cdot\dfrac{3}{2} = \dfrac{3}{4}$

# 54 2008 年度 〔1〕（理系数学と共通） Level A

点Oで交わる2つの半直線 OX，OY があって∠XOY＝60°とする。2点A，Bが OX 上にO，A，Bの順に，また，2点C，DがOY 上にO，C，Dの順に並んでいるとして，線分 AC の中点をM，線分 BD の中点をNとする。線分 AB の長さを $s$，線分 CD の長さを $t$ とするとき，以下の問いに答えよ。

⑴　線分 MN の長さを $s$ と $t$ を用いて表せ。

⑵　点A，BとC，Dが，$s^2+t^2=1$ を満たしながら動くとき，線分 MN の長さの最大値を求めよ。

---

**ポイント**　⑴　ベクトルを用いて考えるのが最もきれいに解けそうである。$\overrightarrow{MN}$ を $\overrightarrow{AB}$ と $\overrightarrow{CD}$ を用いて表すと，$|\overrightarrow{AB}|$，$|\overrightarrow{CD}|$，$\overrightarrow{AB}\cdot\overrightarrow{CD}$ の値は容易にわかるので，簡単なベクトルの内積計算により答えが得られる。〔**解法2**〕は座標平面を用いる方法である。点Oを原点，半直線 OX を $x$ 軸とし，OA＝$a$，OC＝$c$ とおいて，4点A，B，C，D を $a$，$c$，$s$，$t$ で表し，さらに MN を $a$，$c$，$s$，$t$ で表す。〔**解法3**〕は平面図形の性質を用いた解法である。

⑵　⑴より，$st$ の最大値を求めればよいことがわかる。条件は $s^2+t^2=1$ である。相加・相乗平均の関係 $\dfrac{s^2+t^2}{2}\geqq\sqrt{s^2t^2}$ を用いる方法や，$s=\cos\theta$，$t=\sin\theta$ とおいて三角関数の公式を利用する方法が考えられる。

---

## 解法 1

⑴
$$\overrightarrow{MN}=\overrightarrow{ON}-\overrightarrow{OM}$$
$$=\frac{1}{2}(\overrightarrow{OB}+\overrightarrow{OD})-\frac{1}{2}(\overrightarrow{OA}+\overrightarrow{OC})$$
$$=\frac{1}{2}\{(\overrightarrow{OB}-\overrightarrow{OA})+(\overrightarrow{OD}-\overrightarrow{OC})\}$$
$$=\frac{1}{2}(\overrightarrow{AB}+\overrightarrow{CD})$$

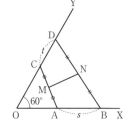

$|\overrightarrow{AB}|=s$，$|\overrightarrow{CD}|=t$，$\overrightarrow{AB}\cdot\overrightarrow{CD}=st\cos60°=\dfrac{1}{2}st$ であるから

$$|\overrightarrow{MN}|^2=\frac{1}{4}|\overrightarrow{AB}+\overrightarrow{CD}|^2$$

$$= \frac{1}{4}\left(|\overrightarrow{AB}|^2 + 2\overrightarrow{AB}\cdot\overrightarrow{CD} + |\overrightarrow{CD}|^2\right)$$

$$= \frac{1}{4}\left(s^2 + st + t^2\right)$$

$$\therefore \quad MN = \frac{1}{2}\sqrt{s^2 + st + t^2} \quad \cdots\cdots① \quad \cdots\cdots(答)$$

(2)  $s^2 + t^2 = 1$  ……②

①より    $MN = \frac{1}{2}\sqrt{st + 1}$

ここで，$s^2 > 0$，$t^2 > 0$ であるから，相加・相乗平均の関係より

$$\frac{s^2 + t^2}{2} \geqq \sqrt{s^2 t^2}$$

すなわち    $\frac{1}{2} \geqq st$   $(\because \quad s > 0, \ t > 0 \quad \cdots\cdots③)$

等号は $s^2 = t^2$，すなわち $s = t = \dfrac{1}{\sqrt{2}}$  $(\because \quad ②，③)$ のとき成り立つ。

よって

$$MN \leqq \frac{1}{2}\sqrt{\frac{1}{2} + 1} = \frac{\sqrt{6}}{4} \quad \left(\text{等号は } s = t = \frac{1}{\sqrt{2}} \text{ のとき成り立つ}\right)$$

したがって，MN の長さの最大値は    $\dfrac{\sqrt{6}}{4}$  ……(答)

## 解 法 2

(1) 点 O を原点，半直線 OX を $x$ 軸とし，OA $= a$，OC $= c$ $(a,\ c$ は定数) とおくと，AB $= s$，CD $= t$，$\angle XOY = 60°$ より

$$A(a,\ 0), \quad B(a+s,\ 0), \quad C\left(\frac{c}{2},\ \frac{\sqrt{3}}{2}c\right), \quad D\left(\frac{c+t}{2},\ \frac{\sqrt{3}\,(c+t)}{2}\right)$$

とおくことができる。このとき

$$M\left(\frac{2a+c}{4},\ \frac{\sqrt{3}\,c}{4}\right), \quad N\left(\frac{2(a+s)+c+t}{4},\ \frac{\sqrt{3}\,(c+t)}{4}\right)$$

となるから

$$MN^2 = \left\{\frac{2(a+s)+c+t}{4} - \frac{2a+c}{4}\right\}^2 + \left\{\frac{\sqrt{3}\,(c+t)}{4} - \frac{\sqrt{3}\,c}{4}\right\}^2$$

$$= \left(\frac{2s+t}{4}\right)^2 + \left(\frac{\sqrt{3}\,t}{4}\right)^2$$

$$= \frac{s^2 + st + t^2}{4}$$

$$\therefore \quad \mathrm{MN} = \frac{1}{2}\sqrt{s^2 + st + t^2} \quad \cdots\cdots(\text{答})$$

(2)　$s^2 + t^2 = 1$, $s>0$, $t>0$ より

$$s = \cos\theta, \quad t = \sin\theta, \quad 0<\theta<\frac{\pi}{2}$$

とおくと

$$\mathrm{MN} = \frac{1}{2}\sqrt{\cos\theta\sin\theta + 1} = \frac{1}{2}\sqrt{\frac{1}{2}\sin 2\theta + 1}$$

$0<\theta<\dfrac{\pi}{2}$ より，$\theta = \dfrac{\pi}{4}$ のとき $\sin 2\theta$ は最大値 1 をとる。

このとき　　$\mathrm{MN} = \dfrac{1}{2}\sqrt{\dfrac{1}{2}+1} = \dfrac{\sqrt{6}}{4}$

で，これが MN の最大値である。

よって，MN の長さの最大値は　　$\dfrac{\sqrt{6}}{4}$　$\cdots\cdots(\text{答})$

## 解 法 3

(1)　図1のように，半直線 OX 上にAと異なる点 A′ および B′ を A′B′ = s を満たし，O，A′，B′ がこの順に並ぶようにとり，A′C，B′D の中点をそれぞれ M′，N′ とする。

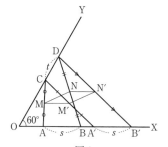

図1

このとき，M，M′ はそれぞれ AC，A′C の中点であるから，△AA′C において中点連結定理より

$$\mathrm{MM}' = \frac{1}{2}\mathrm{AA}', \quad \mathrm{MM}' \parallel \mathrm{AA}' \quad \cdots\cdots㋐$$

㋐はAまたはCがOと一致するときも成り立つ（特に，AとCがともにOと一致するときは，MもOと一致し，OA′ の中点が M′ となるから，このときも㋐は成り立つと考えることができる）。

同様に，△BB′D において中点連結定理より

$$NN' = \frac{1}{2}BB', \quad NN' /\!/ BB' \quad \cdots\cdots ①$$

AA′＝BB′ であるから，⑦，① より

$$MM' = NN', \quad MM' /\!/ NN'$$

よって，四角形 MM′N′N は平行四辺形となるから    $MN = M'N'$

このことから，MN の長さは，A，B の位置によらず一定であることがわかる。さらに，半直線 OY 上で同様に考えることにより，MN の長さは C，D の位置によらず一定であることもわかる。

したがって，図 2 のように，A と C を O に一致するようにとったときの BD の中点 N に対して，ON の長さを求めればよい。

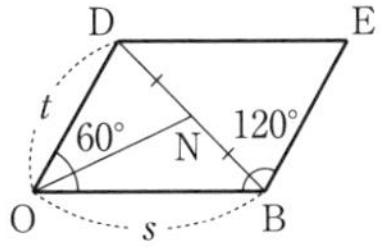

ここで，四角形 OBED が平行四辺形となるように点 E をとると，∠OBE＝120° より，余弦定理を用いて

$$OE^2 = BO^2 + BE^2 - 2BO \cdot BE \cos 120°$$

$$\therefore \quad OE = \sqrt{s^2 + t^2 + st}$$

よって，求める長さは

$$ON = \frac{1}{2}OE = \frac{1}{2}\sqrt{s^2 + t^2 + st} \quad \cdots\cdots (答)$$

図 2

# 55

$xy$ 平面において，原点 O を通る半径 $r$ （$r>0$）の円を $C$ とし，その中心を A とする。O を除く $C$ 上の点 P に対し，次の 2 つの条件(a), (b)で定まる点 Q を考える。

(a)　$\overrightarrow{\mathrm{OP}}$ と $\overrightarrow{\mathrm{OQ}}$ の向きが同じ

(b)　$|\overrightarrow{\mathrm{OP}}||\overrightarrow{\mathrm{OQ}}|=1$

以下の問いに答えよ。

(1)　点 P が O を除く $C$ 上を動くとき，点 Q は $\overrightarrow{\mathrm{OA}}$ に直交する直線上を動くことを示せ。

(2)　(1)の直線を $l$ とする。$l$ が $C$ と 2 点で交わるとき，$r$ のとりうる値の範囲を求めよ。

---

**ポイント**　(1)　ベクトル方程式を用いる解法と，座標平面を用いる解法が考えられる。前者の解法では，$|\overrightarrow{\mathrm{OP}}-\overrightarrow{\mathrm{OA}}|=r$ と条件(a), (b)より $2\overrightarrow{\mathrm{OA}}\cdot\overrightarrow{\mathrm{OQ}}=1$ が得られるが，この式を満たす点 Q が $\overrightarrow{\mathrm{OA}}$ に垂直な直線上にあることを示せばよい。これにはいくつかの方法があるが，たとえば，$2\overrightarrow{\mathrm{OA}}\cdot\overrightarrow{\mathrm{OQ}}=1$ を変形して $\overrightarrow{\mathrm{OA}}\cdot\overrightarrow{\mathrm{BQ}}=0$ を満たす点 B を見つけることを目標として示してみよう。後者の解法では，点 Q の軌跡が直線になることを示し，その直線が直線 OA と直交することを確認する。

(2)　原点 O と $l$ の距離が円 $C$ の直径より小さくなればよいことに着目し，$\overrightarrow{\mathrm{OA}}$ と $\overrightarrow{\mathrm{OB}}$ の関係について考えよう。

---

## 解 法 1

(1)　条件(a)より　　　　$\overrightarrow{\mathrm{OP}}=t\overrightarrow{\mathrm{OQ}}$　　（$t>0$）　……①

とおける。

条件(b)に①を代入すると

$$t|\overrightarrow{\mathrm{OQ}}|^2=1　……②$$

点 P が O を除く $C$ 上を動くとき

$$|\overrightarrow{\mathrm{OP}}-\overrightarrow{\mathrm{OA}}|=r　……③,\quad \overrightarrow{\mathrm{OP}}\neq\vec{0}$$

が成り立つ。③の両辺を平方して

$$|\overrightarrow{\mathrm{OP}}|^2-2\overrightarrow{\mathrm{OP}}\cdot\overrightarrow{\mathrm{OA}}+|\overrightarrow{\mathrm{OA}}|^2=r^2$$

①と $|\overrightarrow{\mathrm{OA}}|=r$　……④　より

$$t^2|\overrightarrow{OQ}|^2 - 2t\overrightarrow{OQ}\cdot\overrightarrow{OA} = 0$$

②より

$$t - 2t\overrightarrow{OQ}\cdot\overrightarrow{OA} = 0$$

$$\therefore\quad 2\overrightarrow{OA}\cdot\overrightarrow{OQ} = 1 \quad \cdots\cdots⑤ \quad (\because\quad t>0)$$

また，④より

$$\frac{1}{r^2}\overrightarrow{OA}\cdot\overrightarrow{OA} = 1 \quad \cdots\cdots⑥$$

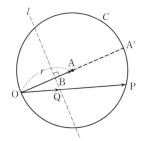

であるから，⑤，⑥より

$$2\overrightarrow{OA}\cdot\overrightarrow{OQ} - \frac{1}{r^2}\overrightarrow{OA}\cdot\overrightarrow{OA} = 0$$

$$2\overrightarrow{OA}\cdot\left(\overrightarrow{OQ} - \frac{1}{2r^2}\overrightarrow{OA}\right) = 0$$

ここで，$\overrightarrow{OB} = \dfrac{1}{2r^2}\overrightarrow{OA}$ $\cdots\cdots⑦$ を満たす点Bをとると，Bは定点で

$$2\overrightarrow{OA}\cdot(\overrightarrow{OQ} - \overrightarrow{OB}) = 0$$

$$\therefore\quad \overrightarrow{OA}\cdot\overrightarrow{BQ} = 0$$

$\overrightarrow{OA}\perp\overrightarrow{BQ}$ または $\overrightarrow{BQ} = \vec{0}$ より，点QはBを通り，$\overrightarrow{OA}$ に直交する直線上を動く。

(証明終)

〔注〕 ⑤：$2\overrightarrow{OA}\cdot\overrightarrow{OQ}=1$ から，次のように考えてもよい。

$\overrightarrow{OA}$ と $\overrightarrow{OQ}$ のなす角を $\theta$ $(0°\leqq\theta\leqq180°)$ とおくと，⑤より

$$2|\overrightarrow{OA}||\overrightarrow{OQ}|\cos\theta = 1$$

$|\overrightarrow{OA}| = r$ より

$$|\overrightarrow{OQ}|\cos\theta = \frac{1}{2r} > 0$$

であるから，$\cos\theta > 0$，すなわち $0°\leqq\theta<90°$ である。

このとき，点Qから直線OAに垂線QBを引くと

$$|\overrightarrow{OB}| = |\overrightarrow{OQ}|\cos\theta = \frac{1}{2r} \quad (\text{一定})$$

であるからBは直線OA上の定点であり，QB⊥OA が成り立つ。

よって，点QはBを通り $\overrightarrow{OA}$ に直交する直線上を動く。

なお，このとき，$|\overrightarrow{OQ}||\cos\theta|$ のことを $\overrightarrow{OQ}$ の直線OA上への「正射影」という。

(2) $\overrightarrow{OA'} = 2\overrightarrow{OA}$ を満たす点 A' をとると，線分 OA' は円 $C$ の直径である。(1)の点B
は直線OA' 上にあるから，$l$ と $C$ が2点で交わる条件は，Bが線分 OA' 上（ただし，
端点O，A' を除く）にあることである。

⑦より $\overrightarrow{OB} = \dfrac{1}{2r^2}\overrightarrow{OA} = \dfrac{1}{4r^2}\overrightarrow{OA'}$ であるから

$$0<\frac{1}{4r^2}<1 \quad \therefore \quad r^2>\frac{1}{4}$$

$r>0$ より　　$r>\frac{1}{2}$　……(答)

〔注〕 (2)は次のように考えてもよい。

(1)の点Bについて，⑦より，$\overrightarrow{OA}$ と $\overrightarrow{OB}$ は向きが同じであるから，$l$ と $C$ が 2 点で交わる条件は，Bが円 $C$ の内部にあること，すなわち $|\overrightarrow{OB}|<$（円 $C$ の直径）である。

⑦より $|\overrightarrow{OB}|=\frac{1}{2r^2}|\overrightarrow{OA}|=\frac{r}{2r^2}=\frac{1}{2r}$ であるから　　$\frac{1}{2r}<2r$

$r>0$ より　　$r^2>\frac{1}{4}$

$\therefore \quad r>\frac{1}{2}$

## 解法 2

(1) 2点P，Qをそれぞれ $(X, Y)$，$(x, y)$ とおくと，条件(a)より
$$\overrightarrow{OP}=t\overrightarrow{OQ} \quad (t>0)$$
とおけるから
$$(X, Y)=t(x, y)$$
$$\therefore \quad X=tx, \ Y=ty \quad ……Ⓐ$$
条件(b)より　　$\sqrt{X^2+Y^2}\sqrt{x^2+y^2}=1$

両辺を 2 乗して　　$(X^2+Y^2)(x^2+y^2)=1$

Ⓐを代入すると
$$t^2(x^2+y^2)^2=1$$
$$\therefore \quad t(x^2+y^2)=1 \quad ……Ⓑ \quad (\because \ t>0, \ x^2+y^2\geqq 0)$$
点Aを $(a, b)$ とすると，点PがOを除く $C$ 上を動くとき
$$(X-a)^2+(Y-b)^2=r^2, \quad (X, Y)\neq(0, 0)$$
Ⓐを代入すると
$$(tx-a)^2+(ty-b)^2=r^2$$
$$t^2(x^2+y^2)-2t(ax+by)+a^2+b^2=r^2$$
$OA^2=r^2$ より　　$a^2+b^2=r^2$　……Ⓒ

これとⒷより
$$t-2t(ax+by)=0$$
$$\therefore \quad ax+by-\frac{1}{2}=0 \quad (\because \ t>0)$$
よって，点Qは直線 $ax+by-\frac{1}{2}=0$　……Ⓓ 上を動き，$\overrightarrow{OA}=(a, b)$はⒹの法線ベク

トル（①に垂直なベクトル）であるから，①は $\overrightarrow{\mathrm{OA}}$ に直交する。

したがって，点Qは $\overrightarrow{\mathrm{OA}}$ に直交する直線①上を動く。 （証明終）

(2) (1)より，$l : ax + by - \dfrac{1}{2} = 0$ が $C$ と2点で交わる条件は，$C$ の中心 $\mathrm{A}\,(a,\ b)$ と $l$ の距離が $C$ の半径 $r$ より小さいことである。

よって $\dfrac{\left|a^2 + b^2 - \dfrac{1}{2}\right|}{\sqrt{a^2 + b^2}} < r$

ⓒより $\dfrac{\left|r^2 - \dfrac{1}{2}\right|}{\sqrt{r^2}} < r$　$\left|r^2 - \dfrac{1}{2}\right| < r^2$

これより $-r^2 < r^2 - \dfrac{1}{2} < r^2$

$r^2 > \dfrac{1}{4}$，$r > 0$ より $r > \dfrac{1}{2}$　……（答）

参考1 一般に，$\overrightarrow{\mathrm{OA}} \cdot \overrightarrow{\mathrm{OQ}} = c$（$c$ は定数）を満たす点Qは，$\overrightarrow{\mathrm{OA}}$ に垂直な直線上にある。このことは，次のようにして示すことができる。

(ⅰ) $\overrightarrow{\mathrm{OA}} = (a,\ b)$，$\overrightarrow{\mathrm{OQ}} = (x,\ y)$ とおくと

$ax + by = c$

これは，$\overrightarrow{\mathrm{OA}}$ に垂直な直線を表す。

(ⅱ) $\overrightarrow{\mathrm{OA}}$ と $\overrightarrow{\mathrm{OQ}}$ のなす角を $\theta$ とすると

$|\overrightarrow{\mathrm{OA}}||\overrightarrow{\mathrm{OQ}}|\cos\theta = c$，$|\overrightarrow{\mathrm{OA}}| = r$ より

$|\overrightarrow{\mathrm{OQ}}|\cos\theta = \dfrac{c}{r}$

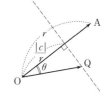

となるから，$\overrightarrow{\mathrm{OQ}}$ の直線 OA 上への正射影の長さ $|\overrightarrow{\mathrm{OQ}}||\cos\theta|$ が一定 $\left(\dfrac{|c|}{r}\right)$ である。

これは，点Qが $\overrightarrow{\mathrm{OA}}$ に垂直な直線上にあることを示している。

参考2 反転

一般に，平面上のOと異なる点Pを，半直線 OP 上にあって $\mathrm{OP} \cdot \mathrm{OQ} = r^2$ となる点Qに移す変換を，「中心O，半径 $r$ の円による反転」という（右図）。本問では，中心O，半径1の円による反転によって，Oを通る円 $C$（中心A）が OA に垂直な直線（$l$）に移されることを示している。なお，Oを通らない円や直線は，この反転によって円に移されることが知られている。余力のある読者はぜひ確かめてみよう。

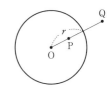

# 56 2006年度 〔3〕（理系数学と類似） Level A

$xy$ 平面上の点 A $(1, 2)$ を通る直線 $l$ が $x$ 軸，$y$ 軸とそれぞれ点 P，Q で交わるとする。点 R を

$$\overrightarrow{OP} + \overrightarrow{OQ} = \overrightarrow{OA} + \overrightarrow{OR}$$

を満たすようにとる。ただし，O は $xy$ 平面の原点である。このとき，直線 $l$ の傾きにかかわらず，点 R はある関数 $y = f(x)$ のグラフ上にある。関数 $f(x)$ を求めよ。

---

**ポイント** 点 R の座標を $(x, y)$ とおいて，$x$ と $y$ の関係式を求めることが目標である。「直線 $l$ の傾きにかかわらず」とあるので，$l$ の傾きを $m$ として，$x$ と $y$ を $m$ の式で表し，それらの式から $m$ を消去することによって，目標とする関係式を導く。与えられた条件式を使うためには，P，Q の座標が必要であるが，これは $l$ の方程式を立てることによって容易に $m$ で表すことができる。

他の方法として，P $(p, 0)$，Q $(0, q)$，R $(x, y)$ とおき，条件式と $\overrightarrow{AP} /\!/ \overrightarrow{AQ}$ から求めることもできる。

---

## 解 法 1

直線 $l$ は点 A を通り，$x$ 軸，$y$ 軸と交わるから，傾きを $m$ として

$$y - 2 = m(x - 1) \quad (m \neq 0) \quad \cdots\cdots\text{①}$$

とおくことができる。①で

$y = 0$ のとき　　$x = 1 - \dfrac{2}{m}$

$x = 0$ のとき　　$y = 2 - m$

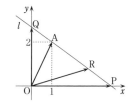

よって　　$\text{P}\left(1 - \dfrac{2}{m},\ 0\right)$，$\text{Q}(0,\ 2 - m)$

ここで

$$\overrightarrow{OR} = \overrightarrow{OP} + \overrightarrow{OQ} - \overrightarrow{OA}$$

であるから，R の座標を $(x, y)$ とすると

$$(x,\ y) = \left(1 - \dfrac{2}{m},\ 0\right) + (0,\ 2 - m) - (1,\ 2)$$

$$= \left(-\dfrac{2}{m},\ -m\right)$$

よって

$$x = -\dfrac{2}{m} \quad \cdots\cdots\text{②},\quad y = -m \quad \cdots\cdots\text{③}$$

②より，$x \neq 0$ で $\quad m = -\dfrac{2}{x}$

これを③に代入して $\quad y = \dfrac{2}{x}$

すなわち，点Rは $m$ の値にかかわらず，$y = \dfrac{2}{x}$ のグラフ上にある。

ゆえに $\quad f(x) = \dfrac{2}{x}$ ……(答)

**解法2**

(ベクトルの平行を利用する解法)

点P，Q，Rの座標をそれぞれ $(p, 0)$，$(0, q)$，$(x, y)$ とおく。

$\overrightarrow{OP} + \overrightarrow{OQ} = \overrightarrow{OA} + \overrightarrow{OR}$ より

$\quad (p, q) = (1+x, 2+y)$

すなわち

$$\begin{cases} p = 1+x & \cdots\cdots Ⓐ \\ q = 2+y & \cdots\cdots Ⓑ \end{cases}$$

また $\quad \overrightarrow{AP} = (p-1, -2)$，$\overrightarrow{AQ} = (-1, q-2)$，$\overrightarrow{AP} /\!/ \overrightarrow{AQ}$

であるから

$\quad (p-1)(q-2) - (-2)\cdot(-1) = 0$

Ⓐ，Ⓑより，$x = p-1$，$y = q-2$ であるから

$\quad xy - 2 = 0$

$\quad xy = 2$

よって $\quad y = \dfrac{2}{x}$

ゆえに $\quad f(x) = \dfrac{2}{x}$ ……(答)

〔注〕 ベクトルの平行条件
$\vec{a} = (a_1, a_2) \neq \vec{0}$，$\vec{b} = (b_1, b_2) \neq \vec{0}$ のとき
$\quad \vec{a} /\!/ \vec{b} \Longleftrightarrow a_1 b_2 - a_2 b_1 = 0$
を用いた。

# 57 2003 年度 〔1〕 Level C

平面ベクトル $\vec{p}=(p_1,\ p_2)$, $\vec{q}=(q_1,\ q_2)$ に対して $\{\vec{p},\ \vec{q}\}=p_1q_2-p_2q_1$ と定める。

(1) 平面ベクトル $\vec{a}$, $\vec{b}$, $\vec{c}$ に対して $\{\vec{a},\ \vec{b}\}=l$, $\{\vec{b},\ \vec{c}\}=m$, $\{\vec{c},\ \vec{a}\}=n$ とするとき

$$l\vec{c}+m\vec{a}+n\vec{b}=\vec{0}$$

が成り立つことを示せ。

(2) (1)で $l$, $m$, $n$ がすべて正であるとする。このとき任意の平面ベクトル $\vec{d}$ は 0 以上の実数 $r$, $s$, $t$ を用いて

$$\vec{d}=r\vec{a}+s\vec{b}+t\vec{c}$$

と表すことができることを示せ。

---

**ポイント** (1) 記号の意味をよく把握して，ベクトルの成分を計算する。

(2) まず，(1)で示した結果を $\vec{a}$, $\vec{b}$, $\vec{d}$ に適用することで，$\vec{d}=\alpha\vec{a}+\beta\vec{b}$ ($\alpha$, $\beta$ は実数) の形に表せることがわかる。次に，$\vec{d}=r\vec{a}+s\vec{b}+t\vec{c}$ と表したときに，$r\geqq0$, $s\geqq0$, $t\geqq0$ となるような $r$, $s$, $t$ を具体的に求める。$r$, $s$, $t$ を $\alpha$, $\beta$, $l$, $m$, $n$ で表し，$l>0$, $m>0$, $n>0$ を用いて示す。$\vec{d}=\alpha\vec{a}+\beta\vec{b}$ と表せることは，$\vec{a}$ と $\vec{b}$ が 1 次独立 ($\vec{a}\neq\vec{0}$, $\vec{b}\neq\vec{0}$, $\vec{a}\nparallel\vec{b}$) であることを導いて示すこともできる。

---

## 解法 1

(1) $\vec{a}=(a_1,\ a_2)$, $\vec{b}=(b_1,\ b_2)$, $\vec{c}=(c_1,\ c_2)$ とすると

$$l=a_1b_2-a_2b_1,\quad m=b_1c_2-b_2c_1,\quad n=c_1a_2-c_2a_1$$

であるから

$$l\vec{c}=(a_1b_2c_1-a_2b_1c_1,\ a_1b_2c_2-a_2b_1c_2)$$
$$m\vec{a}=(a_1b_1c_2-a_1b_2c_1,\ a_2b_1c_2-a_2b_2c_1)$$
$$n\vec{b}=(a_2b_1c_1-a_1b_1c_2,\ a_2b_2c_1-a_1b_2c_2)$$

$$\therefore\quad l\vec{c}+m\vec{a}+n\vec{b}=\vec{0}\quad\cdots\cdots①$$ 　　　　　　　　　　　（証明終）

(2) (1)より，平面ベクトル $\vec{a}$, $\vec{b}$, $\vec{d}$ に関して，$\{\vec{a},\ \vec{b}\}=l$, $\{\vec{b},\ \vec{d}\}=m'$, $\{\vec{d},\ \vec{a}\}=n'$ とするとき

$$l\vec{d}+m'\vec{a}+n'\vec{b}=0$$

が成り立つから，$l>0$ より $-\dfrac{m'}{l}=\alpha$，$-\dfrac{n'}{l}=\beta$ とすると

$$\vec{d}=-\frac{m'}{l}\vec{a}-\frac{n'}{l}\vec{b}$$
$$=\alpha\vec{a}+\beta\vec{b} \quad\cdots\cdots②$$

また，①と $m>0$，$n>0$ より

$$\vec{a}=-\frac{n}{m}\vec{b}-\frac{l}{m}\vec{c} \quad\cdots\cdots③$$
$$\vec{b}=-\frac{m}{n}\vec{a}-\frac{l}{n}\vec{c} \quad\cdots\cdots④$$

であるから，②において $\alpha<0$ のとき，③より

$$\alpha\vec{a}=-\frac{n}{m}\alpha\vec{b}-\frac{l}{m}\alpha\vec{c}$$

となって，$-\dfrac{n}{m}\alpha=\beta_1$，$-\dfrac{l}{m}\alpha=\gamma_1$ とおくと，$\beta_1>0$，$\gamma_1>0$ となり

$$\alpha\vec{a}=\beta_1\vec{b}+\gamma_1\vec{c} \quad (\beta_1>0,\ \gamma_1>0)$$

と表せる。同様にして，②において $\beta<0$ のとき，④より

$$\beta\vec{b}=\alpha_2\vec{a}+\gamma_2\vec{c} \quad (\alpha_2>0,\ \gamma_2>0)$$

と表せる。このことから，$\vec{d}$ は②より

$$\vec{d}=\begin{cases} \alpha\vec{a}+\beta\vec{b}=\alpha\vec{a}+\beta\vec{b}+0\vec{c} & (\alpha\geqq0,\ \beta\geqq0 \text{ のとき}) \\ (\beta_1\vec{b}+\gamma_1\vec{c})+\beta\vec{b}=0\vec{a}+(\beta+\beta_1)\vec{b}+\gamma_1\vec{c} & (\alpha<0,\ \beta\geqq0 \text{ のとき}) \\ \alpha\vec{a}+(\alpha_2\vec{a}+\gamma_2\vec{c})=(\alpha+\alpha_2)\vec{a}+0\vec{b}+\gamma_2\vec{c} & (\alpha\geqq0,\ \beta<0 \text{ のとき}) \\ (\beta_1\vec{b}+\gamma_1\vec{c})+(\alpha_2\vec{a}+\gamma_2\vec{c})=\alpha_2\vec{a}+\beta_1\vec{b}+(\gamma_1+\gamma_2)\vec{c} & (\alpha<0,\ \beta<0 \text{ のとき}) \end{cases}$$

と表されるので，いずれの場合も，$\vec{d}=r\vec{a}+s\vec{b}+t\vec{c}$ $(r\geqq0,\ s\geqq0,\ t\geqq0)$ と表すことができることが示された。 (証明終)

## 解法 2

(2) $\vec{a}=(a_1,\ a_2)$，$\vec{b}=(b_1,\ b_2)$ に対して $l=a_1b_2-a_2b_1$

$l>0$ であるから $\vec{a}\neq\vec{0}$，$\vec{b}\neq\vec{0}$ $\cdots\cdots㋐$

また，$\vec{a}/\!/\vec{b}$ とすると，$\vec{a}=k\vec{b}$（$k$ は $k\neq0$ なる実数）とおけるから，

$(a_1,\ a_2)=(kb_1,\ kb_2)$ より

$$l=a_1b_2-a_2b_1=kb_1b_2-kb_2b_1=0$$

これは $l>0$ に反するから $\vec{a}\!\!\nparallel\vec{b}$ $\cdots\cdots㋑$

㋐，㋑より，$\vec{a}$ と $\vec{b}$ は1次独立であり，$\alpha$，$\beta$ を実数として

$$\vec{d}=\alpha\vec{a}+\beta\vec{b} \quad\cdots\cdots㋒$$

ここで，①の両辺に負でない実数 $t'$ をかけて

$$\vec{0} = mt'\vec{a} + nt'\vec{b} + lt'\vec{c} \quad \cdots\cdots ㋓$$

㋒＋㋓ より

$$\vec{d} = (\alpha + mt')\vec{a} + (\beta + nt')\vec{b} + lt'\vec{c} \quad (t' \geqq 0)$$

ここで $l > 0$，$m > 0$，$n > 0$ より

$$\alpha + mt' \geqq 0, \quad \beta + nt' \geqq 0 \iff t' \geqq -\frac{\alpha}{m}, \quad t' \geqq -\frac{\beta}{n}$$

をともに満たす $t' (\geqq 0)$ の値の1つを $t_0$ とすると

$$\alpha + mt_0 \geqq 0, \quad \beta + nt_0 \geqq 0, \quad lt_0 \geqq 0$$

よって，$r = \alpha + mt_0$，$s = \beta + nt_0$，$t = lt_0$ とおくと

$$\vec{d} = r\vec{a} + s\vec{b} + t\vec{c}, \quad r \geqq 0, \quad s \geqq 0, \quad t \geqq 0$$

と表すことができる。　　　　　　　　　　　　　　　　　　（証明終）

〔注〕　図を用いて説明すると次のようになる（$\vec{a}$ と $\vec{b}$ が1次独立であることまでは〔解法2〕と同じ）。

$\vec{a}$，$\vec{b}$，$\vec{c}$，$\vec{d}$ を，それぞれ原点Oに関する点A，B，C，Dの位置ベクトルとすると，① より

$$\overrightarrow{OC} = -\frac{m}{l}\overrightarrow{OA} - \frac{n}{l}\overrightarrow{OB}, \quad -\frac{m}{l} < 0, \quad -\frac{n}{l} < 0$$

であるから，点Cの存在する領域は図1の網目部分（境界線は含まない）である。このとき点Dは，図2の領域㋐，㋑，㋒または境界線上のいずれかにある。

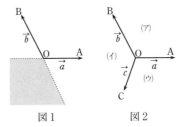

図1　　　　　図2

Dが領域㋐（境界線を含む）にあるとき

$$\overrightarrow{OD} = r\overrightarrow{OA} + s\overrightarrow{OB} + 0 \cdot \overrightarrow{OC}, \quad r \geqq 0, \quad s \geqq 0$$

Dが領域㋑（境界線を含む）にあるとき

$$\overrightarrow{OD} = 0 \cdot \overrightarrow{OA} + s\overrightarrow{OB} + t\overrightarrow{OC}, \quad s \geqq 0, \quad t \geqq 0$$

Dが領域㋒（境界線を含む）にあるとき

$$\overrightarrow{OD} = r\overrightarrow{OA} + 0 \cdot \overrightarrow{OB} + t\overrightarrow{OC}, \quad r \geqq 0, \quad t \geqq 0$$

と表すことができる。よって

$$\vec{d} = r\vec{a} + s\vec{b} + t\vec{c}, \quad r \geqq 0, \quad s \geqq 0, \quad t \geqq 0$$

と表すことができる。

参考 $\vec{lc} + m\vec{a} + n\vec{b} = \vec{0}$ について

$\vec{a} = (a_1, a_2) = \overrightarrow{OA}$, $\vec{b} = (b_1, b_2) = \overrightarrow{OB}$, $\vec{c} = (c_1, c_2) = \overrightarrow{OC}$ とおいて，さらに三角形の面積について，$S_A = \triangle OBC$, $S_B = \triangle OCA$, $S_C = \triangle OAB$, $S = \triangle ABC$ とすると

$$S_A = \frac{|b_1c_2 - b_2c_1|}{2} = \frac{|m|}{2}, \quad S_B = \frac{|c_1a_2 - c_2a_1|}{2} = \frac{|n|}{2}, \quad S_C = \frac{|a_1b_2 - a_2b_1|}{2} = \frac{|l|}{2}$$

が成り立つので，$l>0$, $m>0$, $n>0$ のときは

$$l = 2S_C, \quad m = 2S_A, \quad n = 2S_B$$

となるから，(1)より

$$S_C\vec{c} + S_A\vec{a} + S_B\vec{b} = \vec{0}$$

が成り立つ。これは入試にもしばしば登場する重要事項であるが，次のように図形的に示すこともできる。

$\vec{lc} + m\vec{a} + n\vec{b} = \vec{0}$ ($l>0$, $m>0$, $n>0$) が成り立つとき

$$\vec{lc} + (m+n) \cdot \frac{m\vec{a} + n\vec{b}}{m+n} = \vec{0}$$

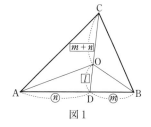

$\frac{m\vec{a} + n\vec{b}}{m+n} = \vec{d} = \overrightarrow{OD}$ とおくと，点 D は AB を $n:m$ に内分する点で，さらに

$$\vec{lc} + (m+n)\vec{d} = \vec{0} \quad \cdots\cdots(*)$$

が成り立つから，点 O は CD を $m+n:l$ に内分する点であることがわかる（図1）。

図1

このことから，点Oは△ABCの内部の領域に存在する点であり

$$S_A = \frac{m}{m+n} \cdot \frac{m+n}{l+m+n} S = \frac{m}{l+m+n} S$$

$$S_B = \frac{n}{m+n} \cdot \frac{m+n}{l+m+n} S = \frac{n}{l+m+n} S$$

$$S_C = \frac{l}{l+m+n} S$$

となるので，$S_C : S_A : S_B = l : m : n$ が成り立つことがわかる。

(1)は $l>0$, $m>0$, $n>0$ 以外の場合も同様の性質が成り立つことを示唆していて，例えば $l<0$, $m>0$, $n>0$ とすると，$-S_C\vec{c} + S_A\vec{a} + S_B\vec{b} = \vec{0}$ となるが，$(*)$ より，点 O は CD を $m+n:l$ に分ける点，つまり $m+n:-l$ ($=S_A+S_B:S_C$) に外分する点となる（図2）。すなわち，点 O は△ABCの外部の領域に存在する点である。

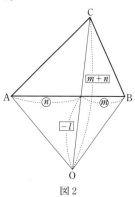

このことから，点Oが△ABCの外部の点であっても

$$|l| = S_A, \quad |m| = S_B, \quad |n| = S_C$$

を満たす実数 $l$, $m$, $n$ を適当に定めると

$$\vec{lc} + m\vec{b} + n\vec{a} = \vec{0}$$

と表すことができるのである。

このとき，一般的に点Oを点Pと表し，位置ベクトルの原点を新たに点Oと定義すると，(1)より

図2

$$l\overrightarrow{PC} + m\overrightarrow{PB} + n\overrightarrow{PA} = \vec{0} \iff l(\overrightarrow{OC} - \overrightarrow{OP}) + m(\overrightarrow{OB} - \overrightarrow{OP}) + n(\overrightarrow{OA} - \overrightarrow{OP}) = \vec{0}$$

となるから，平面上の点 P は $l + m + n \neq 0$ のとき

$$\overrightarrow{OP} = \frac{l\overrightarrow{OC} + m\overrightarrow{OB} + n\overrightarrow{OA}}{l + m + n}$$

と表されることがわかる。

# §9 数 列

## 58 2017年度〔3〕 Level B

次の条件によって定められる数列 $\{a_n\}$ がある。
$$a_1=2, \quad a_{n+1}=8a_n^2 \quad (n=1, 2, 3, \cdots)$$

(1) $b_n=\log_2 a_n$ とおく。$b_{n+1}$ を $b_n$ を用いてあらわせ。

(2) 数列 $\{b_n\}$ の一般項を求めよ。

(3) $P_n=a_1 a_2 a_3 \cdots a_n$ とおく。数列 $\{P_n\}$ の一般項を求めよ。

(4) $P_n>10^{100}$ となる最小の自然数 $n$ を求めよ。

---

**ポイント** (1)・(2) $a_n$ の累乗の形の漸化式が与えられている。この形の漸化式は，両辺の対数をとって考えるのが定石であるから，誘導に従って解いていけばよい。
(3) $\log_2 P_n$ を計算する。数列 $\{b_n\}$ の和を求めることになる。
(4) $P_n>10^{100} \Longleftrightarrow \log_2 P_n>100\log_2 10$ として考える。$\log_2 10$ のおおよその値を知る必要があるが，$2^3<10<2^4$ から求めればよい。

§9
数
列

### 解 法

(1) $a_{n+1}=8a_n^2$ の両辺の底を $2$ とする対数をとると
$$\log_2 a_{n+1}=\log_2 8a_n^2=\log_2 8+\log_2 a_n^2$$
$$=3+2\log_2 a_n$$
$b_n=\log_2 a_n$ とおくと
$$b_{n+1}=2b_n+3 \quad \cdots\cdots(答)$$

〔注〕 両辺の対数をとる前に，$a_n>0$ が成り立つことを確認しなければならないが，本問の場合は，$b_n=\log_2 a_n$ が与えられ，これは $a_n>0$ が前提になっているので，$a_n>0$ の確認は省略した。$a_n>0$ を確認する場合は，「$a_1=2>0$ より，帰納的に $a_{n+1}=8a_n^2>0$ $(n=1, 2, 3, \cdots)$ であるから，$a_n>0$」と書けばよい。

(2) $b_{n+1}=2b_n+3$ について，$\alpha=2\alpha+3$ とすると，$\alpha=-3$ となるから
$$b_{n+1}+3=2(b_n+3)$$

と変形できる。このことから，数列 $\{b_n+3\}$ は公比 2 の等比数列であり，初項は
$$b_1+3=\log_2 a_1+3=\log_2 2+3=4$$
よって
$$b_n+3=4\cdot 2^{n-1}$$
$4\cdot 2^{n-1}=2^2\cdot 2^{n-1}=2^{n+1}$ であるから
$$b_n=2^{n+1}-3 \quad\cdots\cdots(\text{答})$$

(3)
$$\begin{aligned}
\log_2 P_n &=\log_2(a_1 a_2 a_3\cdots a_n)\\
&=\log_2 a_1+\log_2 a_2+\log_2 a_3+\cdots+\log_2 a_n\\
&=b_1+b_2+b_3+\cdots+b_n\\
&=\sum_{k=1}^{n}(2^{k+1}-3)\\
&=\frac{2^2(2^n-1)}{2-1}-3n
\end{aligned}$$
$$\left(\because\ \sum_{k=1}^{n}2^{k+1} \text{ は初項 } 2^2，公比 2，項数 n \text{ の等比数列の和}\right)$$
$$=2^{n+2}-3n-4 \quad\cdots\cdots\text{①}$$
よって　　$P_n=2^{2^{n+2}-3n-4}$ $\quad\cdots\cdots(\text{答})$

(4)　$P_n>10^{100}$ で，底 $2>1$ より
$$\log_2 P_n>\log_2 10^{100} \quad\therefore\quad \log_2 P_n>100\log_2 10$$
ここで，$2^3<10<2^4$ で，底 $2>1$ であるから
$$\log_2 2^3<\log_2 10<\log_2 2^4$$
すなわち，$3<\log_2 10<4$ より　　$300<100\log_2 10<400$ $\quad\cdots\cdots\text{②}$
①より，$1\le n\le 6$ のとき
$$\log_2 P_n=2^{n+2}-3n-4<2^{n+2}\le 2^{6+2}=256<300$$
このとき，②より $P_n>10^{100}$ を満たさない。
$n=7$ のとき
$$\log_2 P_7=2^{7+2}-3\cdot 7-4=512-21-4=487>400$$
よって，②より，$P_7>10^{100}$ を満たす。
したがって，$P_n>10^{100}$ を満たす最小の自然数 $n$ は
$$n=7 \quad\cdots\cdots(\text{答})$$

〔注〕 $\log_2 P_{n+1}-\log_2 P_n=\{2^{n+3}-3(n+1)-4\}-(2^{n+2}-3n-4)$
$$=2^{n+2}-3>0 \quad(n=1,\ 2,\ 3,\ \cdots)$$
すなわち，$\log_2 P_n<\log_2 P_{n+1}$ より，$\{\log_2 P_n\}$ は増加数列であることを示し
$$\log_2 P_6=2^8-3\cdot 6-4=234，\ \log_2 P_7=2^9-3\cdot 7-4=487$$
から，$n=7$ を導いてもよい。

**参考** 対数型の漸化式

本問のように，一般項 $a_n$ の累乗 $a_n{}^p$ や累乗根 $\sqrt[k]{a_n}$，積 $a_{n+1}a_n$ 等を含む漸化式の場合は，両辺が正であることを確認した後，両辺の対数（底は適当に定めればよい）をとって $\log_c a_n = b_n$ とおくと，$\{b_n\}$ の漸化式に帰着できる。

本問では，$a_{n+1}=8a_n{}^2$ の両辺の底を 2 とする対数をとって，$b_n=\log_2 a_n$ とおくと，$\{b_n\}$ に関する漸化式 $b_{n+1}=2b_n+3$ が得られた。

例えば，$\{a_n\}$ についての漸化式 $a_{n+2}=a_{n+1}a_n{}^2$，$a_1=1$，$a_2=3$（$a_n>0$）が与えられたときは，漸化式の両辺の底を 3 とする対数をとって，$\log_3 a_n = b_n$ とおくと

$$\log_3 a_{n+2}=\log_3 a_{n+1}+2\log_3 a_n, \quad \log_3 a_1=0, \quad \log_3 a_2=1$$

から，隣接 3 項間漸化式

$$b_{n+2}-b_{n+1}-2b_n=0, \quad b_1=0, \quad b_2=1$$

に帰着することができる。

# 59

1 以上 6 以下の 2 つの整数 $a$, $b$ に対し，関数 $f_n(x)$ （$n=1$, 2, 3, …）を次の条件 (ア)，(イ)，(ウ)で定める。

(ア)　$f_1(x) = \sin(\pi x)$

(イ)　$f_{2n}(x) = f_{2n-1}\left(\dfrac{1}{a}+\dfrac{1}{b}-x\right)$　（$n=1$, 2, 3, …）

(ウ)　$f_{2n+1}(x) = f_{2n}(-x)$　　　　（$n=1$, 2, 3, …）

以下の問いに答えよ。

(1)　$a=2$, $b=3$ のとき，$f_5(0)$ を求めよ。

(2)　1 個のさいころを 2 回投げて，1 回目に出る目を $a$，2 回目に出る目を $b$ とするとき，$f_6(0)=0$ となる確率を求めよ。

---

**ポイント**　(1)　定義に従って，順に $f_2(x)$, $f_3(x)$, $f_4(x)$, $f_5(x)$ を求める。〔解法2〕のように，逆に，$f_5(x)$ を $f_4(x)$, $f_3(x)$, $f_2(x)$, $f_1(x)$ の順に，これらを用いて表してもよい。$\dfrac{1}{a}+\dfrac{1}{b}=c$ とおくと見やすくなる。

(2)　$f_6(x)$ を求め，$f_6(0)=0$ を $a$, $b$ で表す。$a$, $b$ が満たす条件を求め，条件を満たす $a$, $b$ の組が何組あるかを考える。

---

## 解法 1

(1)　$\dfrac{1}{a}+\dfrac{1}{b}=c$ とおく。

$$f_{2n}(x) = f_{2n-1}(c-x) \quad \cdots\cdots (イ)' \quad (n=1, 2, 3, \cdots)$$

(ア)，(イ)'より　　$f_2(x) = f_1(c-x) = \sin\pi(c-x)$　……①

(ウ)，①より　　$f_3(x) = f_2(-x) = \sin\pi(c+x)$　……②

(イ)'，②より　　$f_4(x) = f_3(c-x) = \sin\pi\{c+(c-x)\} = \sin\pi(2c-x)$　……③

(ウ)，③より　　$f_5(x) = f_4(-x) = \sin\pi(2c+x)$　……④

$a=2$, $b=3$ のとき，$c=\dfrac{1}{2}+\dfrac{1}{3}=\dfrac{5}{6}$ であるから，④より

$$f_5(0) = \sin\frac{5}{3}\pi = -\frac{\sqrt{3}}{2} \quad \cdots\cdots (答)$$

(2) ④と(イ)より

$$f_6(x) = f_5(c-x) = \sin\pi\{2c + (c-x)\}$$
$$= \sin\pi(3c-x)$$

$f_6(0) = 0$ より $\qquad \sin 3\pi c = 0$

よって，$m$ を整数として，$3\pi c = m\pi$ と表される。

したがって $\qquad c = \dfrac{m}{3}$

すなわち $\qquad \dfrac{1}{a} + \dfrac{1}{b} = \dfrac{m}{3}$

$$\therefore \quad \dfrac{3}{a} + \dfrac{3}{b} = m \quad (整数) \quad \cdots\cdots(*)$$

$\dfrac{3}{a}$，$\dfrac{3}{b}$ のとる値をまとめると，次のようになる。

| $a\,(b)$ | 1 | 2 | 3 | 4 | 5 | 6 |
|---|---|---|---|---|---|---|
| $\dfrac{3}{a}\left(\dfrac{3}{b}\right)$ | 3 | $\dfrac{3}{2}$ | 1 | $\dfrac{3}{4}$ | $\dfrac{3}{5}$ | $\dfrac{1}{2}$ |

$\dfrac{3}{a} + \dfrac{3}{b}$ が整数になる $(a, b)$ の組は

$\quad (1, 1)\cdots 3+3 \qquad (1, 3)\cdots 3+1 \qquad (3, 1)\cdots 1+3$

$\quad (2, 2)\cdots \dfrac{3}{2}+\dfrac{3}{2} \qquad (3, 3)\cdots 1+1 \qquad (2, 6)\cdots \dfrac{3}{2}+\dfrac{1}{2}$

$\quad (6, 2)\cdots \dfrac{1}{2}+\dfrac{3}{2} \qquad (6, 6)\cdots \dfrac{1}{2}+\dfrac{1}{2}$

の8組である。

ゆえに，求める確率は

$$\dfrac{8}{6^2} = \dfrac{2}{9} \quad \cdots\cdots(答)$$

## 解法 2

(1) $\dfrac{1}{a} + \dfrac{1}{b} = c$ とおく。

$$f_5(x) = f_4(-x) \quad (\because \ (ウ)より)$$
$$= f_3(c-(-x)) = f_3(c+x) \quad (\because \ (イ)より)$$
$$= f_2(-c-x) \quad (\because \ (ウ)より)$$
$$= f_1(c-(-c-x)) = f_1(2c+x) \quad (\because \ (イ)より)$$
$$= \sin\pi(2c+x) \quad (\because \ (ア)より)$$

(以下，〔解法1〕に同じ)

〔注〕　まず，$x=0$ を代入して次のように計算してもよい。
　　$x=0$ を代入すると
$$\begin{aligned}
f_5(0) &= f_4(0) \quad (\because \ (ウ)より) \\
&= f_3(c) \quad (\because \ (イ)より) \\
&= f_2(-c) \quad (\because \ (ウ)より) \\
&= f_1(c-(-c)) \quad (\because \ (イ)より) \\
&= f_1(2c) = \sin 2c\pi \quad (\because \ (ア)より)
\end{aligned}$$

(2)　((＊)までは〔解法1〕に同じ)

(＊)より，$\dfrac{3(a+b)}{ab} = m$（整数）であるから，$ab$ は $3(a+b)$ の約数である。

ここで，$a$, $b$ のいずれか一方が偶数で，もう一方が奇数であるとすると，$ab$ は偶数であるのに対して $3(a+b)$ は奇数となるから不合理である。よって，$a$, $b$ の偶奇は一致することが必要である。

このことから，右表により(＊)を満たす $(a, b)$ の組は

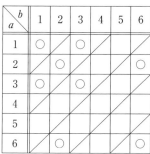

　　$(1, 1)$，$(1, 3)$，$(2, 2)$，$(2, 6)$，

　　$(3, 1)$，$(3, 3)$，$(6, 2)$，$(6, 6)$

の8組である。

ゆえに，求める確率は

$$\frac{8}{6^2} = \frac{2}{9} \quad \cdots\cdots (答)$$

# 60 2005年度 〔3〕 Level A

数列 $\{a_n\}$ を

$$a_1 = \frac{1}{3}, \quad \frac{1}{a_{n+1}} - \frac{1}{a_n} = 1 \quad (n = 1, \ 2, \ 3, \ \cdots)$$

で定め,数列 $\{b_n\}$ を

$$b_1 = a_1 a_2, \quad b_{n+1} - b_n = a_{n+1} a_{n+2} \quad (n = 1, \ 2, \ 3, \ \cdots)$$

で定める。

(1) 一般項 $a_n$ を $n$ を用いて表せ。

(2) 一般項 $b_n$ を $n$ を用いて表せ。

---

**ポイント** (1) 与式より数列 $\left\{\dfrac{1}{a_n}\right\}$ がどのような数列であるかを考える。

(2) 数列 $\{b_{n+1} - b_n\}$ は数列 $\{b_n\}$ の階差数列であるから,(1)の結果を用いて,$b_1$,$b_{n+1} - b_n$ を $n$ の式で表せば,$b_n$ を求めることができる。

---

## 解 法 1

(1) $a_1 = \dfrac{1}{3}$, $\dfrac{1}{a_{n+1}} - \dfrac{1}{a_n} = 1 \ (n = 1, \ 2, \ 3, \ \cdots)$ より

数列 $\left\{\dfrac{1}{a_n}\right\}$ は初項 $\dfrac{1}{a_1} = 3$,公差 1 の等差数列であるから

$$\frac{1}{a_n} = 3 + (n-1) \cdot 1 = n + 2$$

$$\therefore \quad a_n = \frac{1}{n+2} \quad (n = 1, \ 2, \ 3, \ \cdots) \quad \cdots\cdots(\text{答})$$

(2) (1)より

$$b_1 = a_1 a_2 = \frac{1}{3} \cdot \frac{1}{4} = \frac{1}{12}$$

$$b_{n+1} - b_n = a_{n+1} a_{n+2} = \frac{1}{n+3} \cdot \frac{1}{n+4} = \frac{1}{n+3} - \frac{1}{n+4}$$

であるから,階差数列の公式より,$n \geqq 2$ のとき

$$b_n = b_1 + \sum_{k=1}^{n-1} (b_{k+1} - b_k)$$

$$= \frac{1}{12} + \sum_{k=1}^{n-1}\left(\frac{1}{k+3} - \frac{1}{k+4}\right)$$

$$= \frac{1}{12} + \left\{\left(\frac{1}{4} - \frac{1}{5}\right) + \left(\frac{1}{5} - \frac{1}{6}\right) + \cdots + \left(\frac{1}{n+2} - \frac{1}{n+3}\right)\right\}$$

$$= \frac{1}{12} + \frac{1}{4} - \frac{1}{n+3}$$

$$= \frac{(n+3) - 3}{3(n+3)}$$

$$= \frac{n}{3(n+3)}$$

これは $n=1$ のときも成り立つ。

したがって

$$b_n = \frac{n}{3(n+3)} \quad (n=1,\ 2,\ 3,\ \cdots) \quad \cdots\cdots(答)$$

## 解法 2

(2) $\left(b_{n+1} - b_n = \dfrac{1}{n+3} - \dfrac{1}{n+4}\ を導くところまでは〔解法1〕に同じ\right)$

$$b_{n+1} + \frac{1}{n+4} = b_n + \frac{1}{n+3}$$

$b_n + \dfrac{1}{n+3} = c_n$ とおくと，$c_{n+1} = c_n$ であるから

$$c_n = c_{n-1} = \cdots = c_1 = b_1 + \frac{1}{4}$$

$$= \frac{1}{12} + \frac{1}{4} = \frac{1}{3}$$

これより

$$c_n = b_n + \frac{1}{n+3} = \frac{1}{3}$$

$$b_n = \frac{1}{3} - \frac{1}{n+3} = \frac{n}{3(n+3)} \quad (n=1,\ 2,\ 3,\ \cdots) \quad \cdots\cdots(答)$$

参考　調和数列

本問の数列 $\{a_n\}$ のように，各項の逆数 $\left\{\dfrac{1}{a_n}\right\}$ が等差数列となるような数列のことを「調和数列」という。

例えば，次のような数列は調和数列である。

- $1,\ \dfrac{1}{3},\ \dfrac{1}{5},\ \dfrac{1}{7},\ \cdots$

- $12,\ 6,\ 4,\ 3,\ \cdots$

# 年度別出題リスト

| 年度 | 大問 | | セクション | 番号 | 配点率 | レベル | 問題編 | 解答編 |
|---|---|---|---|---|---|---|---|---|
| 2022 年度 | 〔1〕 | §8 | ベクトル | 47 | 30 % | A | 38 | 186 |
| | 〔2〕 | §2 | 場合の数と確率 | 4 | 35 % | B | 12 | 62 |
| | 〔3〕 | §7 | 微分法と積分法 | 34 | 35 % | B | 32 | 147 |
| 2021 年度 | 〔1〕 | §7 | 微分法と積分法 | 35 | 30 % | B | 32 | 150 |
| | 〔2〕 | §8 | ベクトル | 48 | 35 % | A | 38 | 188 |
| | 〔3〕 | §3 | 整数の性質 | 12 | 35 % | B | 17 | 81 |
| 2020 年度 | 〔1〕 | §7 | 微分法と積分法 | 36 | 35 % | A | 33 | 153 |
| | 〔2〕 | §2 | 場合の数と確率 | 5 | 35 % | B | 12 | 64 |
| | 〔3〕 | §6 | 三角関数と指数・対数関数 | 28 | 30 % | A | 28 | 133 |
| 2019 年度 | 〔1〕 | §5 | 図形と方程式 | 20 | 30 % | A | 23 | 104 |
| | 〔2〕 | §4 | 方程式と不等式 | 15 | 35 % | B | 20 | 92 |
| | 〔3〕 | §8 | ベクトル | 49 | 35 % | C | 39 | 190 |
| 2018 年度 | 〔1〕 | §6 | 三角関数と指数・対数関数 | 29 | 30 % | A | 28 | 135 |
| | 〔2〕 | §2 | 場合の数と確率 | 6 | 35 % | B | 13 | 67 |
| | 〔3〕 | §8 | ベクトル | 50 | 35 % | C | 40 | 195 |
| 2017 年度 | 〔1〕 | §7 | 微分法と積分法 | 37 | 30 % | A | 33 | 155 |
| | 〔2〕 | §4 | 方程式と不等式 | 16 | 35 % | B | 20 | 95 |
| | 〔3〕 | §9 | 数列 | 58 | 35 % | B | 46 | 231 |
| 2016 年度 | 〔1〕 | §1 | 2次関数 | 1 | 30 % | C | 9 | 50 |
| | 〔2〕 | §1 | 2次関数 | 2 | 35 % | B | 9 | 53 |
| | 〔3〕 | §9 | 数列 | 59 | 35 % | B | 46 | 234 |
| 2015 年度 | 〔1〕 | §4 | 方程式と不等式 | 17 | 30 % | C | 20 | 97 |
| | 〔2〕 | §7 | 微分法と積分法 | 38 | 35 % | B | 33 | 157 |
| | 〔3〕 | §8 | ベクトル | 51 | 35 % | B | 41 | 203 |
| 2014 年度 | 〔1〕 | §5 | 図形と方程式 | 21 | 30 % | A | 23 | 106 |
| | 〔2〕 | §6 | 三角関数と指数・対数関数 | 30 | 35 % | B | 28 | 137 |
| | 〔3〕 | §7 | 微分法と積分法 | 39 | 35 % | B | 33 | 161 |
| 2013 年度 | 〔1〕 | §5 | 図形と方程式 | 22 | 30 % | B | 23 | 109 |
| | 〔2〕 | §2 | 場合の数と確率 | 7 | 35 % | B | 13 | 70 |
| | 〔3〕 | §7 | 微分法と積分法 | 40 | 35 % | B | 34 | 164 |
| 2012 年度 | 〔1〕 | §2 | 場合の数と確率 | 8 | 30 % | A | 13 | 73 |
| | 〔2〕 | §3 | 整数の性質 | 13 | 35 % | C | 17 | 84 |
| | 〔3〕 | §5 | 図形と方程式 | 23 | 35 % | B | 24 | 113 |
| 2011 年度 | 〔1〕 | §4 | 方程式と不等式 | 18 | 30 % | B | 21 | 99 |
| | 〔2〕 | §5 | 図形と方程式 | 24 | 35 % | C | 24 | 117 |
| | 〔3〕 | §8 | ベクトル | 52 | 35 % | C | 41 | 207 |

| 年度 | 大問 | | セクション | 番号 | 配点率 | レベル | 問題編 | 解答編 |
|---|---|---|---|---|---|---|---|---|
| 2010 年度 | 〔1〕 | § 5 | 図形と方程式 | 25 | 35 % | B | 25 | 120 |
| | 〔2〕 | § 6 | 三角関数と指数・対数関数 | 31 | 30 % | C | 29 | 139 |
| | 〔3〕 | § 5 | 図形と方程式 | 26 | 35 % | B | 25 | 124 |
| 2009 年度 | 〔1〕 | § 7 | 微分法と積分法 | 41 | 35 % | A | 34 | 167 |
| | 〔2〕 | § 8 | ベクトル | 53 | 35 % | B | 42 | 211 |
| | 〔3〕 | § 2 | 場合の数と確率 | 9 | 30 % | A | 14 | 75 |
| 2008 年度 | 〔1〕 | § 8 | ベクトル | 54 | 30 % | A | 42 | 216 |
| | 〔2〕 | § 4 | 方程式と不等式 | 19 | 35 % | A | 21 | 101 |
| | 〔3〕 | § 7 | 微分法と積分法 | 42 | 35 % | B | 34 | 170 |
| 2007 年度 | 〔1〕 | § 1 | 2 次関数 | 3 | 35 % | A | 10 | 58 |
| | 〔2〕 | § 2 | 場合の数と確率 | 10 | 30 % | B | 14 | 77 |
| | 〔3〕 | § 8 | ベクトル | 55 | 35 % | B | 43 | 220 |
| 2006 年度 | 〔1〕 | § 7 | 微分法と積分法 | 43 | 35 % | A | 35 | 174 |
| | 〔2〕 | § 6 | 三角関数と指数・対数関数 | 32 | 30 % | B | 29 | 142 |
| | 〔3〕 | § 8 | ベクトル | 56 | 35 % | A | 43 | 224 |
| 2005 年度 | 〔1〕 | § 6 | 三角関数と指数・対数関数 | 33 | 30 % | A | 29 | 145 |
| | 〔2〕 | § 7 | 微分法と積分法 | 44 | 35 % | B | 35 | 176 |
| | 〔3〕 | § 9 | 数列 | 60 | 35 % | A | 47 | 237 |
| 2004 年度 | 〔1〕 | § 7 | 微分法と積分法 | 45 | 30 % | B | 35 | 179 |
| | 〔2〕 | § 5 | 図形と方程式 | 27 | 35 % | C | 26 | 126 |
| | 〔3〕 | § 2 | 場合の数と確率 | 11 | 35 % | A | 15 | 79 |
| 2003 年度 | 〔1〕 | § 8 | ベクトル | 57 | 30 % | C | 44 | 226 |
| | 〔2〕 | § 3 | 整数の性質 | 14 | 35 % | C | 18 | 88 |
| | 〔3〕 | § 7 | 微分法と積分法 | 46 | 35 % | B | 36 | 184 |